高职高专"十二五"规划教材

化工单元操作及设备

李晋国　主编

张丽娜　王艳芬　副主编

化学工业出版社

·北京·

本书共设有流体流动与输送、流体输送机械、非均相物系分离、传热、蒸发、精馏、吸收、干燥八个情境，各情境中设置具体的项目，各项目又以任务为支撑。情境中主要涵盖单元操作的基本原理、设备、流程认知、操作方法、技术应用、故障处理、安全生产及技能训练等内容，突出对学生工程应用能力、实践技能和综合素质的培养。

本教材可作为高职高专化工技术类及相关专业的教材，亦可供化工企业生产一线的工程技术人员参考。

图书在版编目（CIP）数据

化工单元操作及设备/李晋国主编. —北京：化学工业出版社，2014.9（2016.10重印）

高职高专"十二五"规划教材

ISBN 978-7-122-21483-6

Ⅰ.①化… Ⅱ.①李… Ⅲ.①化工单元操作-高等职业教育-教材②化工设备-高等职业教育-教材 Ⅳ.①TQ02②TQ05

中国版本图书馆 CIP 数据核字（2014）第 172187 号

责任编辑：张双进　　　　　　　　　　　　文字编辑：孙凤英
责任校对：宋　玮　　　　　　　　　　　　装帧设计：刘丽华

出版发行：化学工业出版社（北京市东城区青年湖南街 13 号　邮政编码 100011）
印　　装：北京科印技术咨询服务公司海淀数码印刷分部
787mm×1092mm　1/16　印张 17½　字数 432 千字　　2016 年 10 月北京第 1 版第 2 次印刷

购书咨询：010-64518888（传真：010-64519686）　　售后服务：010-64518899
网　　址：http://www.cip.com.cn
凡购买本书，如有缺损质量问题，本社销售中心负责调换。

定　　价：45.00 元

前　言

　　《化工单元操作及设备》根据高职教育的特点、要求和教学实际，按照"工作过程系统化"课程开发方法，打破本科教材的常规，不再以传统的"三传"为主线来安排教学次序，而是将化工原理、化工设备、化工仪表等课程的相关知识有机融合，以典型化工生产单元操作及其设备为纽带，进行理实一体化的模块化内容设计，并且精简理论，删除烦琐的公式推导过程和纯理论型计算，放弃对过程原理及理论计算"过深、过细、过全、过难"的描述。

　　全书共设有流体流动与输送、流体输送机械、非均相物系分离、传热、蒸发、精馏、吸收、干燥八个情境，各情境中设置具体的项目，各项目又以任务为支撑。情境中主要涵盖单元操作的基本原理、设备、流程认知、操作方法、技术应用、故障处理、安全生产及技能训练等内容，突出对学生工程应用能力、实践技能和综合素质的培养。

　　参加本书编写的有李晋国（附录及各章技能训练和习题）、彭秀英（第一章）、芦冬涛（第二章）、张丽娜（第三章、第四章）、王艳芬（第五章、第六章）、毛倩（第七章、第八章）。本书最后由李晋国统稿审定。

　　本教材可作为高职高专化工技术类及相关专业的教材，亦可供化工企业生产一线的工程技术人员参考。

　　本书的编写得到了化学工业出版社和晋城职业技术学院领导和系主任的支持和同行的帮助，在此谨向他们表示感谢。

　　高职教育正处于快速发展阶段，教材在体现高职教育特色基础上，我们虽做了一些尝试和努力，但此项改革毕竟是一项较为复杂系统的工作，限于编者的水平，不妥之处在所难免，恳请专家以及使用本书的师生提出宝贵意见。

编　者
2014 年 7 月

目 录

绪 论

一、课程的性质、内容及任务

《化工单元操作及设备》是化工类专业及其相近专业的一门基础技术课程和主干课程，具有很强的技术性、工程性及实用性，也是职业院校化工专业的核心课程与训练项目之一，是具体体现和实现职业院校化工专业人才培养目标的重要课程。本课程主要以典型化工单元操作为研究对象，应用基础学科的相关原理，分析各单元操作的基本原理、基本计算、典型设备及生产中的操作控制方法。

本课程的研究内容主要是各种单元操作的基本原理与单元操作过程计算、典型单元操作设备的合理结构及其工艺尺寸的设计与计算、设备操作性能的分析及各单元操作的操作训练。

本课程的任务是使学生获得常见化工单元操作过程及设备的基础知识，并能够运用这些知识进行物料平衡、能量平衡及设备操作维护，以适应不同的生产要求；使学生得到用工程观点观察问题、分析问题和解决常见操作问题的训练，在操作发生故障时能够找到故障的缘由且正确应对；使学生初步树立创新意识、安全生产意识、质量意识和环境保护意识；使学生了解新型单元操作在化工生产中的应用。

二、化工过程与单元操作

化学工业是将自然界的各种物质，经过化学和物理方法处理，制造成生产资料和生活资料的工业。一种产品的生产过程中，从原料到成品，往往需要几个或几十个加工过程。其中除了化学反应过程外，还有大量的物理加工过程。

化学工业产品种类繁多。各种产品的生产过程中，使用着各种各样的物理加工过程。根据它们的操作原理，可以归纳为应用较广的数个基本操作过程，如流体输送、搅拌、沉降、过滤、热交换、蒸发、结晶、吸收、蒸馏、萃取、吸附以及干燥等。例如，乙醇、乙烯及石油等的生产过程中，都采用蒸馏操作分离液体混合物，所以蒸馏为一基本操作过程。又如合成氨、硝酸及硫酸等的生产过程中，都采用吸收操作分离气体混合物，所以吸收也是一个基本操作过程。又如尿素、聚氯乙烯及染料等的生产过程中，都采用干燥操作以除去固体中的水分，所以干燥也是一个基本操作过程。这些基本操作过程称为单元操作。任何一种化工产品的生产过程，都是由若干单元操作及化学反应过程组合而成的。每个单元操作，都是在一定的设备中进行的。例如，吸收操作是在吸收塔内进行的；干燥操作是在干燥器内进行的。单元操作不仅在化工生产中占有重要地位，而且在石油、轻工、制药及原子能等工业中也广泛应用。

化工单元操作按其遵循的基本规律可分为下列三类。

（1）动量传递过程（流体流动过程）　包括流体流动与输送、沉降、过滤等。

（2）热量传递过程（传热过程）　包括传热、蒸发等。

（3）质量传递过程（传质过程）　包括蒸馏、吸收、萃取、干燥、吸附等。

流体流动的基本原理，不仅是流体输送、搅拌、沉降及过滤的理论基础，也是传热与传质过程中各单元操作的理论基础，因为这些单元操作中的流体都处于流动状态。传热的基本原理，不仅是热交换和蒸发的理论基础，也是传质过程中某些单元操作（例如干燥）的理论基础。因为干燥操作中，不仅有质量传递而且有热量传递。因此，流体力学、传热及传质的基本原理是各单元操作的理论基础。

三、单元操作中常用的基本概念

在研究化工单元操作时，经常用到下列四个基本概念，即物料衡算、能量衡算、过程平衡及过程速率。这四个基本概念贯串于本课程的始终，在这里仅作简要说明，详细内容见各章。

1. 物料衡算

依据质量守恒定律，进入与离开某一化工过程的物料质量之差，等于该过程中累积的物料质量，即

$$输入量－输出量＝累积量$$

对于连续操作的过程，若各物理量不随时间改变，即稳定操作状态时，过程中不应有物料的积累，则物料衡算关系为

$$输入量＝输出量$$

用物料衡算式可由过程的已知量求出未知量。物料衡算可按下列步骤进行：

① 首先根据题意画出各物料的流程示意图，物料的流向用箭头表示，并标上已知数据与待求量；

② 在写衡算式之前，要计算基准，一般选用单位进料量或排料量、时间及设备的单位体积等作为计算的基准。在较复杂的流程示意图上应圈出衡算的范围，列出衡算式，求解未知量。

2. 能量衡算

化工生产中所用到的能量主要有机械能和热能。能量衡算的依据是能量守恒定律。机械能衡算将在第一章流体流动中说明；热量衡算也将在传热、蒸馏、干燥等章中结合具体单元操作详细说明。热量衡算的步骤与物料衡算的步骤基本相同。

3. 过程平衡

平衡状态是自然界中广泛存在的现象。例如，在一定温度下，不饱和的食盐溶液与固体食盐接触时，食盐向溶液中溶解，直到溶液为食盐所饱和，食盐就停止溶解，此时固体食盐表面已与溶液成动平衡状态。反之，若溶液中食盐浓度大于饱和浓度，则溶液中的食盐会析出，使溶液中的固体食盐结晶长大，最终达到平衡状态。一定温度下食盐的饱和浓度，就是这个物系的平衡浓度。当溶液中食盐的浓度低于饱和浓度，则固体食盐将向溶液中溶解。当溶液中食盐的浓度大于饱和浓度，则溶液中溶解的食盐会析出，最终都会达到平衡状态。从这个例子可以看出，过程的平衡关系可以用来判断过程能否进行，以及进行的方向和能达到的限度。

4. 过程速率

过程速率是指过程进行的快慢程度，即单位时间内过程的变化率。过程速率与过程的推动力成正比，而与过程的阻力成反比。在动量传递、热量传递和质量传递中都得到反复应用。此公式可表示为

$$过程速率＝\frac{推动力}{阻力}$$

四、单位制与单位换算

1. 单位制

由于计量各个物理量时，采用了不同的基本量，因而产生了不同的单位制。目前最常用的单位制主要有物理单位制、工程单位制和国际单位制。国际单位制是国际计量会议制定的一种国际上统一的单位制，其国际代号为 SI。国际单位制中的单位是由基本单位和导出单位构成的，基本单位见表 0-1。为了使用的方便，SI 还规定了一套词冠来表示单位的倍数和分数，见表 0-2。

表 0-1　国际单位制的基本单位

基本量	单位名称	单位符号
长度	米	m
质量	千克	kg
时间	秒	s
电流	安培	A
热力学温度	开尔文	K
物质的量	摩尔	mol
发光强度	坎德拉	cd

表 0-2　常用的国际单位制词冠

因数	词冠	代号	因数	词冠	代号
10^6	兆	M	10^{-1}	分	d
10^3	千	k	10^{-2}	厘	c
10^2	百	h	10^{-3}	毫	m
10^1	十	da	10^{-4}	微	μ

2. 单位换算

同一物理量若采用不同单位时，其数值需相应地改变，这种换算称为单位换算。因此，须掌握各单位制之间单位的换算关系。单位换算时，需要换算因数。化工中常用单位的换算因数，可从本教材附录一中查得。

流体流动与输送

情境学习目标

知识目标

◆ 对流体输送过程产生感性认识，了解流体输送在化工生产中的应用，了解化工管路的组成及布局。

◆ 了解流体的基本性质及基本物理量的概念及表示方法。

◆ 了解流体输送方式的分析与选择。

◆ 了解常见的压力计、液位计及流量计的结构、特点及工作原理。

◆ 了解流体阻力产生的原因。

◆ 理解稳定流动和不稳定流动系统的基本概念和特点。

◆ 掌握流体稳定流动的连续性方程及伯努利方程及其应用。

◆ 掌握流体的流动类型及判定方法；掌握流体阻力的计算方法。

能力目标

◆ 认识各类流体输送管件、阀门，认识流体输送机械，能识读流体输送系统的工艺流程图。

◆ 认识常见的压力计、液位计及流量计，能正确选择和合理使用压力计、液位计及流量计。

◆ 能根据生产任务合理选择管子的直径，能使用伯努利方程进行流体输送的基本计算。

◆ 能正确拆装管路，学会常用工具的使用方法。

 项目一

流体流动与输送认知

任何化工生产过程都离不开物料的输送，而化工生产中所涉及的物料及产品大多数都是

流体。按化工生产工艺要求，常常需要将流体从一个设备输送至另一个设备或从一个车间输送至另一个车间，逐步完成各种物理变化和化学变化，得到所需要的化工产品，因此流体输送在化工生产中占有非常重要的地位。

在化工生产中，工艺技术人员需要根据生产任务要求选择合适的设备、仪表，分析、处理流体输送过程中可能出现的故障，因此，除掌握流体输送岗位必备的技能外，更重要的是具有应用流体输送基本原理、规律，分析、解决流体输送问题的能力。

此外，化工生产中多数单元操作都与流体流动密切相关，传热、传质过程也大都在流体流动条件下进行，因此，流体流动是本课程的重要基础内容。

【案例】 合成氨变换工艺流程

合成氨变换工段的主要任务是将半水煤气中的 CO 在催化剂作用下与水蒸气发生放热反应，生产 CO_2 和 H_2。图 1-1 是合成氨变换（中变串低变）工艺流程图，经过两段压缩后的半水煤气进入饱和塔升温增湿，并补充蒸汽后，经水分离器、预热器、热交换器升温后进入中温变换反应器回收热量并降温后，进入低温变换反应器，反应后的工艺气体经回收热量和冷却降温后作为变换气送往压缩机三段入口。

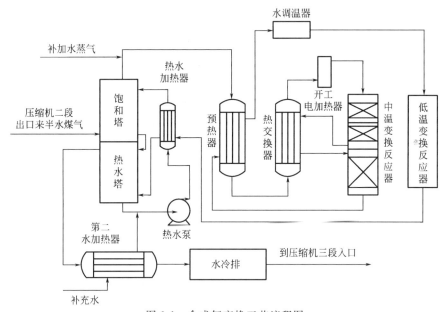

图 1-1 合成氨变换工艺流程图

案例分析

① 流体在各个设备间流动，需要用泵或风机进行输送，选用的泵或风机的类型和型号，要根据阻力和流量等参数来确定。

② 整个设备、管路的布局要按照工艺要求及工艺特点来设置，各设备之间的所用输送连接管的直径的确定，要根据生产任务要求及流体流动的规律来确定。

③ 流体流动过程中各工艺参数（压力、温度、流量、流速、液位等）的测定，需要用相应的仪表（如压力计、温度计、流量计、测速管、液位计等）进行测量。

④ 流体在饱和塔、换热器、变换反应器等中的流动状况，直接影响着该单元操作的效果。

流体力学基本方程及应用

流体是指具有流动性的物体，包括液体和气体。研究流体平衡和运动宏观规律的学科称为流体力学。流体力学分为流体静力学和流体动力学。运用流体力学的基本原理及规律可解决化工生产中流体输送的许多实际问题。

任务一 流体的基本性质

一、流体的可压缩性

流体是液体和气体的总称，是由大量的、不断地作热运动而且无固定平衡位置的分子构成的，它的基本特征是没有一定的形状和具有流动性。

与液体相比气体更容易变形，因为气体分子比液体分子稀疏得多。在一定条件下，气体和液体的分子大小并无明显差异，但气体所占的体积是同质量液体的103倍。所以气体的分子距与液体相比要大得多，分子间的引力非常微小，分子可以自由运动，极易变形，能够充满所能到达的全部空间。液体的分子距很小，分子间的引力较大，分子间相互制约，分子可以作无一定周期和频率的振动，在其他分子间移动，但不能像气体分子那样自由移动，因此，液体的流动性不如气体。在一定条件下，一定质量的液体有一定的体积，并取容器的形状，但不能像气体那样充满所能达到的全部空间。

实际流体的体积都会随压强和温度的变化而变化，这称为流体的可压缩性。液体的可压缩性很小，而气体的可压缩性较大，故液体可视为不可压缩性流体，气体为可压缩性流体。

二、流体的密度

1. 密度的定义

单位体积流体所具有的质量，称为流体的密度，其表达式为：

$$\rho = \frac{m}{V} \tag{1-1}$$

式中　ρ——流体的密度，kg/m^3；

　　　m——流体的质量，kg；

　　　V——流体的体积，m^3。

2. 液体的密度

液体为不可压缩性流体，压力对液体的密度影响很小，一般可忽略；温度对液体的密度有一定的影响，对大多数液体而言，温度升高，密度下降。因此，在选用密度数据时，要注明该液体的温度。

纯液体的密度可从相关工程手册中查得，本书可参见附录三。

混合液体的密度一般用实验方法测定，工业上测定液体密度最简单的方法是使用比重计。若液体混合时，体积变化不大，则混合液体密度的近似值，可式(1-2)求得：

$$\frac{1}{\rho_m} = \frac{w_1}{\rho_1} + \frac{w_2}{\rho_2} + \cdots + \frac{w_n}{\rho_n} \tag{1-2}$$

式中　　　　ρ_m——混合液体的密度，kg/m^3；

$\rho_1, \rho_2, \cdots, \rho_n$——混合液中各纯组分的密度，$kg/m^3$；

$w_1, w_2, \cdots, w_n$——混合液中各纯组分的质量分数。

3. 气体的密度

气体是可压缩性流体，其体积随压强、温度有较大的变化，故一定量的气体其密度也随压强和温度的改变而变化，因此气体的密度必须要注明其状态。从手册及本书附录二中可查得某一指定条件下的密度值，使用时还需将查得的密度值换算成操作条件下的密度值。

纯气体在气体的温度不太低，压力不太高的情况下，可视为理想气体，遵循理想气体状态方程，其密度可用式(1-3)进行计算。

$$\rho = \frac{pM}{RT} \tag{1-3}$$

式中　p——气体的绝对压强，kPa；

M——气体的千摩尔质量（数值上等于气体的相对分子质量），kg/kmol；

T——气体的温度，K；

R——通用气体常数，其值为 8.314kJ/(kmol·K)。

气体混合物的密度也可按照式(1-3)进行计算，计算时应以混合气体的平均千摩尔质量 $\overline{M}$ 来代替 M，即

$$\rho_m = \frac{p\overline{M}}{RT} \tag{1-4}$$

混合气体的平均千摩尔质量可按式(1-5)求得

$$\overline{M} = M_1 y_1 + M_2 y_2 + \cdots + M_n y_n \tag{1-5}$$

式中　　$M_1, M_2, \cdots, M_n$——气体混合物中各组分的千摩尔质量，kg/kmol；

$y_1, y_2, \cdots, y_n$——气体混合物中各组分的摩尔分数。

三、流体的黏度

1. 流体的黏性

流体的典型特性是具有流动性，在外力作用下，其内部产生相对运动。不同流体的流动性能不同，这主要是因为在运动状态下流体质点间因相对运动而产生摩擦力。流体流动时产生的这种反抗内部相对运动的特性称为流体的黏性。

实际流体都是有黏性的，各种流体的黏性大小相差很大。黏性是流体流动性的反面，流体的黏性越大，其流动性越小。如水的黏性较小，故流动性较大，而甘油的黏性很大，流动性较差。由于流体具有黏性，在流动时需克服内摩擦力做功，从而使流体的一部分机械能不可逆地转化为热能而损耗，这就是流体流动阻力产生的根源。

2. 流体的黏度

衡量流体黏性大小的物理量，称为黏性系数或动力黏度，简称为黏度，用符号 μ 表示。黏度是流体的物理性质之一，其值由实验测定或从手册中查到。

国际单位制中黏度的单位为 $N \cdot s/m^2$ 或 $Pa \cdot s$，物理单位制中黏度的单位为 $dyn \cdot s/cm^2$，称为泊，符号为 P，由于泊的单位太大，一般常用的是厘泊（cP），1P＝100cP。

SI制中黏度的单位与物理单位制中黏度单位的换算关系如下：

$1Pa \cdot s = 10P = 1000cP = 1000mPa \cdot s$

或者 $1cP = 1mPa \cdot s$

流体的黏度随温度变化而变化，液体的黏度随温度的升高而降低，气体则相反，黏度随温度的升高而增大。压力对流体黏度的影响可忽略不计。

混合物的黏度在缺乏实验数据时，可选用经验公式估算。

四、流体的压强

流体垂直作用于单位面积上的力，称为流体的静压强，简称压强，工程上习惯称为压力，用符号 p 表示。其定义式为

$$p = \frac{F}{A} \tag{1-6}$$

式中　p——作用在该表面上的压力，N/m^2；

　　　F——垂直作用于表面的力，N；

　　　A——作用面的面积，m^2。

在SI制中，压强的单位为 N/m^2，称为帕斯卡，以字母 Pa 表示；除此之外，习惯上还常采用 atm（标准大气压）、at（工程大气压）、mH_2O（米水柱）、mmHg（毫米汞柱）等表示。

各种压力单位的换算关系如下：

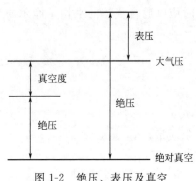

$1atm = 101.3kPa = 1.033kgf/cm^2 = 760mmHg = 10.33mH_2O$

$1at = 98.1kPa = 1kgf/cm^2 = 735.6mmHg = 10mH_2O$

压强在实际应用中有三种表示方法，以绝对真空为基准测得的流体压强，为流体的真实压强，称为绝对压强，简称为绝压；以当时当地大气压为基准时，当绝对压强大于大气压强时，高出大气压强的值，称为表压，可以用压力表测得；当绝对压强小于大气压强时，低于大气压强的值，称为真空度，可以真空表测得，即

表压＝绝压－大气压

图1-2　绝压、表压及真空度之间的关系

真空度＝大气压－绝压

绝压、表压及真空度之间的关系，可以用图1-2表示。

小提示

① 大气压强的值不是固定不变的，它随大气的温度、湿度和所在海拔高度而定，计算时应以当时当地大气压强为准。

② 为了避免绝对压强、表压、真空度三者相混淆，对表压和真空度均用括号加以标注，如100kPa（表），2000Pa（真空度）。如果没有标注，即为绝压。

任务二　静力学基本方程

在重力场中，当流体处于静止状态时，流体除了受重力作用外，还受到压力的作用。流

体静力学研究流体在重力和压力作用下的平衡规律。

一、静力学基本方程式的推导

如图 1-3 所示，容器内装有密度为 ρ 的液体，液体可认为是不可压缩流体，其密度不随压力变化。在静止液体中取一段液柱，其截面积为 A，以容器底面为基准水平面，液柱的上、下端面与基准水平面的垂直距离分别为 z_1 和 z_2。作用在上、下两端面的压力分别为 p_1 和 p_2。

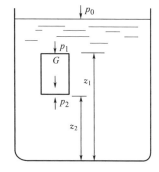

重力场中在垂直方向上对液柱进行受力分析：
① 上端面所受总压力 $F_1 = p_1 A$，方向向下；
② 下端面所受总压力 $F_2 = p_2 A$，方向向上；
③ 液柱的重力 $G = \rho g A (z_1 - z_2)$，方向向下。

图 1-3 方程式的推导

液柱处于静止时，上述三项力的合力应为零，即

$$p_2 A - p_1 A - \rho g A (z_1 - z_2) = 0$$

整理并消去 A，得

$$p_2 = p_1 + \rho g (z_1 - z_2) \tag{1-7}$$

变形得

$$\frac{p_1}{\rho} + z_1 g = \frac{p_2}{\rho} + z_2 g \tag{1-7a}$$

若将液柱的上端面取在容器内的液面上，设液面上方的压力为 p_0，液柱高度为 h，则式(1-7) 可改写为

$$p_2 = p_0 + \rho g h \tag{1-7b}$$

式(1-7)、式(1-7a) 及式(1-7b) 均称为静力学基本方程。

静力学基本方程适用于在重力场中静止、连续的同种不可压缩流体，如液体。而对于气体来说，密度随压力变化，但若气体的压力变化不大，密度近似地取其平均值而视为常数时，式(1-7)、式(1-7a) 及式(1-7b) 也适用。

二、静力学基本方程的讨论

① 在静止、连续的同种液体内，处于同一水平面上各点的压力处处相等。压力相等的面称为等压面。

② 压力具有传递性：液面上方压力变化时，液体内部各点的压力也将发生相应的变化。

③ 式(1-7a) 中，zg、$\dfrac{p}{\rho}$ 分别为单位质量流体所具有的位能和静压能，此式反映出在同一静止流体中，处在不同位置流体的位能和静压能各不相同，但总和恒为常量。因此，静力学基本方程也反映了静止流体内部能量守恒与转换的关系。

④ 式(1-7b) 可改写为

$$\frac{p_2 - p_a}{\rho g} = h \tag{1-8}$$

说明压力或压力差可用液柱高度表示，此为前面介绍压力的单位可用液柱高度表示的依据，但须注明液体的种类。

三、静力学基本方程的应用

流体静力学基本方程在化工生产中应用非常广泛，通常可用于流体压力及压差的测定，

液体液位高度的测量及液封高度的计算。具体内容在本情境项目四作详细介绍。

任务三　流量方程式

一、流量

流体的流量指单位时间内流过管道任一截面的流体量。截面选取是任意的，且垂直于流体流动的方向。流量有两种表示方法。

1. 体积流量

单位时间内流过管道任一截面的流体体积，称为体积流量，用符号 q_V 表示，单位为 m^3/s 或 m^3/h。注意气体体积流量，需注明温度和压强条件。

2. 质量流量

单位时间内流过管道任一截面的流体质量，称为质量流量，用符号 q_m 表示，单位为 kg/s 或 kg/h。

3. 质量流量与体积流量的关系

$$q_m = q_V \rho \tag{1-9}$$

二、流速

1. 流速

单位时间内流体在流动方向上所流过的距离，称为流速，用 u 表示，单位为 m/s。实验证明，流体流经管路任一截面上各点的流速沿管径而变化，在管截面中心处流速最大，越靠近管壁流速越小，在管壁处流速为零。流体在管截面上某点的流速，称为点流速。流体在同一截面上各点流速的平均值，称为平均流速。在工程计算中为方便通常取流体的平均流速，其表达式为

$$u = \frac{q_V}{A} \tag{1-10}$$

式中　u——通道截面上的平均流速，m/s；

　　q_V——流体的体积流量，m^3/s；

　　A——与流动方向相垂直的管道截面积，m^2。

流速与流量的关系为

$$q_V = uA \tag{1-11}$$

$$q_m = \rho q_V = \rho uA \tag{1-12}$$

2. 质量流速

单位时间内流体流过管道单位径向截面积的质量，称为质量流速，用 G 表示，其表达式为

$$G = \frac{q_m}{A} \tag{1-13}$$

式中　G——通道截面上的质量流速，$kg/(m^2 \cdot s)$；

　　q_m——流体的质量流量，kg/s；

　　A——与流动方向相垂直的管道截面积，m^2。

由于气体的体积随温度和压力而变化，气体的流速也随之而变，因此在工程计算中引入质量流速。

3. 质量流速与流速的关系

$$G = u\rho \qquad (1\text{-}14)$$

三、流量方程式

描述流体流量、流速和流通截面积相互关系的公式称为流量方程式。式(1-9)、式(1-11)、式(1-14) 均是流量方程式。

利用流量方程式可以计算流体在管路中的流量、流速及管路的直径。

任务四　连续性方程

一、稳定流动与不稳定流动

在流动系统中，若各截面上流体的流速、压强、密度等有关物理量仅随位置而变化，不随时间而变，这种流动称为稳定流动；若流体在各截面上的有关物理量既随位置而变，又随时间而变，则称为不稳定流动。

如图 1-4 所示，水箱中不断有水从进水管注入，而从排水管不断排出。进水量大于排水量，多余的水由溢流管溢出，使水位维持恒定。在此流动系统中任一截面上的流速及压强不随时间而变化，故属稳定流动。若将进水管阀门关闭，水仍由排水管排出，则水箱水位逐渐下降，各截面上水的流速与压强也随之降低，这种流动属不稳定流动。

化工生产中，流体流动大多为稳定流动，故非特别指出，一般所讨论的均为稳定流动。

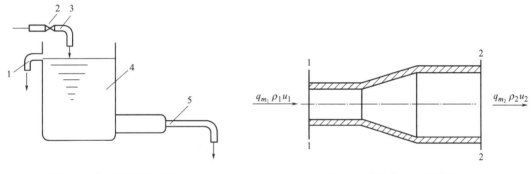

图 1-4　流动情况示意图
1—溢流管；2—阀门；3—进水
管；4—水箱；5—排水管

图 1-5　连续性方程的推导

二、流体稳定流动的物料衡算——连续性方程

设流体在图 1-5 所示的管道中作连续稳定流动，从截面 1-1 流入，从截面 2-2 流出，若在管道两截面之间流体无漏损，根据质量守恒定律，从截面 1-1 进入的流体质量流量 q_{m_1} 应等于从 2-2 截面流出的流体质量流量 q_{m_2}，即

$$q_{m_1} = q_{m_2} \qquad (1\text{-}15)$$

由式(1-12)，可得

$$u_1 A_1 \rho_1 = u_2 A_2 \rho_2 \qquad (1\text{-}15\text{a})$$

推广到管道的任一截面，即

$$q_m = u_1 A_1 \rho_1 = u_2 A_2 \rho_2 = \cdots = uA\rho = 常数 \qquad (1\text{-}16)$$

若流体为不可压缩性流体，$\rho =$ 常数，则上式可简化为

$$q_V = u_1 A_1 = u_2 A_2 = \cdots = uA = 常数 \tag{1-17}$$

式(1-16)和式(1-17)都称为流体稳定流动的连续性方程。它反映了流体在稳定流动中，流量一定时，管路各截面上流速的变化规律。

由于输送流体的多为圆形管道，故式(1-17)又可改写成

$$\frac{u_1}{u_2} = \left(\frac{d_2}{d_1}\right)^2 \tag{1-18}$$

式(1-18)说明不可压缩性流体在圆管中作稳定流动时，管内不同截面处流速之比与其相应管径的平方成反比。

【例题 1-1】 在稳定流动系统中，水连续从粗管流入细管。粗管内径 $d_1 = 10\text{cm}$，细管内径 $d_2 = 5\text{cm}$，当流量为 $4 \times 10^{-3}\,\text{m}^3/\text{s}$ 时，求粗管内和细管内水的流速？

解 根据式(1-10)，有 $\quad u_1 = \dfrac{q_V}{A_1} = \dfrac{4 \times 10^{-3}}{\dfrac{\pi}{4} \times (0.1)^2} = 0.51\,(\text{m/s})$

根据不可压缩流体的连续性方程，可得

$$\frac{u_2}{u_1} = \left(\frac{d_1}{d_2}\right)^2 = \left(\frac{10}{5}\right)^2 = 4\ 倍$$

$$u_2 = 4u_1 = 4 \times 0.51 = 2.04\,(\text{m/s})$$

任务五　伯努利方程及应用

一、流体流动时所具有的机械能

1. 位能

流体因受重力作用，在不同的高度处具有不同的能量，称为位能。相当于质量为 m 的流体自基准水平面升举到某高度 z 所做的功，即

位能 $= mgz$ 单位 $[mgz] = \text{kg} \cdot \dfrac{\text{N}}{\text{kg}} \cdot \text{m} = \text{N} \cdot \text{m} = \text{J}$

单位质量流体的位能为 zg，单位为 J/kg。

位能是个相对值，随所选的基准面位置而定，在基准水平面以上为正值，以下为负值。

2. 动能

流体以一定的速度运动时，便具有一定的动能。质量为 m，流速为 u 的流体所具有的动能为

动能 $= \dfrac{1}{2}mu^2$ 单位 $\left[\dfrac{1}{2}mu^2\right] = \text{kg} \cdot \left(\dfrac{\text{m}}{\text{s}}\right)^2 = \text{N} \cdot \text{m} = \text{J}$

单位质量流体的动能为 $\dfrac{u^2}{2}$，单位为 J/kg。

3. 静压能

静止流体内部任一处都有一定的静压强。流动着的流体内部任何位置也都有一定的静压强。如果在内部有液体流动的管壁上开孔，并与一根垂直的玻璃管相接，液体便会在玻璃管内上升，上升的液体高度便是运动着流体在该截面处的静压强的表现，如图 1-6 所示。流动的流体通过某截面时，由于该处流体具有一定的压力，这就需要对流体做相应的功，以克服此压力，才能把流体推进系统里去。故要通过某截面的流体只有带着与所需功相当的能量时才能进入系统。流体所具有的这种能量称为静压能。

质量为 m 的流体所具有的静压能为

$$静压能 = pV \quad 单位 \left[\, pV \,\right] = Pa \cdot m^3 = \frac{N}{m^2} \cdot m^3 = N \cdot m = J$$

单位质量流体的静压能为 $\dfrac{p}{\rho}$，单位为 J/kg。

因此，质量为 m 的流体所具有的总机械能为

$$mgz + \frac{1}{2}mu^2 + pV$$

单位质量流体所具有的总机械能为

$$zg + \frac{u^2}{2} + \frac{p}{\rho}$$

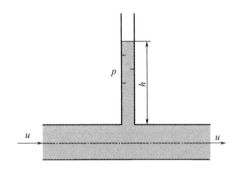

图 1-6　流动流体内部压强示意图

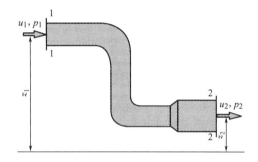

图 1-7　理想流体的流动示意图

二、理想流体的伯努利方程

理想流体是指无黏性、流动时不产生摩擦阻力的流体。

当理想流体在一密闭管路中作稳定流动时，由能量守恒定律可知，进入管路系统的总能量应等于从管路系统带出的总能量。在无其他形式的能量输入和输出的情况下，理想流体进行稳定流动时，管路中任一截面的流体总机械能是一个常数。即

$$zg + \frac{u^2}{2} + \frac{p}{\rho} = 常数 \tag{1-19}$$

如图 1-7 所示，若将流体由截面 1-1 输送至截面 2-2 时，两截面处流体的总机械能相等，即

$$z_1 g + \frac{u_1^2}{2} + \frac{p_1}{\rho} = z_2 g + \frac{u_2^2}{2} + \frac{p_2}{\rho} \tag{1-20}$$

上述两式称为理想流体的伯努利方程，是以单位质量流体为基准，各项的单位为 J/kg。

理想流体的伯努利方程反映了流体在稳定流动过程中能量的守恒与转化，即各截面上的总机械能一定，为一常数，不同截面间各种机械能的形式可以相互转化。

三、实际流体的伯努利方程

在化工生产中所处理的流体都是实际流体，所以实际流体在流动过程中参与能量衡算的还有其他一些能量形式。

实际流体在流动时为克服流动阻力而消耗一部分机械能，这部分能量转变成热，致使流体的温度略微升高，而不能直接用于流体的输送。从实用上说，这部分机械能是损失掉了，

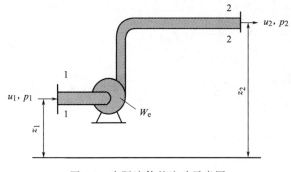

图 1-8　实际流体的流动示意图

因此称为能量损失。设单位质量流体在流动时因克服流动阻力而损失的能量为 $\sum h_f$，其单位为 J/kg。

在实际输送流体的系统中，为了补充消耗掉的能量损失，需要使用外加设备（泵）来供应能量。单位质量流体从输送机械所获得的能量，称为外加能量，用 W_e 表示，单位为 J/kg。

按照能量守恒定律，输入系统的总能量必须等于系统输出的总能量。如图 1-8 所示，流体由截面 1-1 输送至截面 2-2，有

$$z_1 g + \frac{u_1^2}{2} + \frac{p_1}{\rho} + W_e = z_2 g + \frac{u_2^2}{2} + \frac{p_2}{\rho} + \sum h_f \tag{1-21}$$

式(1-21) 称为实际流体的伯努利方程，是以单位质量流体为基准的，式中各项单位为 J/kg，表示单位质量流体所具有的能量。

在实际应用中，为了计算方便，常采用不同的衡算基准，得到不同形式的衡算方程。

以单位重量流体作为衡算基准

$$z_1 + \frac{u_1^2}{2g} + \frac{p_1}{\rho g} + H_e = z_2 + \frac{u_2^2}{2g} + \frac{p_2}{\rho g} + H_f \tag{1-22}$$

式(1-22) 各项的单位为 $\frac{J}{N} = \frac{N \cdot m}{N} = m$，表示单位重量流体所具有的能量。各项的单位简化为 m，表示单位重量流体所具有的机械能可以把自身从基准水平面升举的高度。通常把 z、$\frac{u^2}{2g}$、$\frac{p}{\rho g}$ 分别称为位压头、动压头和静压头，三者之和称为总压头，H_f 称为损失压头，H_e 为单位重量的流体从流体输送机械所获得的能量，称为外加压头或有效压头。

以单位体积流体为衡算基准

$$z_1 \rho g + \rho \frac{u_1^2}{2} + p_1 + \rho W_e = z_2 \rho g + \rho \frac{u_2^2}{2} + p_2 + \rho \sum h_f \tag{1-23}$$

式(1-23) 各项的单位为 $\frac{N \cdot m}{kg} \cdot \frac{kg}{m^3} = \frac{N \cdot m}{m^3} = Pa$，表示单位体积不可压缩性流体所具有的能量，简化后即为压强的单位。

四、伯努利方程的应用

伯努利方程是描述流体流动规律的重要方程，其反映了流体流动过程中总机械能的守恒以及各项机械能之间的相互转化关系，结合连续性方程，可以解决化工生产中的很多实际问题。伯努利方程应用范围很广，可以用于解决流体流动过程中流量、流速等参数的测量和控制问题，还可以用于分析和处理常见的流体输送问题，确定流体的输送方式，计算流体的相关参数以及管路输送系统中所需的外加能量。

应用伯努利方程解题时，需要注意以下几点。

① 作图与确定衡算范围。根据题意画出流动系统的示意图，并指明流体的流动方向；

定出上、下游截面，以明确流动系统的衡算范围。

②　截面的选取。截面应与流动方向相垂直，并且在两截面间的流体必须是连续的。所求的未知量应在截面上或在两截面之间，且截面上的 z、u、p 等有关物理量，除所需求取的未知量外，都应该是已知的或能通过其他关系计算出来的。

③　基准水平面的选取。基准水平面必须是水平面，原则上可以任意选取。方程中的 z 值是指截面中心点与基准水平面间的垂直距离。为了计算方便，通常将基准面选在低截面处，使该截面处 z 值为零，另一个截面处的 z 值等于两截面间的垂直距离。

④　单位必须一致。在用伯努利方程式之前，应把有关物理量换算成一致的单位。两截面的压强除要求单位一致外，还要求表示方法一致，即只能同时用表压强或同时使用绝对压强，不能混合使用。

⑤　如果两个横截面积相差较大，如大容器和小管子，则可取大截面处的流速为零。

⑥　不同基准伯努利方程的选用通常依据习题中损失能量或损失压头的单位，选用适宜基准的伯努利方程。

下面举例说明伯努利方程的应用。

1. 确定管路中流体的流量

【**例题 1-2**】　一敞口高位液槽，其液面距输液管出口的垂直距离为 6m，液面维持恒定。输液管内径为 65mm，流动过程中的阻力损失为 5.6m 液柱，液体的密度为 1100kg/m³。试求输液量（m³/h）。

解　取高位槽液面为 1-1 截面，管出口处为 2-2 截面，出口管中心线为基准面。则 $z_1=$ 6m，$u_1≈0$，p_1（表）$=0$，$H_e=0$；$z_2=0$，$u_2=?$，p_2（表）$=0$，$H_f=5.6$m 液柱。在 1-1 截面与 2-2 截面之间列伯努利方程

$$z_1+\frac{u_1^2}{2g}+\frac{p_1}{\rho g}+H_e=z_2+\frac{u_2^2}{2g}+\frac{p_2}{\rho g}+H_f$$

将上述各项数值代入，有

$$6=\frac{u_2^2}{2g}+5.6$$

计算得　　　　　　　　　　　　$u=2.80(\text{m/s})$

每小时的输液量

$$q_V=3600u\times\frac{\pi d^2}{4}=2.80\times\frac{3.14\times(0.065)^2}{4}=33.4(\text{m}^3/\text{h})$$

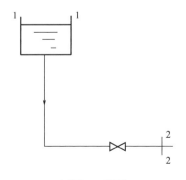

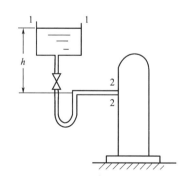

例题 1-2 附图　　　　　　　　　　　　　　　例题 1-3 附图

2. 确定容器间的相对位置

【例题 1-3】 将高位槽内料液向塔内加料。高位槽和塔内的压力均为大气压。要求料液在管内以 0.5m/s 的速度流动。设料液在管内压头损失为 1.2m（不包括出口压头损失），试求高位槽的液面应该比塔入口处高出多少米？

解 取高位槽液面为 1-1 截面，管出口处为 2-2 截面，出口管中心线为基准面，则 $z_1 = h$，$u_1 \approx 0$，p_1（表）$=0$，$H_e = 0$；$z_2 = 0$，$u_2 = 0.5$m/s，p_2（表）$=0$，$H_f = 1.2$m 液柱。在 1-1 截面及 2-2 截面间列伯努利方程

$$z_1 + \frac{u_1^2}{2g} + \frac{p_1}{\rho g} + H_e = z_2 + \frac{u_2^2}{2g} + \frac{p_2}{\rho g} + H_f$$

将上述各项数值代入，则

$$h = (0.5)^2/(2 \times 9.81) + 1.2$$

计算得 $h = 1.2$m

计算结果表明，动能项数值很小，流体位能的降低主要用于克服管路阻力。

3. 确定输送设备的有效功率

【例题 1-4】 用泵将贮液池中常温下的水送至吸收塔顶部，贮液池水面维持恒定，各部分的相对位置如本题附图所示。输水管的直径为 76mm×3mm，排水管出口喷头连接处的压强为 6.15×10^4Pa（表压），送水量为 34.5m³/h，水流经全部管道（不包括喷头）的能量损失为 160J/kg，试求泵的有效功率。

解 取贮液池液面为 1-1 截面，排水管出口与喷头连接处为 2-2 截面，并以贮液池液面为基准水平面。则 $z_1 = 0$，$u_1 \approx 0$，p_1（表）$=0$，$W_e = ?$；$z_2 = 24$m，$u_1 = ?$，p_2（表）$= 6.15 \times 10^4$Pa，$\sum h_f = 160$J/kg。

输水管管径 $= 76 - 3 \times 2 = 70$(mm)$ = 0.07$m

则管出口处的流速

$$u_2 = \frac{q_V}{\frac{\pi d^2}{4}} = \frac{34.5}{\frac{3.14 \times (0.07)^2}{4} \times 3600} = 2.49 \text{(m/s)}$$

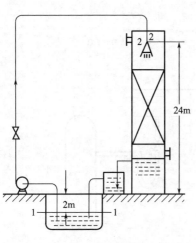

在 1-1 截面与 2-2 截面间列伯努利方程

$$z_1 g + \frac{u_1^2}{2} + \frac{p_1}{\rho} + W_e = z_2 g + \frac{u_2^2}{2} + \frac{p_2}{\rho} + \sum h_f$$

将以上各项数值代入上式，并取水的密度 $\rho = 1000$kg/m³，得

$$W_e = 24 \times 9.81 + \frac{2.49^2}{2} + \frac{6.15 \times 10^4}{1000} + 160$$

$$= 479.7 \text{(J/kg)}$$

泵的有效功率 $P_e = W_e q_m$

式中 $q_m = q_V \rho = \frac{34.5 \times 1000}{3600} = 9.85$(kg/s)

所以 $P_e = 479.7 \times 9.85 = 4596$(W) ≈ 4.60kW

例题 1-4 附图

流体输送方式的选择

流体输送按操作方式分可分为自发输送和强制输送。自发输送是指流体靠液位差或压力差产生的自然流动来输送流体，而强制输送是利用流体输送设备来输送流体。流体输送需从生产实际出发，采取不同的输送方式。

由伯努利方程可知，实际流体要从起点流到终点，必须满足条件：$E_1 > E_2 + \sum h_f$，即起点处总机械能应大于终点处的总机械能与该流动过程损失的能量之和，这样可以自发输送。如果 $E_1 < E_2 + \sum h_f$，要完成输送任务必须在起点和终点之间设置流体输送机械，以强制输送保证：$E_1 + W_e = E_2 + \sum h_f$。

下面来讨论几种流体输送方式，如高位槽送料、压缩空气送料、真空吸料和流体输送机械送料等。

任务一　高位槽送料

高位槽送料是一种由高处向低处送料的情况，即利用容器、设备之间的位差，将处在高位设备内的液体输送到低位设备的操作。高层住宅用水可通过顶层的水箱实现供水，即为高位槽送料方式。

由于实际流体在流动过程会因摩擦阻力而损耗能量，输送的路程越远损耗的能量越多，因此要考虑高位槽与低位槽流路之间的能量关系。若 $E_1 > E_2 + \sum h_f$，则该过程为自然流动。若 $E_1 < E_2 + \sum h_f$，则需要升高高位槽，或者降低低位槽，以增加两容器之间的相对位置，即增大输送起点和终点之间的位能差，以满足 $E_1 > E_2 + \sum h_f$ 的条件。该位能差主要用于克服流体流动过程中的能量损失以及提供流体流动的动能。因此，高位槽送料时，高位槽的高度必须能够保证输送任务所要求的流量。具体的两容器之间相对位置的确定，可以利用伯努利方程来进行计算。

高位槽送料适合于流量、压力要求特别稳定的场合，以避免输送机械带来的波动，间歇操作时送料准确。但投资大，输送量小，压力低，靠自流进入设备，设备内不能有压力。

任务二　压缩空气送料和真空吸料

将物料从低位槽输送至高位槽，如果不借助外力，这是一个不可能实现的过程，即是非自发过程。此时，输送起点与终点之间的能量关系为 $E_1 < E_2 + \sum h_f$，要实现该输送任务，可借助于压缩空气送料、真空吸料及流体输送机械送料。

一、压缩气体送料

若低位槽是密闭的压力容器，而高位槽是敞口容器，如图1-9所示，可在低位槽上方通一定压力的压缩气体，压缩气体的选择，须保证压缩气体与被输送物料不发生反应，且不溶于被输送物料，一般选择压缩空气或者压缩氮气。通入压缩气体，可增大输送起点的静压能。

输送起点的总机械能为
$$E_1 = z_1 g + \frac{u_1^2}{2} + \frac{p_1}{\rho}$$

因而，可实现增加起点处的机械能 E_1 的目的。只要压缩气体的压力足够大，即可将物料送入高位槽。这种通过压缩气体实现物料输送的操作称为压缩气体送料。

压缩气体送料，设备结构简单、没有动件，可用于输送具有腐蚀性及易燃易爆的流体，但流量小且不易调节，只能间歇输送物料。

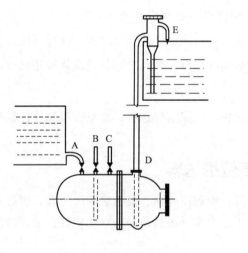

图 1-9　压缩气体送料

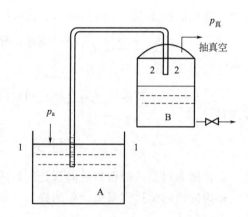

图 1-10　真空吸料

二、真空吸料

若低位槽是常压的敞口容器，而高位槽是耐压的密闭容器时，可使用真空吸料的方法完成此任务，如图1-10所示，即将高位槽与抽真空系统相连，保证高位槽内达到一定的真空度，使得输送终点的静压能降低。

输送终点的总机械能为
$$E_2 = z_2 g + \frac{u_2^2}{2} + \frac{p_2}{\rho}$$

因而，可实现降低终点处的机械能 E_2 的目的。只要高位槽内的真空度足够小，即可将物料从低位槽吸入高位槽。这种通过真空系统造成负压实现流体从一个设备到另一个设备的操作称为真空吸料。

真空吸料方式，设备结构简单、操作方便、没有动件，投资小，真空泵不接触输送流体，可输送固体或含固液体及易析出固体的液体，可输送腐蚀性液体，不易泄漏，但流量调节不方便、需要真空系统、不适于输送易挥发的液体。

任务三　流体输送机械送料

若低位槽及高位槽都是常压的敞口容器时，要完成此输送任务只能在两槽之间设置流体输送机械，以提供输送动力。亦即在起点与终点之间加入外加能量向流体输入机械能，以保证：$E_1 + W_e = E_2 + \sum h_f$。至于需要加入的外加能量及流体输送机械所提供的有效功率，可利用伯努利方程进行计算求解。借助流体输送机械对流体做功，实现流体输送的操作，称为流体输送机械送料，这是工业生产中最常见的流体输送方式。

流体输送机械种类多，适应场合广，流量范围大，扬程范围广，可用于长距离输送。

项目四

流体主要参数的测定

任务一　流体压力的测量

化工生产中，为了监视和监控工艺过程，必须实时测量流体的压力，测定压力的方法很多，可利用静力学的基本原理进行测量。

一、U 形压差计

U 形压差计的结构如图 1-11 所示。在 U 形玻璃管内装有一定量的指示液。要求指示液与被测流体不互溶，不起化学反应，且其密度大于被测流体密度。常用的指示液有水银、四氯化碳、水和液体石蜡等，应根据被测流体的种类和测量范围合理选择指示液。

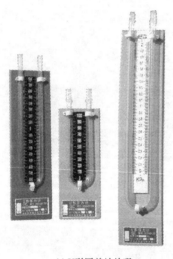
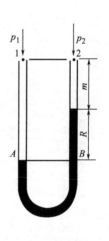

(a) U形压差计外观　　　　　　　　(b) U形压差计测量示意

图 1-11　U 形压差计

当用 U 形压差计测量设备内两点的压力差时，可将 U 形管两端分别与两被测点直接相连，则连接管与指示液液面上方均充满被测流体，由于两点压力不同，压力大的一侧 U 形管，指示液液面下降，而另一侧压力小的，指示液液面则上升，造成 U 形管左右两侧指示液的液面差，该差值可在 U 形管上刻度读出，即 R，利用其读数 R 就可确定两点间的压力差。

设指示液的密度为 ρ_0，被测流体的密度为 ρ。由图 1-11（b）可知，A 点和 B 点在同一水平面上，且处于连通的同种静止流体内，因此，A 点和 B 点的压力相等，即 $p_A = p_B$

而
$$p_A = p_1 + \rho_0 g(m + R)$$
$$p_B = p_2 + \rho g m + \rho_0 g R$$

所以 $\qquad p_1 + \rho_0 g(m+R) = p_2 + \rho g m + \rho_0 g R$

整理得 $\qquad p_1 - p_2 = (\rho_0 - \rho)gR \qquad (1\text{-}24)$

若被测流体是气体，由于气体的密度远小于指示剂的密度，即 $\rho_0 - \rho \approx \rho_0$，则式（1-24）可简化为

$$p_1 - p_2 \approx \rho_0 g R \qquad (1\text{-}24a)$$

U 形压差计也可测量流体的压力，测量时将 U 形管一端与被测点连接，另一端与大气相通，此时测得的是流体的表压或真空度。

【思考】 若将 U 形压差计安装在倾斜管路中，此时读数 R 反映了什么？

$$p_1 - p_2 = (\rho_0 - \rho)gR + \rho(z_2 - z_1)g$$

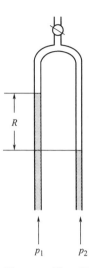

图 1-12 倒 U 形压差计

二、倒 U 形压差计

若被测流体为液体，也可选用比其密度小的流体（液体或气体）作为指示剂，采用如图 1-12 所示的倒 U 形压差计形式。最常用的倒 U 形压差计是以空气作为指示剂。

压差计算公式可写为

$$p_1 - p_2 = Rg(\rho - \rho_0) \approx Rg\rho \qquad (1\text{-}24b)$$

拓展知识

压力测量仪表

压力测量仪表是用来测量气体或液体压力的工业自动化仪表，又称压力表或压力计。压力表（图 1-13）按其指示压力的基准不同，分为一般压力表、绝对压力表、差压表；按其测量范围，分为真空表、压力真空表、微压表、低压表、中压表及高压表；压力表按其组成，分为液柱式、电子式和机械式等。

图 1-13 压力表

液压式压力测量仪表常称为液柱式压力计，它是以一定高度的液柱所产生的压力，与被测压力相平衡的原理测量压力的。大多是一根直的或弯成 U 形的玻璃管，其中充以工作液体。常用的工作液体为蒸馏水、水银和酒精。因玻璃管强度不高，并受读数限制，因此所测压力一般不超过 0.3MPa。液柱式压力计灵敏度高，因此主要用作实验室中的低压基准仪表，以及校验工作用压力测量仪表。

弹性式压力测量仪表是利用各种不同形状的弹性元件，在压力下产生变形的原理制成的压力测量仪表。弹性式压力测量仪表按采用的弹性元件不同，可分为弹簧管压力表、膜片压力表、膜盒压力表和波纹管压力表等；按功能不同分为指示式压力表、电接点压力表和远传压力表等。这类仪表的特点是结构简单，结实耐用，测量范围宽，是压力测量仪表中应用最多的一种。

负荷式压力测量仪表常称为负荷式压力计，它是直接按压力的定义制作的，常见的有活塞式压力计、浮球式压力计和钟罩式压力计。这类压力计误差很小，主要作为压力基准仪表使用，测量范围从数十帕至 2500MPa。

电测式压力测量仪表是利用金属或半导体的物理特性，直接将压力转换为电压、电流信号或频率信号输出，或是通过电阻应变片等，将弹性体的形变转换为电压、电流信号输出。精确度可达 0.02 级，测量范围从数十帕至 700MPa 不等。

任务二　液位的测量

在化工生产中，经常要了解容器内液体的贮存量，或对设备内的液位进行控制，因此，常常需要测量液位。测量液位的装置较多，但大多数遵循流体静力学基本原理。

一、玻璃管液位计

玻璃管液位计是最简单的液位计，其结构是在容器底部及液面上方器壁处各开一小孔，两孔间用玻璃管相连，如图 1-14 所示。根据流体静力学基本原理，静止、连通的同种流体内部，压强相等的点应位于同一水平面，故玻璃管内的液面高度与容器内的液面高度一样，从而可以指示容器内液位高度。该液位计构造简单，但易于破损，且不便于远程观测。

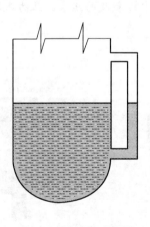

图 1-14　玻璃管液位计

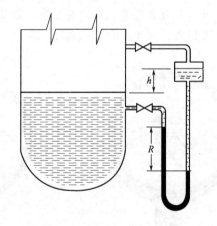

图 1-15　液柱压差计

二、液柱压差计

图 1-15 所示的是液柱压差计，属近距离液位测量装置。在容器或设备的外边设一平衡室，其中所装的液体与容器中相同，液面高度维持在容器中液面允许到达的最高位置。用一装有指示剂的 U 形压差计把容器和平衡室连通起来，压差计读数 R 即可指示出容器内的液面高度，关系为

$$h = \frac{\rho_0 - \rho}{\rho}R \tag{1-25}$$

三、鼓泡式液柱测量装置

若容器或设备的位置离操作室较远时，需采用远距离液位测量装置，如图 1-16 所示为鼓泡式液柱测量装置。在管内通入压缩氮气，用阀调节其流量，测量时控制流量使在观察器中有少许气泡逸出。用 U 形压差计测量吹气管内的压力，其读数 R 的大小，即可反映出容器内的液位高度，关系为

$$h = \frac{\rho_0}{\rho}R \tag{1-26}$$

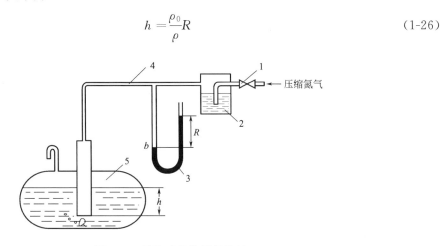

图 1-16　鼓泡式液柱测量装置
1—调节阀；2—鼓泡观察器；3—U 形压差计；4—吹气管；5—贮罐

任务三　液封高度的确定

在化工生产中，为了控制设备内气体压力不超过规定的数值，常常使用安全液封（或称水封）装置，如图 1-17 所示。其作用是当设备内压力超过规定值时，气体则从水封管排出，以确保设备操作的安全，同时可防止气柜内气体泄漏。

液封高度可根据静力学基本方程计算。若要求设备内的压力不超过 p（表压），则水封管的插入深度 h 为

$$h = \frac{p}{\rho g} \tag{1-27}$$

式中　ρ——水的密度，kg/m^3。

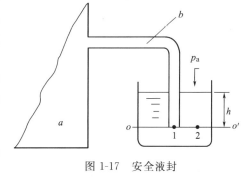

图 1-17　安全液封

任务四　流速的测量

测速管又称皮托管，如图 1-18 所示。其基本构造为两根弯成直角的同心套管组成，管子的直径很小。同心圆管的内管壁无孔，前端敞开；外管与内管的环隙断面是封闭的，近端点处沿着外管壁的周围开有若干各小孔，流体从小孔旁流过；外管与内管的另一端分别与测压装置（如 U 形管）相连接，即可测得两者的压差。

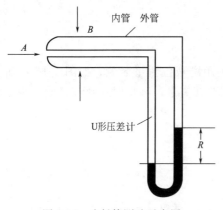

图 1-18 皮托管测速示意图

测量时，测速管可以放在管截面的任一位置上，并使其管口正对着管道中流体的流动方向，内外管均充满被测流体。当压强为 p 的流体以局部流速 u 流向皮托管，当流体流至前端点 A 时，流体被截，于该点 A 静止不动，即流速 $u_A = 0$，该点称为驻点。此时，根据能量守恒原理，流体的动能在 A 点全部转化为压强能，而 A 点的压强 p_A 将通过皮托管的内管传至 U 形压差计的左端。

A 点处单位质量流体的压强能可表示为

$$\frac{p_A}{\rho} = \frac{p}{\rho} + \frac{u^2}{2} \tag{1-28}$$

而流体沿皮托管外壁平行流过测压小孔 B，故作用于 B 端的只是管道内流体的压力 p，该压强传至 U 形管压差计的右端。这样 U 形管压差计测得的读数 R 即可以反映流体的流速。

$$u = \sqrt{\frac{2gR(\rho_0 - \rho)}{\rho}} \tag{1-29}$$

任务五 流量的测量

流体的流量是流体输送任务的最基本参数，也是化工厂重要的测量和控制参数。工业上常用的流量计有孔板流量计、文氏流量计及转子流量计等。

一、孔板流量计

孔板流量计属于差压式流量计，是利用流体流经节流元件产生的压力差来实现流量测量的，其结构如图 1-19 所示，是在管道里插入一片与管轴垂直并带有通常为圆孔的金属板（孔的中心位于管道的中心线上）的装置，孔板称为节流元件。

(a) 外观图

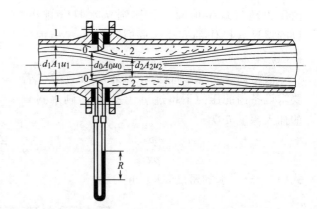

(b) 结构示意图

图 1-19 孔板流量计

当流体流过小孔以后，由于惯性作用，流动截面并不立即扩大到与管截面相等，而是继续收缩一定距离后才逐渐扩大到整个管截面。流动截面最小处（如图 1-19 中截面 2-2）称为缩脉。流体在缩脉处的流速最高，即动能最大，而相应的静压强就最低。因此，当流体以一定的流量流经小孔时，就产生一定的压强差，流量越大，所产生的压强差也就越大。所以利用测量压强差的方法可度量流体流量。

孔板流量计是一种容易制造的简单装置。当流量有较大变化时，为了调整测量条件，调换孔板亦很方便。它的主要缺点是流体经过孔板后能量损失较大，并随 A_0/A_1 的减小而加大，而且孔口边缘容易腐蚀和磨损，所以流量计应定期进行校正。

二、文氏流量计

文氏流量计由一段渐缩渐扩管构成，也称文丘里管，如图 1-20 所示。文丘里管水平安装于管路中，当流体从管路截面 1-1 流经管道内的节流元件时，在文丘里管喉颈截面 2-2 流体收缩，流道变窄，根据连续性方程，流速与管路截面积成反比，故流速增加，动能增加，又依据伯努利方程，若忽略能量损失，水平管路，各截面位能不变，从截面 1-1 到截面 2-2，动能增加，静压能必然降低，即静压力减小，减小的静压能转换为增加的动能，于是在文丘里管喉颈前后便产生了压差，利用 U 形压差计即可测定得该压差。实践证明，流体流量愈大，产生的压差愈大，这样可依据压差来衡量流量的大小。该测量方法是以流动连续性方程和伯努利方程为基础的。

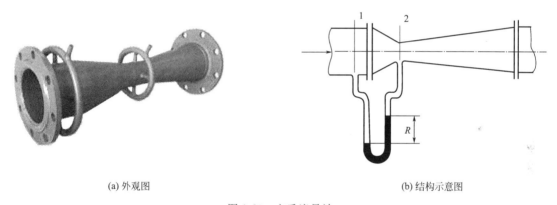

(a) 外观图   (b) 结构示意图

图 1-20 文氏流量计

文氏流量计能量损失小，但尺寸要求严格，加工精细，造价较高。

三、转子流量计

转子流量计，又称浮子流量计，是基于转子（浮子）位置测量的一种变节流面积流量仪表。其构造如图 1-21 所示，在一根截面积自下而上逐渐扩大的垂直锥形玻璃管内，装有一个能够旋转自如的由金属或其他材质制成的转子。被测流体从玻璃管底部进入，从顶部流出。

当流体自下而上流过垂直的锥形管时，转子受到两个力的作用，一个是垂直向上的推动力，它等于流体流经转子与锥管间的环形截面所产生的压力差；另一个是垂直向下的净重力，它等于转子所受的重力减去流体对转子的浮力。当流量加大使压力差大于转子的净重力时，转子就上升；当流量减小使压力差小于转子的净重力时，转子就下沉；当压力差与转子的净重力相等时，转子处于平衡状态，即停留在一定位置上。在玻璃管外表面上刻有读数，根据转子的停留位置，即可读出被测流体的流量。

转子流量计读取流量方便，能量损失很小，测量范围也宽，能用于腐蚀性流体的测量。

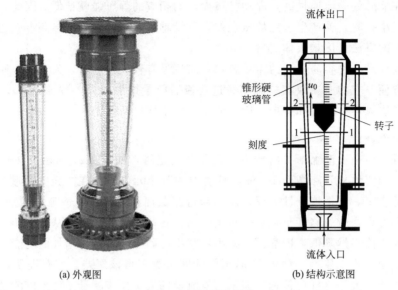

(a) 外观图   (b) 结构示意图

图 1-21   转子流量计

但因流量计管壁大多为玻璃制品，故不能经受高温和高压，在安装使用过程中也容易破碎，且要求安装时必须保持垂直。

拓展知识

流　量　计

测量流体流量的仪表统称为流量计或流量表。流量计是工业测量中重要的仪表之一。随着工业生产的发展，对流量测量的准确度和范围的要求越来越高，流量测量技术日新月异。为了适应各种用途，各种类型的流量计相继问世。目前已投入使用的流量计已超过 100 种。

1. 差压式流量计

差压式流量计是基于流体流动的节流原理，利用流体流经节流装置时产生的压力差来实现流量测量。这是目前生产中测量流量最成熟、最常用的方法之一。常用的有孔板流量计、文氏流量计。

2. 变面积式流量计

放在上大下小的锥形流道中的浮子受到自下而上流动的流体的作用力而移动。浮子静止的高度可作为流量大小的量度。该式流量计的典型仪表是转子（浮子）流量计。

3. 容积式流量计

容积式流量计相当于一个标准容积的容器，它接连不断地对流动介质进行度量，适于测量高黏度、低雷诺数的流体。常用的有椭圆齿轮流量计、罗茨流量计、旋转活塞和刮板式流量计等。

4. 叶轮式流量计

叶轮式流量计的工作原理是将叶轮置于被测流体中，受流体流动的冲击而旋转，以叶轮旋转的快慢来反映流量的大小。典型的叶轮式流量计是水表和涡轮流量计，其结构可以是机械传动输出式或电脉冲输出式。

5. 动量式流量计

利用测量流体的动量来反映流量大小的流量计称动量式流量计。这种流量计的典型仪表是靶式和转动翼板式流量计。

6. 电磁流量计

电磁流量计是应用导电体在磁场中运动产生感应电动势，感应电动势和流量大小成正比，通过测电动势来反映管道流量的原理而制成的。工业上多用以测量水、矿浆等介质的流量。

◆ 项目五

流体输送管路的选择与安装

化工管路是管子、各种管件、阀门及管架的总称。在化工生产中，通过管路来输送和控制流体介质。因此化工管路是化工生产中不可缺少的组成部分。

任务一 管路的分类

化工管路按是否分出支管可分为简单管路和复杂管路。凡无分支管的管路称为简单管路，见图 1-22。有分支的管路称为复杂管路，见图 1-23。复杂管路实际上是由若干简单管路按一定方式连接而成的。各种管路分类详见表 1-1。

对于重要的管路系统，如全厂或大型车间的动力管线（包括蒸汽、煤气、上水及其他循环管道等），一般均应按并联管路铺设，以利于提高能量的综合利用，减少因局部故障所造成的影响。

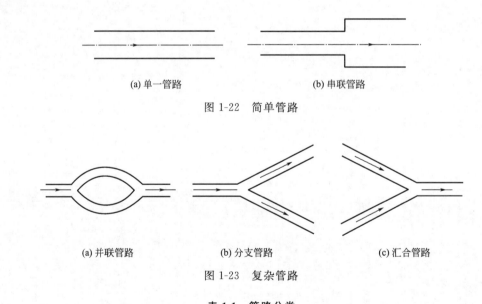

(a) 单一管路　　　　　　　　　　　　(b) 串联管路

图 1-22　简单管路

(a) 并联管路　　　　　　(b) 分支管路　　　　　　(c) 汇合管路

图 1-23　复杂管路

表 1-1　管路分类

管路类型		管路结构
简单管路	单一管路	直径不变、无分支
	串联管路	不同管径的管路组成
复杂管路	并联管路	主管处分成几根支管，最后分支又汇合到一根主管中
	分支管路	一条总管分流至几根支管，各支管并不汇合
	汇合管路	由几根支管汇合于一条总管的管路

任务二 管路的构成

化工管路主要是由管子、管件及阀门等按一定排列方式构成的，也包括一些附属于管路的管架、管卡、管撑等辅件。

一、管子

管子指用于管道中输送各种流体的零件。管子断面通常为圆形，也有制成非圆形截面的异形管。制造管子的材料很多，常用的有钢、铁和铜等金属以及陶瓷、塑料和橡胶等非金属，其结构特点及适用场合见表1-2。

管子是管路的主体，由于生产系统中的物料和所处工艺条件的不同，所以用于连接设备和输送物料的管子除需满足强度和通过能力的要求之外，还必须满足耐温、耐压、耐腐蚀及导热等性能的要求。生产实际中，应根据所输送物料的性质（如腐蚀性、易燃性、易爆性等）和操作条件（如温度、压力等）来选择合适的管材。

表 1-2 常见的化工管材

管子类型	结构特点	适用范围
铸铁管	采用离心铸造法或砂型铸造法生产，口径一般为75～1500mm，其特点是价格低廉、耐腐蚀性较好，但强度比钢管低、管壁厚、质量大，一般承受的压力不大于0.75MPa	铸铁管主要用在给水、排水和城市燃气管道上
钢管	钢管强度高，表面光滑，工艺性好(可焊接、切割和弯曲)，是使用最为广泛的管子。钢管分为焊接钢管和无缝钢管两大类。焊接钢管，由碳素软钢制造，特点是易于加工制造，价格低；无缝钢管由棒料钢材经穿孔热轧或冷拔制成，没有接缝，其特点是质地均匀、强度高、管壁薄	焊接钢管主要适用于输送水、燃气、蒸汽等低压流体介质 无缝钢管能在各种压力和温度下输送流体，广泛用于输送高压、有毒、易燃易爆和腐蚀性强的流体等
有色金属管	主要用铜、铝、铅、钛和它们的合金制成，一般是冷拔的无缝管。有色金属管的特点是耐腐蚀。铜及铜合金具有良好的良热性；铝管质量轻、导热性好；铅管有很好的抗酸腐蚀能力；钛及钛合金耐腐蚀、强度高，具有广阔的发展前途	铜及铜合金管常用于换热器、化工管道、船舶管道和机器的供油、供气管道等；铝管可用于化工管道、飞机结构、低温装置和换热器等；铅管主要用于某些酸液管道
非金属管	非金属管是用各种非金属材料制作而成的管子的总称，种类较多，主要有陶瓷管、水泥管、塑料管、玻璃管及橡胶管等。陶土管耐蚀性好，橡胶管柔性好，塑料管和增强塑料管耐腐蚀、质量轻、易加工，玻璃管是透明的	非金属管一般用于温度和压力不高的场合。水泥管用于给水排水管道；陶土管用于排水管道和化工管道；用织物增强的橡胶管用作给水、输油、供气的柔性管道和化工管道；塑料管广泛用于化工、轻工等工业管道上；玻璃管用在需要对管道内部的流体进行观察的场合

为了便于化工管道内的物质识别，确保安全生产，避免在操作上、设备检修上发生误判断等情况，须进行各种管道涂色及注字标示，具体标准详见表1-3。在此标示中各管路均为地面以上输送管道。

表 1-3　化工管道涂色和注字表

序号	介质名称	涂色	管道注字名称	注字颜色
1	工业水	绿	上水	白
2	井水	绿	井水	白
3	生活水	绿	生活水	白
4	过滤水	绿	过滤水	白
5	循环上水	绿	循环上水	白
6	循环下水	绿	循环回水	白
7	软化水	绿	软化水	白
8	清静下水	绿	净化水	白
9	热循环回水（上）	暗红	热水（上）	白
10	热循环回水	暗红	热水（回）	白
11	消防水	绿	消防水	红
12	消防泡沫	红	消防泡沫	白
13	冷冻水（上）	淡绿	冷冻水	红
14	冷冻回水	淡绿	冷冻回水	红
15	冷冻盐水（上）	淡绿	冷冻盐水（上）	红
16	冷冻盐水（回）	淡绿	冷冻盐水（回）	红
17	低压蒸汽	红	低压蒸汽	白
18	中压蒸汽	红	中压蒸汽	白
19	高压蒸汽	红	高压蒸汽	白
20	过热蒸汽	暗红	过热蒸汽	白
21	蒸汽回水冷凝液	暗红	蒸汽冷凝液（回）	绿
22	废气的蒸汽冷凝液	暗红	蒸汽冷凝液（废）	黑
23	空气（压缩空气）	深蓝	压缩空气	白
24	仪表用空气	深蓝	仪表空气	白
25	氧气	天蓝	氧气	黑
26	氢气	深绿	氢气	红
27	氮（低压气）	黄	低压氮	黑
28	氮（高压气）	黄	高压氮	黑
29	仪表用氮	黄	仪表用氮	黑
30	二氧化氮	黑	二氧化氮	黄
31	真空	白	真空	天蓝
32	氨气	黄	氨	黑
33	液氨	黄	液氨	黑
34	氨水	黄	氨水	绿
35	氯气	草绿	氯气	白
36	液氯	草绿	纯氯	白
37	纯碱	粉红	纯碱	白
38	烧碱	深蓝	烧碱	白
39	盐碱	灰	盐酸	黄
40	硫酸	红	硫酸	白
41	硝酸	管本色	硝酸	蓝
42	醋酸	管本色	醋酸	绿
43	煤气等可燃气体	紫	煤气（可燃气体）	白
44	可燃液体	银白	油类（可燃液体）	黑
45	物料管道	红	按管道介质注字	黄

注意

1. 对于采暖装置一律涂刷银漆，不注字。

2. 通风管道（塑料管除外）一律涂灰色。

3. 对于不锈钢管、有色金属管、玻璃管、塑料管以及保温外用铅皮薄护罩时，均不涂色。

4. 对于室外地沟的管道不涂色，但在阴井内接头处应按介质进行涂色。

5. 对于保温涂沥青的防腐管道，均不涂色。

二、管件

管路中除直通管子以外，用于改变管路的方向、接出支路、改变管径以及密封管路等配件，总称为管件。管件主要有弯头、三通、异径管（即大小头）、活接头、法兰及管帽等，如图 1-24 所示。

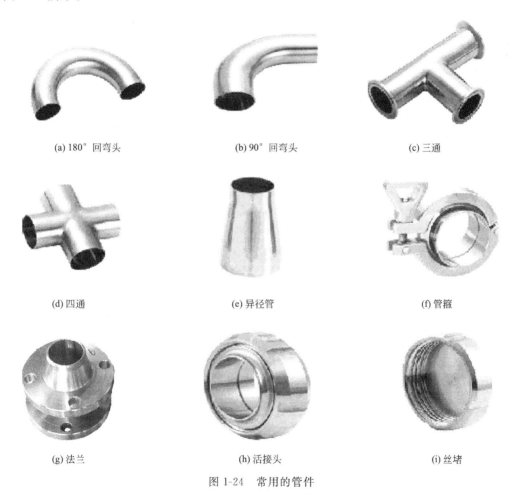

(a) 180° 回弯头　　　　　(b) 90° 回弯头　　　　　(c) 三通

(d) 四通　　　　　(e) 异径管　　　　　(f) 管箍

(g) 法兰　　　　　(h) 活接头　　　　　(i) 丝堵

图 1-24　常用的管件

管件的用途有以下几种。

① 用以改变流体的流向，如 90°弯头、45°弯头及 180°回弯头等。

② 用以连接支管，如三通、四通等。

③ 用以改变管径，如异径管（大小头）、内外螺纹管接头（补芯）等。

④ 用以延长管路，如管箍（束节）、螺纹短节、活接头、法兰等。

⑤ 用以堵截管路，如管帽、丝堵（堵头）、盲板等。

三、阀门

阀门是化工管路上控制介质流动的一种重要辅件，在管路可用作流量调节、切断或切换管路以及对管路起安全、控制作用。

阀门按用途可分为截断阀类、调节阀类、分流阀类、止回阀类、安全阀类。

（1）截断阀类 主要用于截断或接通介质流。包括闸阀、截止阀、隔膜阀、旋塞阀、球阀、蝶阀等。

（2）调节阀类 主要用于调节介质的流量、压力等。包括调节阀、节流阀、减压阀等。

（3）止回阀类 用于阻止介质倒流。包括各种结构的止回阀。

（4）分流阀类 用于分配、分离或混合介质。包括各种结构的分配阀和疏水阀等。

（5）安全阀类 用于超压安全保护。包括各种类型的安全阀。

下面介绍化工厂中常见的阀门，如图 1-25 所示。

(a) 闸阀　　　　(b) 蝶阀　　　　(c) 截止阀　　　　(d) 节流阀

(e) 减压阀　　　　(f) 安全阀　　　　(g) 止回阀　　　　(h) 疏水阀

图 1-25 常见的阀门

1. 闸阀

闸阀又称闸板阀或闸门阀，它是通过闸板的升降来控制阀门的启闭，闸板垂直于流体方向，改变闸板与阀座间相对位置即可改变通道大小。

闸阀具有流体阻力小、介质流向不变、开启缓慢无水锤现象、易于调节流量等优点，缺点是结构复杂、尺寸较大、启闭时间较长、密封面检修困难等。由于在大口径给水管路上应用较多，故又有水门之称。

2. 蝶阀

蝶阀是利用一种可绕轴旋转的圆盘来控制管路启闭的阀门，转角大小反映了阀门的开启程度。根据传动方式不同，蝶阀分手动、气动和电动等三种类型，常用的为手动，旋转手柄通过齿轮传动带动阀杆从而启闭阀门。

蝶阀具有结构简单、开闭较迅速、流体阻力小、维修方便等优点，但不能用于高温高压场合。

3. 截止阀

截止阀是化工生产中使用最广的一种截断类阀门，它是利用阀杆升降带动与之相连的圆形阀盘（阀头），改变阀盘与阀座间距离达到控制阀门的启闭。

截止阀上部有手轮、阀杆，中部有螺纹和填料函密封段，小型阀门阀杆上螺纹在阀体内，其结构紧凑，但阀杆与介质接触部分多，尤其螺纹部分易腐蚀，从阀杆露出阀盖的高度可判断阀门开启程度，为防止介质沿阀杆漏出，可在阀杆穿出阀盖部位用填料来密封。

截止阀结构较复杂，但操作简单、不甚费力，易于调节流量和截断通道，启闭缓慢无水锤现象，故使用较为广泛。

4. 节流阀

节流阀又称针形阀，其外形与截止阀相似，其阀芯形状不同，呈锥状或抛物线状，常用于化工仪表中，常为螺纹连接。

节流阀开闭时首先检查螺纹连接是否松动泄漏；开闭阀门时缓慢进行，因为其流通面积较小，流速较大，可能造成密封面的腐蚀，应留心观察，注意压力的变化。

5. 减压阀

减压阀是通过调节，将进口压力减至某一需要的出口压力，并依靠介质本身的能量，使出口压力自动保持稳定的阀门。

6. 安全阀

安全阀是在受压容器、设备或管路上，作为超压保护装置。当设备、容器或管路内的压力升高超过允许值时，阀门自动开启，继而全量排放，以防止设备、容器或管路和压力继续升高；当压力降低到规定值时，阀门应自动及时关闭，从而保护设备、容器或管路的安全运行。根据平衡内压的方式不同，安全阀分为杠杆重锤式和弹簧式两类。

7. 止回阀

止回阀又称逆流阀、逆止阀、背压阀和单向阀。这些阀门是靠管路中介质本身的流动产生的力自动开启和关闭的，属于一种自动阀门。止回阀用于管路系统，其主要作用是防止介质倒流、防止泵及驱动电动机反转，以及容器介质的泄放。止回阀还可用于给其中的压力可能升至超过系统压的辅助系统提供补给的管路上。主要可分为旋启式（依重心旋转）与升降式（沿轴线移动）。

8. 疏水阀

在输送蒸汽、压缩空气等介质中，会有一些冷凝水形成，为了保证装置的工作效率和安全运转，就应及时排放这些无用且有害的介质，以保证装置的使用。疏水阀有以下作用：

① 能迅速排除产生的凝结水；

② 防止蒸汽泄漏；

③ 排除空气及其他不凝性气体。

阀门是化工管路中的关键部件，在生产中起着极其重要的作用。有时因为一个关键部位的阀门有问题，就会使连续化的化工生产中途停顿；高温、高压、有毒气体阀门的泄漏将造成严重的污染和人员的伤亡。

在化工操作中，开关阀门时不能开关过头，用力过猛。阀门的丝杆在使用过程中要注意经常清理，加润滑油。旋塞要定期活动，以保证阀门的开关灵活。如发现阀门的开关不灵时，应找出原因，排除故障，决不能强力开关，否则会损坏阀门或管路，造成事故。如发现阀杆的填料函处泄漏，可拧紧填料压盖处的螺栓。如填料老化，生产允许时，要及时更换填料。运行中的安全阀不能随意乱动，应由专业人员按规定定期校准。

任务三　管径的确定

为完成特定的输送任务，需确定所选管子的直径。

一般管道的截面均为圆形，若以 d 表示管内径，则管截面积为

$$A = \frac{\pi d^2}{4}$$

根据流量方程式 $q_V = uA$，有

$$q_V = u \times \frac{\pi d^2}{4} \tag{1-30}$$

则

$$d = \sqrt{\frac{4q_V}{\pi u}} \tag{1-31}$$

因此，流体输送管路的直径可根据流量及流速由式(1-31)进行计算。流量一般为生产任务所决定，所以关键在于选择合适的流速。根据式(1-30)可知，当流量一定时，流体的流速与管径的平方成反比，管径越大，流速越小。确定管径时，若流速选得太大，管径较小，所需管子的成本会降低，但流体流过管道的阻力增大，动力消耗增大，操作费随之增加；反之，流速选得太小，操作费可以相应减少，但管径增大，管路的基建费随之增加。所以当流体以大流量在长距离的管路中输送时，合适的流速需根据具体情况在操作费与基建费之间通过经济权衡来确定适宜的流速。车间内部的工艺管线通常较短，管内流速可选用经验数据。某些流体在管路中的常用流速范围列于表1-4中。

表 1-4　某些流体在管路中的常用流速范围

流体的类别及状态	流速范围/(m/s)	流体的类别及状态	流速范围/(m/s)
自来水(3×10^5Pa左右)	1.0~1.5	过热蒸汽	30~50
水及低黏度液体(1.013×10^5~10.13×10^5Pa)	1.5~3.0	蛇管、螺旋管内的冷却水	<1.0
高黏度液体	0.5~1.0	低压空气	12~15
工业供水(<8×10^5Pa)	1.5~3.0	高压空气	15~25
锅炉供水(>8×10^5Pa)	>3.0	一般气体(常压)	10~20
饱和蒸汽	20~40	真空操作下气体	<10

从表1-4可以看出，流体在管道中适宜流速的大小与流体的性质及操作条件有关。

按式(1-31)算出管径后，还需从有关手册或本教材附录十五选用标准管径来圆整，然后按标准管径重新计算流体在管路中的实际流速。

【例题 1-5】　某厂要求安装一根输水量为 30m³/h 的管路，试选择合适的管径。

解　根据式(1-31)计算管径

$$d = \sqrt{\frac{4q_V}{\pi u}}$$

式中　　$q_V = \dfrac{30}{3600} \text{m}^3/\text{s}$

参考表 1-4 选取水的流速 $u = 1.8 \text{m/s}$

$$d = \sqrt{\frac{\dfrac{30}{3600}}{0.785 \times 1.8}} = 0.077 (\text{m}) = 77 \text{mm}$$

查附录十五管子规格，确定选用 $\phi 88.5 \text{mm} \times 4 \text{mm}$（外径 88.5mm，壁厚 4mm）的管子，其内径为

$$d = 88.5 - (4 \times 2) = 80.5 (\text{mm}) = 0.0805 \text{m}$$

因此，水在输送管内的实际流速为

$$u = \frac{\dfrac{30}{3600}}{0.785 \times (0.0805)^2} = 1.62 (\text{m/s})$$

任务四　管路的连接方式

管路的连接包括管子与管子的连接，管子与各种管件的连接，阀门与设备接口的连接。管路的连接方法有以下四种。

1. 法兰连接

法兰连接是通过连接法兰及紧固螺栓、螺母压紧法兰中间的垫片而使管道连接起来的一种方法，是一种可拆式连接，具有强度高、密封性能好、适用范围广、拆卸安装方便的特点。其广泛用于大管径、耐温耐压与密封性要求高的管路连接以及管路与设备的连接。法兰的形式和规格已经标准化了，可根据管子的公称口径、公称压力、材料和密封要求选用。

2. 螺纹连接

螺纹连接是一种可拆式连接，它是通过管子上的外螺纹和管件上的内螺纹拧在一起而实现的。管螺纹有圆锥管螺纹和圆柱管螺纹两种，管道多采用圆锥形外螺纹，管箍、阀件、管件等多采用圆柱形内螺纹。螺纹连接主要适用于管径小于 50mm，工作压强低于 1MPa、介质温度小于或等于 100℃的黑管、镀锌焊接钢管或硬聚氯乙烯塑料管的管路连接。

3. 焊接连接

焊接连接是一种不可拆式连接，它是用电焊和气焊的方式将管道和各管件、阀门等直接焊成一体。这种连接方式简单、牢固且严密，多用于无缝钢管和有色金属管的连接，适用于有压管路及真空管路。

4. 承插连接

承插连接适用于埋地或沿墙敷设的低压给水管，如铸铁管、陶瓷管、石棉水泥管等，采用石棉水泥、沥青玛琋脂、水泥砂浆等作为封口。

任务五　管路的布置与安装

化工管路布置和安装时既要考虑到工艺要求，又要考虑到经济要求，还要考虑到安装方

便、安全，在可能的情况下还要尽可能美观，做到能用、够用、实用。

布置和安装化工管路必须遵守以下原则。

① 布置管路时，应根据设计图纸，对全厂区所有管路（供排水系统管路，消防水管管路，生活污水管路，生产污水管路，辅助系统管路，废气尾气收集管路，通风换气管路，除尘管路，正常照明系统管路，应急照明系统管路，疏散指示系统管路，火灾自动报警系统管路，可燃气体探测报警系统管路，安全阀及泄爆装置的导出管路，电力配线管路，仪表管路等）全面规划、合理布置、各就其位。

② 在工艺条件允许的前提下，应使管路尽可能短，管件阀件应尽可能少，以减少投资，使流体阻力减到最低。

③ 应合理安排管路，使管路与墙壁、柱子、场面、其他管路等之间应有适当的距离，以便于安装、操作、巡查与检修。如管路最突出的部分距墙壁或柱边的净空不小于100mm，距管架支柱也不应小于100mm，两管路的最突出部分间距净空，中压保持40～60mm，高压保持70～90mm，并排管路上安装手轮操作阀门时，手轮间距约100mm。

④ 管路排列时，通常使热的在上，冷的在下；无腐蚀的在上，有腐蚀的在下；输气的在上，输液的在下；不经常检修的在上，经常检修的在下；高压的在上，低压的在下；保温的在上，不保温的在下；金属的在上，非金属的在下；在水平方向上，通常使常温管路、大管路、振动大的管路及不经常检修的管路靠近墙或柱子。

⑤ 管子、管件与阀门应尽量采用标准件，以便于安装与维修。

⑥ 对于温度变化较大的管路就采取热补偿措施，有凝液的管路要安排凝液排出装置，有气体积聚的管路要设置气体排放装置。

⑦ 管路通过人行道时高度不得低于2m，通过公路时不得小于4.5m，与铁轨的净距离不得小于6m，通过工厂主要交通干线时高度一般为5m。

⑧ 一般地，化工管路采用明线安装，但上下水管及废水管采用埋地铺设，埋地安装深度应当在当地冰冻线以下。

在布置化工管路时，应参阅有关专书，依据上述原则制定方案，确保管路的布置科学、经济、合理、安全。

任务六　管路常见故障及处理

管路的常见故障及处理见表1-5。

表1-5　管路常见故障及处理

故障类型	产生原因	处理方法
管路振动	1. 运动及其振动的传导引发 ①旋转零件的不平衡 ②联轴器不同心 ③部件的配合间隙过大 ④机座和基础间连接不牢 2. 输送介质引起的振动 ①介质流向引起的突变 ②介质激振频率和管路固有频率相接近 ③介质周期性波动	①旋转件进行静、动平衡 ②进行联轴器重新找正 ③调整配合间隙 ④紧固机座和基础的连接 ①弯曲半径弯头 ②增用支架、加固或增设支架，改变管路的固有频率 ③控制波动幅度，减少波动范围

故障类型	产生原因	处理方法
管路泄漏	1. 法兰连接处泄漏 ①密封垫破坏 ②介质压力过高 ③法兰螺栓松动 ④法兰密封面破坏 2. 螺纹连接泄漏 ①螺纹连接未拧紧 ②螺纹部分损坏 ③螺纹连接的密封失效 3. 管子缺陷 ①铸铁管子上有气孔或夹渣 ②焊缝处有气孔或夹渣	①更换密封垫 ②使用耐高压的垫片 ③拧紧法兰螺栓 ④修理或更换法兰 ①拧紧螺纹连接螺栓 ②修理管端螺纹 ③更换连接处的密封件 ①在泄漏处打上卡箍 ②清理焊缝，进行补焊
管路裂纹	1. 管路连接不同心，弯曲或扭转过大 2. 冻裂或保温层破坏 3. 振动剧烈 4. 机械损伤	1. 进行重新安装找正 2. 加设保温层，更换保温层 3. 消除振动 4. 避免碰撞

流体阻力的计算

任务一　流体流动类型及判定

一、雷诺实验

雷诺实验装置如图 1-26 所示，贮水槽中液位保持恒定，水槽下部插入一根入口为喇叭状的玻璃管，管出口有调节水流量用的阀门，水槽上方的小瓶内充有有色液体。实验时，有色液体从瓶中流出，经喇叭口中心处的针状细管流入管内。管内水及有色液体的流速可通过出口阀调节，从有色流体的流动情况可以观察到管内水流中质点的运动情况。

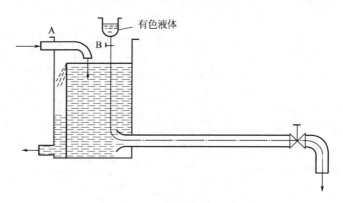

图 1-26　雷诺实验装置示意图

当流速较小时，管中心的有色流体在管内沿轴线方向成一条轮廓清晰的细直线，平稳地流过整根玻璃管，与旁侧的水丝毫不相混合。此实验现象表明，水的质点在管内都是沿着与管轴平行的方向作直线运动。当开大阀门使水流速逐渐增大到一定数值时，有色细直线便开始出现波动而成波浪形细线，并且不规则地波动；速度继续增大，细线的波动加剧，然后被冲断而向四周散开，最后可使整个玻璃管中的水呈现均匀的颜色。显然，此时流体的流动状况已发生了显著地变化。

二、流体的流动类型及判定

雷诺实验表明：流体在管道中的流动状态可分为两种类型。

当流体流速较小时，流体质点始终沿着与管轴平行的方向作直线运动，质点之间互不干扰、互不混合。因此，充满整个管的流体就如一层一层的同心圆筒在平行地流动，这种流动状态称为层流或滞流。

当流体流速较大时，若有色液体与水迅速混合，则表明流体质点除了沿着管道向前流动外，还在径向上作无规则的脉动，于是质点间彼此碰撞并互相混合，这种流动状态称为湍流或紊流。

实验研究发现，流体的流动类型不仅与流体的流速有关，还与流体的密度、黏度及水平管的管径有关，为了综合反映这些因素对流体流动类型的影响，雷诺将这四个物理量组成了一个数群，称作雷诺数，用 Re 表示

$$Re = \frac{du\rho}{\mu} \tag{1-32}$$

雷诺数是一个无量纲数群。

实验结果表明，对于圆管内的流动，当 $Re<2000$ 时，流动总是层流，位于层流区；当 $Re>4000$ 时，流动一般为湍流，位于湍流区；$2000 \leqslant Re \leqslant 4000$ 时，流动为过渡流，位于过渡区，即流动可能是层流，也可能是湍流，受外界条件的干扰而变化（如管路形体的变化、流向的变化、外来的轻微震动等都易促成湍流的发生）。所以，可用 Re 的数值来判别流体的流动类型。Re 值愈大，流体的湍动程度愈剧烈，因此雷诺数的大小也是流体流动的湍动程度的判别准则。

> **注意**
>
> 　　根据 Re 的数值将流动划为三个区：层流区、过渡区及湍流区，但只有两种流型。过渡区不是一种过渡的流型，它只表示在此区内可能出现层流也可能出现湍流，需视外界扰动而定。

【例题 1-6】　有一内径为 25mm 的水管，如管中流速为 1.0m/s，水温为 20℃。求：管道中水的流动类型。

解　20℃时水的黏度为 1.005×10^{-3} Pa·s，密度为 998.2kg/m³，管中雷诺数为

$$Re = \frac{du\rho}{\mu} = \frac{0.025 \times 1.0 \times 998.2}{1.005 \times 10^{-3}} = 2.5 \times 10^4 > 4000$$

故管中为湍流。

任务二　流体阻力的来源

一、流体阻力的表现

如图 1-27 所示的实验，当流体在一水平的等径管中流动时，两直立玻璃管内的液柱高度将出现图示现象。由两截面间的伯努利方程，有

$$z_1 g + \frac{u_1^2}{2} + \frac{p_1}{\rho} + W_e = z_2 g + \frac{u_2^2}{2} + \frac{p_2}{\rho} + \sum h_f$$

其中 $z_1 = z_2$，$u_1 = u_2$

整理得　　$$\sum h_f = \frac{p_1 - p_2}{\rho} \tag{1-33}$$

由式(1-33) 可见，流体阻力的存在致使静压能下降。阻力越大，静压能下降就越多。这种压力降就是流体阻力的表现。

二、流体阻力的来源

当流体在管内流动时，由于流体对固体壁面有附着力作用，因此在壁面上黏附着一层静止的流体，同

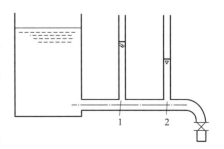

图 1-27　流体阻力的表现

时在流体内部分子间是有吸引力的，所以当流体流过壁面时，壁面上静止的流体层对与其相邻的流体层的流动有约束作用，使该层流体流速变慢，离开壁面越远其约束作用越弱，这种流速的差异造成了流体内部各层之间的相对运动。

由于流体层与流体层之间产生相对运动，流得快的流体层对与其相邻流得慢的流体层产生一种牵引力，而流得慢的流体层对与其相邻流得快的流体层则产生一种阻碍力。上述这两种力是大小相等而方向相反的。因此，流体流动时，流体内部相邻两层之间必然有上述相互作用的剪应力存在，这种力称为内摩擦力。内摩擦力是流体阻力产生的根本原因。

此外，当流体流动激烈呈紊流状态，即为湍流时，流体质点流速的大小与方向发生急剧的变化，质点之间相互激烈地交换位置。这种运动的结果，也会损耗流体的机械能，而使阻力增大。另外，管壁粗糙程度、管子长度及直径均对流体阻力的大小有影响。

因此，流体具有内摩擦力是流体阻力产生的内因，流体流动状况的影响是流体阻力产生的外因。

任务三 流体阻力的计算

一、流体阻力的表达式

流体在管内流动过程，由于流体层之间的分子动量传递而产生的内摩擦阻力，或由于流体之间的湍流动量传递而引起的摩擦阻力，使一部分机械能转化为热能，称为能量损失。故流体阻力可以用能量损失来表示，单位为 J/kg，也可以用损失压头和压力降来表示，单位分别为 m 液柱和 Pa。三者之间的换算关系为

$$\sum h_f = H_f g = \Delta p / \rho$$

管路一般由直管段和管件、阀门等组成。因此，流体在管路中的流动阻力，可分为直管阻力和局部阻力两类。直管阻力是流体流经一定直径的直管时，由于内摩擦而产生的阻力。局部阻力是流体流经管件、阀门及进出口时，由于受到局部障碍所产生的阻力。

所以，流体流经管路的总能量损失，应为直管阻力与局部阻力所引起能量损失的总和。

二、直管阻力的计算

根据范宁公式，流体在直管内流动阻力的通式为

$$h_f = \lambda \times \frac{l}{d} \times \frac{u^2}{2} \tag{1-34}$$

式中　　h_f——流体在圆形直管中流动时的能量损失，J/kg；

　　　　l——直管管长，m；

　　　　d——直管管径，m；

　　　　u——流体在直管中的流速，m/s；

　　　　λ——摩擦系数，无单位。

应当指出，范宁公式对层流和湍流均适用，只是两种情况下摩擦系数 λ 不同。以下对层流与湍流时的摩擦系数 λ 分别进行讨论。

1. 层流的摩擦系数

流体作层流流动时，摩擦系数 λ 只与雷诺数有关，而与管壁的粗糙程度无关。通过理论推导，可以得出 λ 与 Re 的关系。

$$\lambda = \frac{64}{Re} \tag{1-35}$$

2. 湍流的摩擦系数

当流体呈湍流时，摩擦系数不仅与雷诺数有关，还与管壁的粗糙程度有关。由于湍流时质点运动的复杂性，无法从理论上推算 λ 值，通常是通过实验来测定的，并将 λ 与 Re 关系曲线绘制到坐标图中，这里所用的是双对数坐标系，如图 1-28 所示。为简化计算，这里粗略地按照管壁的粗糙程度将管子分为光滑管和粗糙管，光滑管一般指玻璃管、有色金属管、塑料管等；粗糙管是指铸铁管、钢管、水泥管等。

过渡流时，管内流动随外界的影响而出现不同的类型，摩擦系数也随之出现波动。工程计算中一般按湍流处理，将相应湍流时的曲线延伸，以便查取 λ 值。

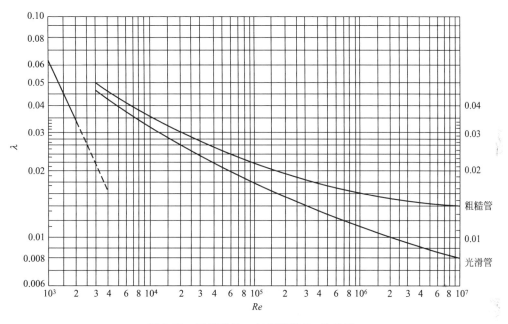

图 1-28 摩擦系数 λ 与雷诺数 Re 的关系

【例题 1-7】 分别计算下列情况下，流体流过 ϕ76mm×3mm、长 10m 的水平钢管的能量损失、压头损失及压力损失。

(1) 密度为 910kg/m³、黏度为 72cP 的油品，流速为 1.1m/s；

(2) 20℃的水，流速为 2.2m/s。

解 (1) 油品

$$Re = \frac{d\rho u}{\mu} = \frac{0.07 \times 910 \times 1.1}{72 \times 10^{-3}} = 973 < 2000 \,(层流)$$

$$\lambda = \frac{64}{Re} = \frac{64}{973} = 0.0658$$

能量损失 $\quad h_f = \lambda \times \frac{l}{d} \times \frac{u^2}{2} = 0.0658 \times \frac{10}{0.07} \times \frac{1.1^2}{2} = 5.69 \,(\text{J/kg})$

压头损失 $\quad H_f = \frac{h_f}{g} = \frac{5.69}{9.81} = 0.58 \,(\text{m})$

压力降 $\quad \Delta p = \rho h_f = 910 \times 5.69 = 5178 \,(\text{Pa})$

(2) 20℃水的物性：$\rho = 998.2 \text{ kg/m}^3$，$\mu = 1.005 \times 10^{-3} \text{ Pa} \cdot \text{s}$

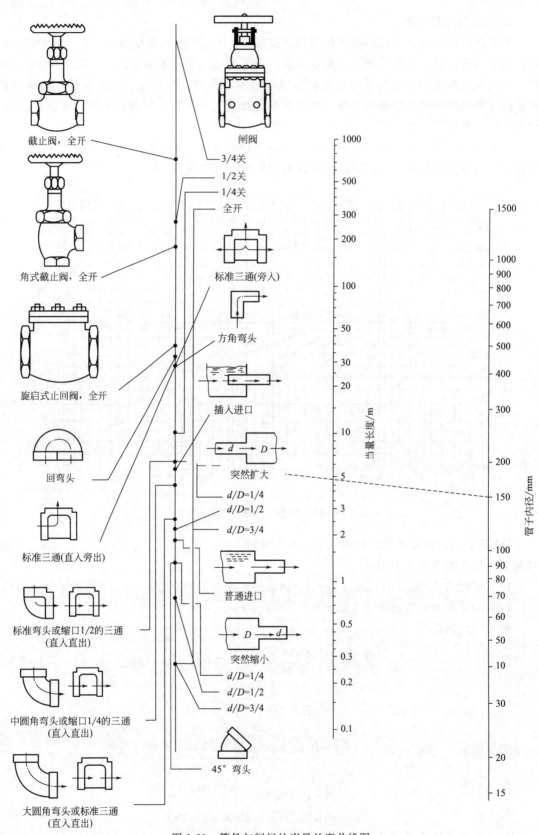

图 1-29 管件与阀门的当量长度共线图

$$Re = \frac{d\rho u}{\mu} = \frac{0.07 \times 998.2 \times 2.2}{1.005 \times 10^{-3}} = 1.53 \times 10^5 > 4000 \text{（湍流）}$$

钢管为粗糙管，根据 $Re = 1.53 \times 10^5$ 查图 1-28，得 $\lambda = 0.027$

能量损失　　　$h_f = \lambda \times \dfrac{l}{d} \times \dfrac{u^2}{2} = 0.027 \times \dfrac{10}{0.07} \times \dfrac{2.2^2}{2} = 9.33 \text{（J/kg）}$

压头损失　　　　　　　$H_f = \dfrac{h_f}{g} = \dfrac{9.33}{9.81} = 0.95 \text{（m）}$

压力损失　　　　　　$\Delta p = \rho h_f = 998.2 \times 9.33 = 9313 \text{（Pa）}$

三、局部阻力的计算

局部阻力所引起的能量损失计算有两种方法，当量长度法和阻力系数法。

1. 当量长度法

此法是将流体流过管件或阀门所产生的局部阻力损失，折合成流体流过同直径一定长度的直管的阻力损失，此折合的直管长度称为当量长度，用 l_e 表示，其值由实验测定。局部阻力计算公式如下

$$h_f' = \lambda \times \frac{l_e}{d} \times \frac{u^2}{2} \tag{1-36}$$

l_e 的实验结果见图 1-29。

2. 阻力系数法

阻力系数法近似地认为局部阻力损失服从速度平方定律，即

$$h_f = \zeta \times \frac{u^2}{2} \tag{1-37}$$

式中，ζ 为局部阻力系数，简称阻力系数。其值由实验测定，列于表 1-6。

表 1-6　管件和阀门的局部阻力系数 ζ 值

管件和阀门名称	ζ 值										
标准弯头	$45°, \zeta=0.35$					$90°, \zeta=0.75$					
90°方形弯头	1.3										
180°回弯头	1.5										
活接管	0.08										
弯管	R/d ＼ φ	30°	45°	60°	75°	90°	105°	120°			
	1.5	0.08	0.11	0.14	0.16	0.175	0.19	0.20			
	2.0	0.07	0.10	0.12	0.14	0.15	0.16	0.17			
突然扩大	$\zeta = (1-A_1/A_2)^2$　$h_f = \zeta u_1^2/2$										
	A_1/A_2	1.00	0.1	0.2	0.3	0.4	0.5	0.6	0.7	0.8	0.9	1.0
	ζ	1.00	0.81	0.64	0.49	0.36	0.25	0.16	0.09	0.04	0.01	0
突然缩小	$\zeta = 0.5(1-A_1/A_2)^2$　$h_f = \zeta u_2^2/2$										
	A_1/A_2	0	0.1	0.2	0.3	0.4	0.5	0.6	0.7	0.8	0.9	1.0
	ζ	0.50	0.45	0.40	0.35	0.30	0.25	0.20	0.15	0.10	0.05	0

续表

| 管件和阀门名称 | ζ 值 | | | | | | | | |

管件和阀门名称	ζ 值
流入大容器的出口	$\zeta=1$(用管中流速)
入管口(容器→管)	$\zeta=0.5$ 水泵进口

水泵进口	没有底阀			2～3					
	有底阀	d/mm	40	50	75	100	150	200	250	300
		ζ	12.0	10.0	8.5	7.0	6.0	5.2	4.4	3.7

闸阀	全开	3/4 开	1/2 开	1/4 开
	0.17	0.9	4.5	24

标准截止阀	全开,$\zeta=6.4$	1/2 开,$\zeta=9.5$

蝶阀	α	5°	10°	20°	30°	40°	45°	50°	60°	70°
	ζ	0.24	0.52	1.54	3.91	10.8	18.7	30.6	118	751

四、管路总阻力的计算

管路系统的总阻力包括了所取两截面间的全部直管阻力和所有局部阻力之和,即

$$\sum h_f = h_f + h_f' \tag{1-38}$$

式(1-38)适用于等径管路的总阻力计算。对于不同直径的管段组成的管路,需分段进行计算。

【技能训练】管路拆装训练

一、技能培训目标

① 熟悉化工管路与机泵拆装常用工具的种类及使用方法。
② 掌握化工管路中管件、阀门的种类、规格、连接方法。
③ 能够根据管路布置图安装化工管路,并能对安装的管路进行试漏、拆卸。

二、实训内容

① 根据管路布置简图,采用法兰连接或螺纹连接安装化工管路,并对安装好的管路进行试压。
② 认识化工管道的安装特点。
③ 实训过程中,做到管线拆装符合安全规范。

三、基本原理

管路的连接是根据相关标准和图纸要求,将管子与管子或管子与管件、阀门等连接起

来，以形成一严密整体从而达到使用目的。

管路的连接方法有多种，化工管路中最常见的有螺纹连接和法兰连接。螺纹连接主要适用于镀锌焊接钢管的连接，它是通过管子上的外螺纹和管件上的内螺纹拧在一起而实现的。焊接钢管采用螺纹连接时，使用的板牙型角55°。管螺纹有圆锥管螺纹和圆柱管螺纹两种，管道多采用圆锥形外螺纹，管箍、阀件、管件等多采用圆柱形内螺纹。此外，管螺纹连接时，一般要加聚四氟乙烯等作为填料。法兰连接是通过连接法兰及紧固螺栓、螺母、压紧法兰中间的垫片而使管道连接起来的一种方法，具有强度高、密封性能好、适用范围广、拆卸安装方便的特点。通常情况下，采暖、燃气、中低压工业管道常采用非金属垫片，而在高温高压和化工管道上常使用金属垫片。

法兰连接的一般规定如下。

① 安装前应对法兰、螺栓、垫片进行外观、尺寸材质等检查。

② 法兰与管子组装前应对管子端面进行检查。

③ 法兰与管子组装时应检查法兰的垂直度。

④ 法兰与法兰对接连接时，密封面应保持平行。

⑤ 为便于安装、拆卸法兰、紧固螺栓，法兰平面距支架和墙面的距离不应小于200mm。

⑥ 工作温度高于100℃的管道的螺栓应涂一层石墨粉和机油的调和物，以便日后拆卸。

⑦ 拧紧螺栓时应对称成十字交叉进行，以保障垫片各处受力均匀；拧紧后的螺栓露出螺钉的长度不应大于螺栓直径的一半，并不应小于2mm。

⑧ 法兰连接好后，应进行试压，发现渗漏，需要更换垫片。

⑨ 当法兰连接的管道需要封堵时，则采用法兰盖；法兰盖的类型、结构、尺寸及材料应和所配用的法兰相一致。

⑩ 法兰连接不严，要及时找出原因进行处理。

四、基本操作步骤

1. 管路组装

① 管口螺纹的加工以及板牙的使用。

② 对照管路示意图进行管路安装，安装中要保证横平竖直，水平偏差不大于15mm、垂直偏差不大于10mm。

③ 法兰与螺纹的接合时每对法兰的平行度、同心度要符合要求。螺纹接合时要做到生料带缠绕方向正确和厚度合适，螺纹与管件咬合时要对准、对正，拧紧用力要适中。

④ 阀门的安装　阀门安装前要将内部清理干净，关闭好再进行安装，对有方向性的阀门要与介质流向吻合，安装好的阀门手轮位置要便于操作。

⑤ 流量计和压力表的安装　按具体安装要求进行。要注意流向，有刻度的位置要便于读数。

2. 水压实验

会使用手摇式试压泵，能按要求的试压程序完成试压操作。在规定的压强下和规定的时间内管路所有接口，确保没有渗漏现象。

3. 管路拆卸

能按顺序进行，一般是从上到下，先仪表后阀门，拆卸过程中不得损坏管件和仪表。拆下的管子、管件、阀门和仪表要归类放好。

五、操作中应注意的事项

操作中，安装工具使用合适、恰当。法兰安装中要做到对得正、不反口、不错口、不张口。安装和拆卸过程中注意安全防护，不出现安全事故。

========= **情境测评** =========

一、填空题

1. 气体的黏度随温度升高而_____，水的黏度随温度升高而_____。

2. 当地大气压为 745mmHg，测得一容器内的绝对压强为 350mmHg，则真空度为_____。测得另一容器内的表压强为 1360mmHg，则其绝对压强为_____。

3. 处于同一水平面的液体，维持等压面的条件必须是____、_____、_____。

4. 流体流动的连续性方程是_____；适用于圆形直管的不可压缩流体流动的连续性方程为_____。

5. 如果流体为理想流体且无外加功的情况下，写出：

单位质量流体的机械能衡算式为_____；

单位重量流体的机械能衡算式为_____；

单位体积流体的机械能衡算式为_____。

6. 流体在变径管中作稳定流动，在管径缩小的地方其静压能_____。

7. 流体在圆形管道中作层流流动，如果只将流速增加一倍，则阻力损失为原来的_____倍；如果只将管径增加一倍而流速不变，则阻力损失为原来的____倍。

8. 测流体流量时，随流量增加孔板流量计两侧压差值将_____，若改用转子流量计，随流量增加转子两侧压差值将_____。

9. 管内流动的雷诺数表达式为 $Re = $_____。当 Re_____时，一定是层流流动；当 Re_____时，一定是湍流流动。

10. 化工管路常用的连接方式有_____、_____、_____、_____。

二、单项选择题

1. 流体在管内流动时，如要测取管截面上的流速分布，应选用（   ）测量。

A. 皮托管　　　　B. 孔板流量计　　　　C. 文丘里流量计　　　　D. 转子流量计

2. 水由敞口恒液位的高位槽通过一管道流向压力恒定的反应器，当管道上的阀门开度减小后，管道总阻力损失（   ）。

A. 增大　　　　B. 减小　　　　C. 不变　　　　D. 不能判断

3. 流体流动时的摩擦阻力损失 h_f 所损失的是机械能中的（   ）项。

A. 动能　　　　B. 位能　　　　C. 静压能　　　　D. 总机械能

4. 在完全湍流时（阻力平方区），粗糙管的摩擦系数 λ 数值（   ）。

A. 与光滑管一样　　B. 只取决于 Re　　C. 取决于相对粗糙度　　D. 与粗糙度无关

5. 已知列管换热器外壳内径为 600mm，壳内装有 269 根 $\phi25mm \times 2.5mm$ 的换热管，每小时有 5×10^4kg 的溶液在管束外侧流过，溶液密度为 810kg/m³，黏度为 1.91×10^{-3}Pa·s，则溶液在管束外流过时的流型为（   ）。

A. 层流　　　　B. 湍流　　　　C. 过渡流　　　　D. 无法确定

6. 某液体在内径为 d_0 的水平管路中稳定流动，其平均流速为 u_0，当它以相同的体积流量通过等长的内径为 d_2（$d_2 = d_0/2$）的管子时，若流体为层流，则压降 Δp 为原来的（　　）倍。

A. 4　　　　　　　B. 8　　　　　　　C. 16　　　　　　　D. 32

7. 规格为 $\phi 108mm \times 4.0mm$ 的无缝钢管，其内径是（　　）。

A. 100mm　　　　B. 104mm　　　　C. 108mm　　　　D. 112mm

8. 密度为 $850kg/m^3$ 的液体以 $5m^3/h$ 的流量流过输送管，其质量流量为（　　）。

A. 170kg/h　　　B. 1700kg/h　　　C. 425kg/h　　　D. 4250kg/h

9. 流体阻力产生的根本原因是（　　）。

A. 流体流动状况　　B. 内摩擦力　　　C. 管壁粗糙程度　　　D. 管径和管长

10. 安全阀的作用是（　　）。

A. 排放泄压和报警B. 泄压　　　　C. 阻断火焰　　　　D. 报警

三、计算

1. 燃烧重油所得的燃烧气，经分析知其中含 $CO_2 8.5\%$，$O_2 7.5\%$，$N_2 76\%$，$H_2O 8\%$（均为体积分数），试求此混合气体在温度 500℃、压力 101.3kPa 时的密度。

2. 已知 20℃ 下水和乙醇的密度分别为 $998.2kg/m^3$ 和 $789kg/m^3$，试计算 50%（质量分数）乙醇水溶液的密度。又知其实测值为 $935kg/m^3$，计算相对误差。

3. 在大气压力为 101.3kPa 的地区，某真空蒸馏塔塔顶的真空表读数为 85kPa。若在大气压力为 90kPa 的地区，仍使该塔塔顶在相同的绝压下操作，则此时真空表的读数应为多少？

4. 如附图所示，密闭容器中存有密度为 $900kg/m^3$ 的液体。容器上方的压力表读数为 42kPa，又在液面下装一压力表，表中心线在测压口以上 0.55m，其读数为 58kPa。试计算液面到下方测压口的距离。

5. 如附图所示，敞口容器内盛有不互溶的油和水，油层和水层的厚度分别为 h_1 700mm 和 h_2 600mm。在容器底部开孔与玻璃管相连。已知油与水的密度分别为 $800kg/m^3$ 和 $1000kg/m^3$。

（1）计算玻璃管内水柱的高度；

（2）判断 A 与 B、C 与 D 点的压力是否相等。

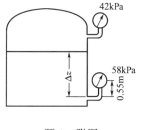

题 4　附图

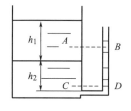

题 5　附图

6. 为了控制乙炔发生器内的压力不超过 80mmHg（表压），在炉外装有安全液封装置（见附图），其作用是当炉内压力超过规定值时，气体从液封管排出，试求此炉的安全水封管应插入槽内水面以下的深度。

7. 甲烷在如附图所示的管路中流动。管子的规格分别为 $\phi219\text{mm}\times6\text{mm}$ 和 $\phi159\text{mm}\times4.5\text{mm}$，在操作条件下甲烷的平均密度为 1.43kg/m^3，流量为 $1700\text{m}^3/\text{h}$。在截面 1 和截面 2 之间连接一 U 形压差计，指示液为水，若忽略两截面间的能量损失，问 U 形压差计的读数 R 为多少？

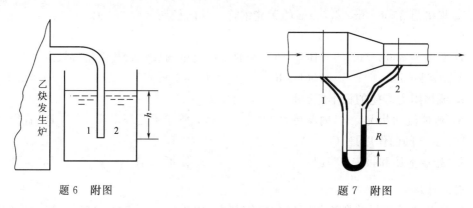

题 6 附图   题 7 附图

8. 如附图所示的是丙烯精馏塔的回流系统，丙烯由贮槽回流至塔顶。丙烯贮槽液面恒定，其液面上方的压力为 2.0MPa（表压），精馏塔内操作压力为 1.3MPa（表压）。塔内丙烯管出口处高出贮槽内液面 30m，管内径为 140mm，丙烯密度为 600kg/m^3。现要求输送量为 $40\times10^3\text{kg/h}$，管路的全部能量损失为 150J/kg（不包括出口能量损失），试核算该过程是否需要泵。

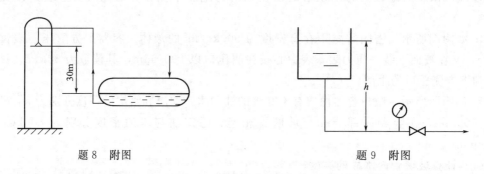

题 8 附图   题 9 附图

9. 某一高位槽供水系统如附图所示，管子规格为 $\phi45\text{mm}\times2.5\text{mm}$。当阀门全关时，压力表的读数为 78kPa。当阀门全开时，压力表的读数为 75kPa，且此时水槽液面至压力表处的能量损失可以表示为 $\sum h_{\text{f}}=u^2(\text{J/kg})$（$u$ 为水在管内的流速）。试求：

(1) 高位槽的液面高度；

(2) 阀门全开时水在管内的流量（m^3/h）。

10. 如附图所示的是冷冻盐水循环系统。盐水的密度为 1100kg/m^3，循环量为 $45\text{m}^3/\text{h}$。管路的内径相同，盐水从 A 处流经两个换热器至 B 处的压头损失为 9m，由 B 处流至 A 处的压头损失为 12m，问：

(1) 若泵的效率为 70%，则泵的轴功率为多少？

(2) 若 A 处压力表的读数为 153kPa，则 B 处压力表的读数为多少？

11. 25℃水在 $\phi60\text{mm}\times3\text{mm}$ 的管道中流动，流量为 $20\text{m}^3/\text{h}$，试判断流型。

12. 运动黏度为 $3.2\times10^{-5}\text{m}^2/\text{s}$ 的有机液体在 $\phi76\text{mm}\times3.5\text{mm}$ 的管内流动，试确定保

持管内层流流动的最大流量。

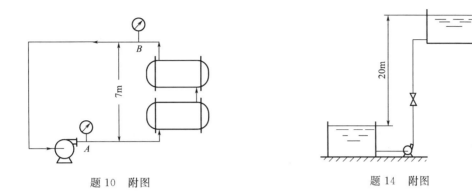

题 10 附图   题 14 附图

13. 计算 10℃水以 $2.7 \times 10^{-3} m^3/s$ 的流量流过 $\phi 57mm \times 3.5mm$、长 20m 水平钢管的能量损失、压头损失及压力损失。（设管壁的粗糙度为 0.5mm）

14. 如附图所示，用泵将贮槽中的某油品以 $40m^3/h$ 的流量输送至高位槽。两槽的液位恒定，且相差 20m，输送管内径为 100mm，管子总长为 45m（包括所有局部阻力的当量长度）。已知油品的密度为 $890kg/m^3$，黏度为 $0.487Pa \cdot s$，试计算泵所需的有效功率。

流体输送机械

情境学习目标

知识目标

◆ 了解流体输送机械的类型及应用；了解往复泵、齿轮泵、旋涡泵等输送机械的结构、工作原理及特点；了解离心式通风机、罗茨鼓风机及往复式压缩机的结构、工作原理、特点及操作技术。

◆ 掌握离心泵的工作原理、主要性能，离心泵的流量调节方法，离心泵最大安装高度的计算及离心泵的选用方法。

能力目标

◆ 认识流体输送机械，能识读流体输送系统的工艺流程图。

◆ 能根据生产任务合理选择流体输送机械的类型及型号，能使用伯努利方程进行流体输送的基本计算。

◆ 能正确操作、使用离心泵，并进行简单的故障分析及排除。

为流体提供能量的机械称为流体输送机械。流体输送机械送料是工业生产中最常见的流体输送方式。输送液体的机械通称为泵，输送气体的机械通称为风机或压缩机。化工生产中要输送的流体种类繁多，流体的温度、压力、流量等操作条件也有较大的差别。为了适应不同情况下输送流体的要求，需要不同结构和特性的流体输送机械。

【案例】 焦炉煤气回收粗苯工艺流程

工艺流程（图2-1）：焦炉煤气在吸收塔内与洗油逆流接触，气相中粗苯溶于洗油中，脱苯煤气从塔顶排出。溶解了粗苯的洗油称为富油，从塔底排出。为了回收富油中粗苯，并且循环利用洗油，将富油经加热器升温后从塔顶送入解吸塔解吸，过热蒸汽从解吸塔底部进塔，将富油中粗苯汽化并带走，冷凝分离后可得到粗苯产品，塔底得到的贫油再送回至吸收塔中，进行循环使用。

案例分析

案例中所涉及物料主要有脱苯煤气和洗油，物料的输送需要利用流体输送机械。脱苯煤

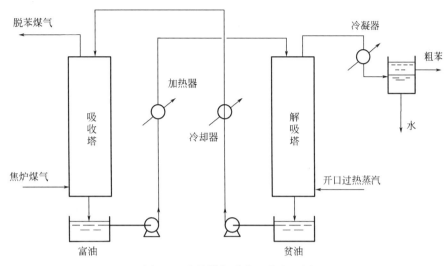

图 2-1 焦炉煤气脱苯工艺流程图

气为气体混合物，需用风机来输送；洗油为液体混合物，需用泵来输送；风机和泵的类型的选择，需根据被输送物料的性质及操作条件来确定；风机和泵的合适的型号，需根据工艺流程要求指标（流量、压力等）来选择。

化工厂中常用的液体输送机械，按其工作原理可分为四类：离心式、往复式、旋转式及流体作用式。其中，离心泵具有结构简单、流量大而且均匀、操作方便等优点，使用最为广泛。

 **项目一**

离心泵的操作技术

任务一 离心泵的工作原理及构造

一、离心泵的工作原理

1. 离心泵的构造

离心泵的种类很多，但工作原理相同，构造大同小异，见图 2-2。其主要工作部件是旋转的叶轮和固定的泵壳。叶轮是离心泵直接对液体做功的部件，其上有若干后弯叶片，一般为 6～8 片。叶轮紧固于泵壳内的泵轴上，泵轴与电机相连，并由电机带动旋转。泵壳中央的吸入口和吸入管路相连，在吸入管路底部装有底阀。泵壳旁侧的排出口与排出管路相连接，其上装有调节阀，称为出口阀，如图 2-3 所示。

2. 离心泵的工作过程

离心泵在启动前，首先向泵内灌满被输送的液体，这种操作称为灌泵。同时关闭排出管路上的流量调节阀，待电机启动后，再打开出口阀。离心泵启动后泵轴带动叶轮一起旋转，迫使泵内的液体旋转，液体在离心力的作用下从叶轮中心被抛向外缘并获得了能量，使叶轮外缘的液体静压强提高，流速增大，一般可达 $15\sim25\text{m/s}$。

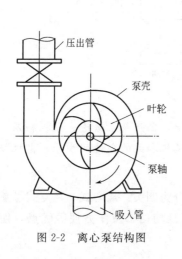

图 2-2   离心泵结构图

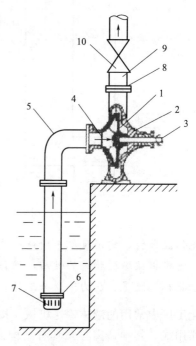

图 2-3   离心泵装置图

1—叶轮；2—泵壳；3—泵轴；4—吸入口；
5—吸入管；6—单向底阀；7—滤网；
8—排出口；9—排出管；10—调节阀

液体离开叶轮进入泵壳后，由于泵壳中流道逐渐加宽而使液体的流速逐渐降低，部分动能转变为静压能。于是，具有较高压强的液体从泵的排出口进入排出管路，输送至所需的场所，完成泵的排液过程。

在排液的同时，当泵内液体从叶轮中心被抛向外缘时，在中心处形成了低压区。由于贮槽液面上方的压强（若是敞口容器，贮槽液面为 1atm）大于泵吸入口处的压强，这样就造成了吸入管贮槽液面与叶轮中心处的压强差，液体在这个静压差的作用下，沿着吸入管源源不断地进入叶轮中心，以补充被排出的液体，完成离心泵的吸液过程。

只要叶轮不断地转动，液体就会不断地被吸入和排出。由此可见，离心泵之所以能输送液体，主要是依靠高速旋转的叶轮。液体在离心力的作用下获得了能量以提高压强。

3. 气缚现象

离心泵若在启动前未充满液体，则泵内存在空气，由于空气密度很小，所产生的离心力也很小。吸入口处所形成的真空不足以将液体吸入泵内，虽启动离心泵，但不能输送液体，此现象称为"气缚"。所以，离心泵启动前必须向壳体内灌满液体，在吸入管底部安装带滤网的底阀。底阀为止逆阀，防止启动前灌入的液体从泵内漏失。滤网防止固体物质进入泵内。靠近泵出口处的压出管道上装有调节阀，供调节流量时使用。

二、离心泵的主要部件

1. 叶轮

叶轮是离心泵的关键部件，也是离心泵的做功部件。叶轮的作用是将原动机的机械能传给液体，使通过离心泵的液体静压能和动能均有所提高。

叶轮通常由 6~8 片后弯形叶片组成，即叶片的弯曲方向与叶轮的旋转方向相反。按其机械结构可分为开式、半闭式和闭式三种，如图 2-4 所示。

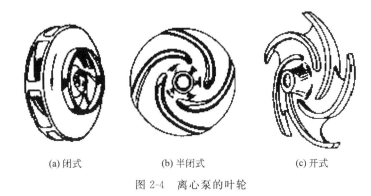

(a) 闭式　　　　　　(b) 半闭式　　　　　　(c) 开式

图 2-4　离心泵的叶轮

开式叶轮叶片两侧无盖板，流道是开放的，半闭式叶轮只有后盖板，即在吸入口一侧无盖板，闭式叶轮在叶片两侧有前后盖板。开式叶轮结构简单，制造容易、清洗方便、流道开放，适用于输送含较多固体悬浮物或带有纤维的液体。但由于叶轮与泵壳之间间隙较大，液体易从泵壳和叶片的高压区侧通过间隙流回低压区和叶轮进口处，即产生回泄，故其效率较低。半闭式叶轮流道也不易堵塞，适用于输送易于沉淀或含固体悬浮物的液体，但其效率也较低。闭式叶轮，流道相对封闭，适用于输送清洁液体，其结构虽较复杂，但回泄较少，效率较高。一般离心泵大多采用闭式叶轮。

闭式和半闭式叶轮在运行时，离开叶轮的一部分高压液体可漏入叶轮和泵壳之间的空隙处，使盖板后侧也受到较高压强作用，而叶轮前盖板侧的液体吸入口处为低压，故液体作用于叶轮前、后两侧的压力不等，便产生了指向叶轮吸入口侧的轴向推力。该力使叶轮向吸入口侧窜动，引起叶轮和泵壳接触处的磨损，严重时造成泵的振动，破坏泵的正常工作。为了平衡轴向推力，最简单的方法是在叶轮后盖板上钻一些小孔，称为平衡孔，使后盖板与泵壳之间空隙中的一部分高压液体漏到前侧的低压区，以减少叶轮两侧的压力差，从而平衡了部分轴向推力，但同时也会降低泵的效率。

叶轮按其吸液方式的不同还可以分为单吸式和双吸式两种。单吸式叶轮的结构简单，液体只能从叶轮一侧被吸入。双吸式叶轮可同时从叶轮两侧对称地吸入液体。显然，双吸式叶轮不仅有较大的吸液能力，而且可基本上消除轴向推力。

2. 泵壳

离心泵的泵壳通常制成蜗牛形，故又称为蜗壳。壳内有一界面逐渐扩大的流道，壳内的叶轮旋转方向与蜗壳内流道逐渐扩大的方向相一致，如图 2-5 所示。液体从叶轮外周高速流出，沿泵壳内通道流动，液体越接近出口，流道截面积越大，流速将逐渐降低，使部分动能转换为静压能，最终在较高的压强下排出泵体。所以泵壳既是一个汇集和导出液体的部件，同时又是一个转能装置。

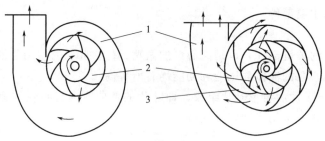

图 2-5　离心泵泵壳示意图
1—泵壳；2—叶轮；3—导轮

为了减少液体直接进入泵壳内引起的能量损失，在叶轮与泵壳之间有时还装有一个固定不动而且带有叶片的导轮。导轮叶片与叶轮叶片方向相反，与叶轮旋转方向一致，液体沿导轮叶片逐渐转向、缓和流过，并使部分动能可转换为静压能，既减少了高速液体对泵壳的直接冲击，又减少了能量损失。

> **注意**
>
> 离心泵结构上采用了具有后弯叶片的叶轮，蜗壳形的泵壳及导轮，均有利于动能转换为静压能及可以减少流动的能量损失。

3. 轴封装置

泵轴转动而泵壳固定不动，轴穿过泵壳处必定会有间隙。为了防止泵内高压液体沿间隙漏出，或外界空气反向漏入泵内，必须设置轴封装置。常用的轴封装置主要有填料密封和机械密封两种。

填料密封主要由填料函壳、软填料和填料压盖组成，见图 2-6。软填料可选用浸油及涂石墨的方形石棉绳缠绕在泵轴上，或直接采用橡胶密封圈密封，然后将压盖均匀上紧，使填料紧压在填料函壳和转轴之间，以达到密封的目的。它结构简单，加工方便，但功率损耗较大，且沿轴仍会有一定量的泄漏，需要定期更换维修。

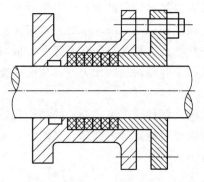

图 2-6　离心泵填料密封

对于输送易燃、易爆或有毒、有腐蚀性液体时，轴封要求比较严格，一般采用机械密封装置。机械密封装置主要由装在泵轴上的随之转动得动环和固定在泵壳上的静环组成，两个环的环形端面由弹簧的弹力使之贴紧在一起，起到密封的作用，如图 2-7 所示。因此机械密封又称为端面密封。

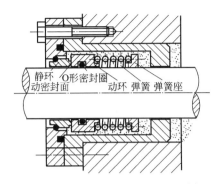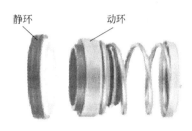

图 2-7　离心泵机械密封

动环一般用硬质金属材料制成，静环则用浸渍石墨或酚醛塑料等制成。机械密封装置正常工作时，两个环端面发生相对运动但保持贴紧，环面间由输送液体形成一包膜，既改善密封作用，又可达到润滑的目的。与填料密封相比较，机械密封密封性能好，结构紧凑，使用寿命长，功率消耗少，现已较广泛地应用于各种离心泵当中，但其加工精度要求较高，安装技术要求严格，价格较高，维修也较麻烦。

任务二　离心泵的性能参数及特性曲线

一、离心泵的主要性能参数

1. 流量

离心泵的流量即为离心泵的送液能力，是指单位时间内泵所输送的液体体积，用 q_V 表示，单位为 m^3/h 或 m^3/s。

泵的流量取决于泵的结构尺寸（主要为叶轮的直径与叶片的宽度）和转速等。操作时，泵实际所能输送的液体量还与管路阻力及所需压力有关。

2. 扬程

离心泵的扬程又称为泵的压头，是指单体重量液体经泵所获得的能量，用符号 H 表示，单位为 m 液柱。

泵的扬程大小取决于泵的结构（如叶轮直径的大小、叶片的弯曲情况等）、转速。目前对泵的压头尚不能从理论上作出精确的计算，一般用实验方法测定。

泵的扬程可用实验测定，即在泵进口处装一真空表，出口处装一压力表，若不计两表截面上的动能差（即 $\Delta u^2/2g = 0$），不计两表截面间的能量损失（即 $\sum h_{f1-2} = 0$），如图 2-8 所示，则泵的扬程可用下式计算

$$H = h_0 + \frac{p_1 - p_2}{\rho g} \tag{2-1}$$

> **注意**
> ① 式中 p_2 为泵出口处压力表的读数（Pa）；p_1 为泵进口处真空表的读数（负表压值，Pa）。
> ② 注意区分离心泵的扬程（压头）和升扬高度两个不同的概念。

【**例题 2-1**】　现测定一台离心泵的扬程。工质为 20℃清水，测得流量为 $60m^3/h$ 时，泵进口真空表读数为 -0.02MPa（真空度），出口压力表读数为 0.47MPa（表压），已知两表

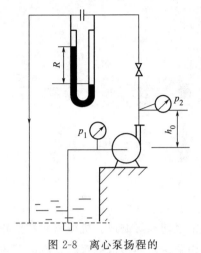

图 2-8 离心泵扬程的
测定实验装置

间垂直距离为 0.45m，若泵的吸入管与压出管管径相同。试计算该泵的扬程？

解 由式
$$H = h_0 + \frac{p_2 - p_1}{\rho g}$$

查 20℃时，$\rho_{H_2O} = 998.2 kg/m^3$

$$h_0 = 0.45 m$$

$$p_2 = 0.47 MPa = 4.7 \times 10 Pa$$

$$p_1 = -0.02 MPa = -2 \times 10 Pa$$

$$H = 0.45 + \frac{4.7 \times 10^5 - (-2 \times 10^4)}{998 \times 9.81} = 50.5 (m)$$

3. 效率

泵在输送液体过程中，轴功率大于排送到管道中的液体从叶轮处获得的功率，因为容积损失、水力损失、机械损失都要消耗掉一部分功率，而离心泵的效率即反映泵对外加能量的利用程度。

泵的效率值 η 与泵的类型、大小、结构、制造精度和输送液体的性质有关。大型泵效率值高些，小型泵效率值低些。

4. 轴功率

泵在单位时间内对输出液体所做的功，称为有效功率，用符号 P_e 表示，单位为 W 或 kW，其计算公式为

$$P_e = q_V \rho g H \tag{2-2}$$

泵的轴功率即泵轴所需功率，用符号 P 表示，单位为 W 或 kW。离心泵的轴功率随设备的尺寸、转速、流体的黏度、密度及流量等的增大而增大。其值可依泵的有效功率 P_e 和效率 η 计算，即

$$P = \frac{P_e}{\eta} = \frac{q_V \rho g H}{\eta} \tag{2-3}$$

二、离心泵特性曲线

离心泵的特性曲线是将由实验测定的 q_V、H、P、η 等数据标绘而成的一组曲线，各性能参数的数值通常是在额定转速和标准试验条件（大气压 101.325kPa，20℃清水）下测得的。此图由泵的制造厂家提供，供使用部门选配和操作时参考。

不同型号泵的特性曲线不同，但均有以下三条曲线，如图 2-9 所示。

(1) H-q_V 曲线　表示扬程和流量的关系。曲线表明离心泵的扬程随流量的增大而下降。

(2) P-q_V 曲线　表示泵轴功率和流量的关系。离心泵的轴功率随流量的增大而增加，流量为零的时候轴功率最小。因此，离心泵在启动之前，应关闭泵的出口阀，使流量为零，以免电机超负荷，待电机运转至额定转速时，再逐渐打开出口阀。

(3) η-q_V 曲线　表示泵的效率和流量的关系。从图中可知，离心泵的效率随流量的增加先上升并达到最大值，之后又开始下降。说明离心泵在一定转速下有一最高效率点，称为设计点。

离心泵在设计点所对应的压头和流量下工作最为经济，因此，最高效率点对应的 q_V、H 及 P 称为最佳工况参数，即离心泵铭牌上标注的性能参数。

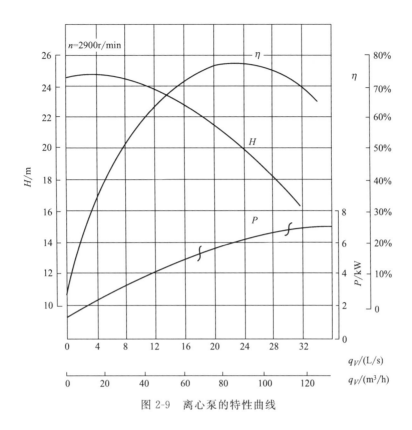

图 2-9　离心泵的特性曲线

离心泵的性能曲线可作为选择泵的依据。确定泵的类型后，再依流量和压头选泵。选择时应尽可能使泵在最高效率点附近工作。

三、影响离心泵性能的主要因素

1. 液体物理性质对特性曲线的影响

离心泵生产厂所提供的特性曲线是以清水作为工作介质测定的，当输送其他液体时，要考虑液体密度和黏度的影响。

（1）黏度　当输送液体的黏度大于实验条件下水的黏度时，泵体内的能量损失增大，泵的流量、压头减小，效率下降，轴功率增大。

（2）密度　离心泵的体积流量及压头与液体密度无关，轴功率则随密度的增大而增加。

2. 离心泵的转速对特性曲线的影响

当液体黏度不大，泵的效率不变时，泵的流量、压头、轴功率与转速可近似用比例定律计算，即

$$\frac{q_{V_1}}{q_{V_2}}=\frac{n_1}{n_2}\ ,\ \frac{H_1}{H_2}=\left(\frac{n_1}{n_2}\right)^2\ ,\ \frac{P_1}{P_2}=\left(\frac{n_1}{n_2}\right)^3 \tag{2-4}$$

式中，q_{V_1}、H_1、P_1 分别为离心泵转速为 n_1 时的流量、扬程和功率；q_{V_2}、H_2、P_2 分别为离心泵转速为 n_2 时的流量、扬程和功率。

当转速变化小于 20％时，可认为效率不变，用上式进行计算误差不大。

3. 叶轮直径对特性曲线的影响

当泵的转速一定时，其扬程、流量与叶轮直径有关，下面为切割定律：

$$\frac{q_{V_1}}{q_{V_2}}=\frac{d_1}{d_2}\,,\,\frac{H_1}{H_2}=\left(\frac{d_1}{d_2}\right)^2\,,\,\frac{P_1}{P_2}=\left(\frac{d_1}{d_2}\right)^3 \tag{2-5}$$

式中，q_{V_1}、H_1、P_1分别为离心泵转速为d_1时的流量、扬程和功率；q_{V_2}、H_2、P_2分别为离心泵转速为d_2时的流量、扬程和功率。

任务三　离心泵的汽蚀现象与安装高度

泵的安装高度（即吸上高度）是指泵入口中心与吸入贮槽液面间的垂直距离。如泵在液面下方，安装高度为负值。泵的安装高度对泵的工作有很大的影响。

一、泵的吸上高度的限度

离心泵吸入液体是依靠贮槽液面与泵入口处的压力差实现的。当液面压力为定值时，推动液体流动的压力差就有一个限度，不大于液面压力。因此，吸上高度也有一个限度。

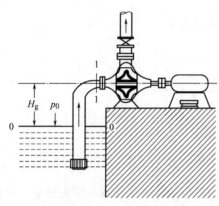

图 2-10　离心泵的安装高度

如图 2-10 所示，一台离心泵安装在贮槽液面上方 H_g 处，H_g 即为安装高度。设贮槽液面压力为 p_0，泵吸入口压力为 p_1，吸入管中液体的流速为 u_1，吸入管的损失压头为 H_{f0-1}。在吸入贮槽液面 0-0 截面与泵的入口 1-1 截面间列伯努利方程

$$\frac{p_0}{\rho g}=\frac{p_1}{\rho g}+H_g+\frac{u_1^2}{2g}+H_{f0-1}$$

则　　$$H_g=\frac{p_0}{\rho g}-\frac{p_1}{\rho g}-\frac{u_1^2}{2g}-H_{f0-1} \tag{2-6}$$

由式（2-6）可知，当泵入口处为绝对真空时，即 $p_1=0$，而流速 u_1 极小时，则动压头和损失压头均可忽略不计。此时所对应的安装高度为最大值，即 $H_g=\dfrac{p_0}{\rho g}$。若贮槽是敞口容器，液面上方即为当地的大气压，$\dfrac{p_0}{\rho g}$ 即为以液柱高度表示的大气压强，这称为离心泵的最大吸上高度，即理论上的吸上高度的极限值。实际上，离心泵的吸上高度小于极限值。

由于大气压力随海拔高度的增高而降低，不同地区的大气压力是不同的，因此，泵的吸上高度的极限值也不同。

二、汽蚀现象

根据式（2-6）可知，当贮槽液面上的压强一定时，吸上高度越大，则泵入口压强越小。若吸上高度增加至某一限度，使吸入口处的压力减小至输送温度下液体的饱和蒸气压时，在泵进口处，液体就会沸腾，产生的大量蒸气泡。气泡随液体进入高压区时，又被周围的液体压碎，而重新凝结为液体。在气泡凝结时，气泡处形成真空，周围的液体以极大的速度冲向气泡中心。这种极大的冲击力可使叶轮和泵壳表面的金属脱落，形成斑点、小裂缝，称为汽蚀现象。当汽蚀发生时，泵体因受冲击而发生振动，并发出噪声；因产生大量气泡，使流量、扬程下降，严重时泵不能工作。所以，离心泵在操作中应避免汽蚀现象的发生。

离心泵发生汽蚀的原因通常为：泵的安装高度过高；泵吸入管路阻力太大；所输送液体

的温度过高；密闭贮液池中的压力下降；泵运行工作点偏离额定流量太远等。为避免汽蚀现象的发生，我国离心泵标准中，常采用允许汽蚀余量对泵的汽蚀现象加以控制。

三、允许汽蚀余量

汽蚀余量为离心泵入口处的静压头与动压头之和与输送液体在操作温度下的饱和蒸气压头之差，用 Δh 表示，即

$$\Delta h = \frac{p_1}{\rho g} + \frac{u_1^2}{2g} - \frac{p_v}{\rho g} \tag{2-7}$$

保证泵不发生汽蚀现象的 Δh 的最小值，称为允许汽蚀余量。由泵的生产厂家用水测定，标于铭牌上。

四、泵的安装高度的计算

根据式(2-6)，泵的安装高度为

$$H_g = \frac{p_0}{\rho g} - \frac{p_1}{\rho g} - \frac{u_1^2}{2g} - H_{f0\text{-}1} \tag{2-8}$$

为避免发生汽蚀现象，将允许汽蚀余量式(2-7) 代入到式(2-8)，得到离心泵的最大安装高度，即

$$H_{gmax} = \frac{p_0}{\rho g} - \frac{p_v}{\rho g} - \Delta h - H_{f0\text{-}1} \tag{2-8a}$$

从安全角度考虑，泵的实际安装高度值应小于最大安装高度。

【例题 2-2】 用油泵从密闭容器里送出 30℃的丁烷。容器内丁烷液面上的绝对压力为 $3.45 \times 10^5 \text{Pa}$。液面降到最低时，在泵入口中心线以下 2.8m。丁烷在 30℃时密度为 580kg/m^3，饱和蒸气压为 $3.05 \times 10^5 \text{Pa}$。泵吸入管路的压头损失为 1.5m 液柱。所选用的泵汽蚀余量为 3m。试问这个泵能否正常工作？

解 按所给条件考虑这个泵能否正常操作，就必须计算出它的安装高度，再与题中所给数值相比较，看它是否发生汽蚀。

已知
$$p_0 = 3.45 \times 10^5 \text{Pa}$$
$$p_v = 3.05 \times 10^5 \text{Pa}$$
$$\Delta h = 3\text{m}$$
$$\rho = 580\text{kg/m}^3$$
$$H_{f0\text{-}1} = 1.5\text{m}$$

将以上数据代入式(2-8) 中得

$$H_{gmax} = \frac{p_0}{\rho g} - \frac{p_v}{\rho g} - \Delta h - H_{f0\text{-}1}$$
$$= \frac{(3.45-3.05) \times 10^5}{580 \times 9.81} - 3 - 1.5$$
$$= 2.4 \text{(m)}$$

题中指出，容器内液面降到最低时，实际安装高度为 2.8m，而泵的允许安装高度为 2.4m，说明泵安装位置太高，不能保证整个输送过程中不产生汽蚀现象。为了保证泵正常操作，应使泵入口中心线不高于最低液面 2.4m，即从原来的安装位置降低 0.4m；或者提高容器的压力。

任务四 离心泵工作点的确定与流量调节

一、管路特性曲线

当离心泵安装在特定的管路系统中时，泵应提供的流量和压头应依管路的要求而定。管路所需压头与流量的关系曲线称为管路特性曲线，其方程用下式表示

$$H_e = A + Bq_V^2 \qquad (2\text{-}9)$$

式中，A 与管路布局有关，当管路布局固定，其值为一常数；B 与管路系统的阻力有关，当管路中管长、管径、管件及阀门等部件一定，阀门的开度一定，流体在管路中流动为完全湍流时，B 值也可看作常数。将式(2-9) 绘于坐标图中得到管路特性曲线，如图 2-11 所示。该曲线的形状及位置由管路布局与操作条件来确定，与泵的性能无关。

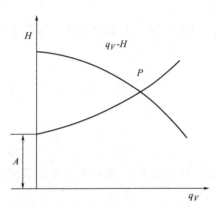

图 2-11 离心泵的工作点

二、离心泵的工作点

离心泵在管路系统中实际运行的工况点称为工作点，即泵的特性曲线与管路特性曲线的交点 P，见图 2-11。工作点对应的流量与压头既是泵提供的流量和压头，又是管路所需要的流量和压头。离心泵只有在工作点工作，管中流量才能稳定。泵的工作点以在泵的效率最高区域内为宜。

三、离心泵的流量调节

在实际操作中，管路中的液体流量需经常调节，若泵的工作点所提供的流量不能满足新条件下所需要的流量时，即应设法改变泵工作点的位置，即需要进行流量调节。流量调节的方法有两种，一是改变管路的特性，二是改变泵的特性。

1. 改变管路特性

在离心泵出口管路上装一调节阀，通过改变阀门开度，来改变管路特性曲线方程中的 B 值。当阀门关小，流动的阻力增大，即 B 值增大，管路特性曲线变陡，如图 2-12(a) 所示的曲线，工作点由点 P 移动到点 P_1，相应的流量减小；当阀门开大，流动的阻力减小，即 B 值减小，管路特性曲线变缓，工作点由点 P 移动到点 P_2，相应的流量增大。由此可见，通过调节阀门开度可使流量在设置的最大（阀门全开）和最小值（阀门关闭）之间波动。

这种调节方法操作简便、灵活，且流量可连续变化，适合化工连续生产的特点，所以应用十分广泛。其缺点是阀门关小时，管路中阻力增大，要额外多消耗一部分动力，从而使泵不能在最高效率区域内工作，不很经济。用改变阀门开度的方法来调节流量多用在流量调节幅度不大、而经常需要调节的场合。

2. 改变泵的特性

改变泵的特性有两种方法，即改变泵的转速和叶轮的直径。车削叶轮外径能调节的流量不大，且操作麻烦；常用改变泵的转速来调节流量，如图 2-12(b) 所示，当转速减小，工作点由 P 移动到点 P_1，流量相应减小；当转速增大，工作点由 P 移动到点 P_2，流量相应地增大。近年来发展的变频无级调速装置，利用改变输入电机的电流频率来改变转速，调速平稳，也保证了较高的效率，使改变转速成为一种调节方便且节能的流量调节方式。

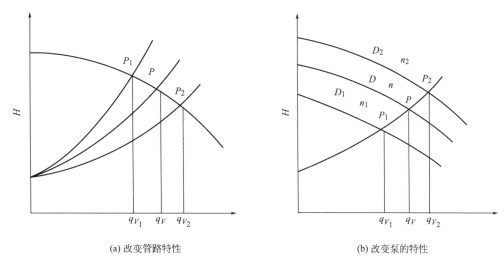

(a) 改变管路特性　　　　　　　　　　(b) 改变泵的特性

图 2-12　离心泵的流量调节

任务五　离心泵的类型及选择

一、离心泵的类型

离心泵的分类很多，按输送液体的性质不同，可分为清水泵、耐腐蚀泵、油泵、污水泵、杂质泵；按叶轮的吸液方式不同，可分为单吸泵、双吸泵；按叶轮的数目不同，可分为单级泵、多级泵。

1. 清水泵（IS 型、SH 型、D 型）

清水泵是化工生产中最常用的泵型，适用于输送清水及黏度与水接近且无腐蚀性、不含固体杂质的液体。清水泵又有单级单吸式，系列代号为"IS"；双吸式，系列代号为"SH"，其吸液能力较大，可提供的液体流量较大；多级清水泵，系列代号为"D"，可用于所需压头较高的场合。各种类型的清水泵型号意义举例说明如下。

IS50-32-125 型：IS——单级单吸悬臂式；

　　　　　　　　50——泵入口直径，mm；

　　　　　　　　32——泵出口直径，mm；

　　　　　　　　125——泵叶轮直径 mm。

100S90A 型：　100——泵入口直径，mm；

　　　　　　　　S——单级双吸式；

　　　　　　　　90——设计点的扬程，m；

　　　　　　　　A——叶轮外径经第一次切削。

D12-25×3 型：　D——多级泵；

　　　　　　　　12——公称流量，m^3/h；

　　　　　　　　25——每一级的扬程，m；

　　　　　　　　3——即 3 级泵，总扬程为 75m。

2. 耐腐蚀泵

耐腐蚀泵用于输送酸、碱等腐蚀性液体，系列代号为"F"。泵中与液体接触的部件均用各种耐腐蚀材料制成。其型号说明如下。

25FB-16A：   25——吸入口的直径，mm；

    　　　　　　　B——铬镍合金钢，用于常温、低浓度酸、碱的输送。

3. 油泵

油泵用于输送石油产品及其他易燃易爆液体，系列代号为"Y"，其特点是密封性能好。当输送 200℃ 以上的热油时，还需冷却装置。其型号说明如下。

50Y60A：   50——吸入口的直径，mm；

    　　　　　　　Y——油泵；

    　　　　　　　60——公称扬程，m。

二、离心泵的选用

离心泵的选择可按下述步骤进行：

① 根据被输送液体的性质及操作条件确定类型；

② 根据流量（一般由生产任务定）及计算管路中所需压头，确定泵的型号（从样本或产品目录中选取）；

③ 若被输送液体的黏度和密度与水相差较大时，应核算泵的特性参数（流量、压头和轴功率）。

 注意

　　选择离心泵时，可能有几种型号的泵同时满足在最佳范围内操作这一要求，此时，可分别确定各泵的工作点，比较工作点上的效率，择优选取。

任务六   离心泵的安装、操作及维护

一、离心泵的安装

离心泵的安装高度应低于允许的安装高度（即计算的安装高度），以免产生汽蚀现象。为减少吸入管段的流体阻力，吸入管径不应小于泵入口直径，吸入管应短而直，不装阀门，但当泵的吸入口高于液面时应加一止逆底阀。

二、离心泵的操作

总的来说，离心泵启动前应灌满液体，以免产生气缚现象；关闭出口阀门，以减小启动功率；停泵前应先关闭出口阀门；运转时，应定期检查轴封有无泄漏，轴承、填料函等发热情况，轴承应注意润滑。

1. 启动前的检查

① 检查联轴器保护罩、地脚等部分螺栓是否紧固，有无松动现象。

② 检查电机接线及接地线是否牢靠。

③ 检查有无可能导致离心泵损坏的隐患。

④ 检查泵的压力表是否完好。

⑤ 检查泵的出入口法兰垫片是否符合要求，盲板是否已拆除。

⑥ 检查进口阀是否全开，出口阀是否全关。

⑦ 检查油箱并加入正确合格的润滑油，油位是否正常。

⑧ 检查泵盘根其松紧程度，否则进行填充和调整。

⑨ 启动前全打开离心泵的进料口阀门，必须让液体充满泵的进料管道。

⑩ 检查确认离心泵处于完好待用状态。

2. 泵的启动

① 打开泵的入口阀，关闭泵的出口阀。

② 打开泵的放空阀，排除泵内气体后关闭。

③ 按启动按钮启动泵。

④ 确认泵运转正常且无杂声。

⑤ 待泵运转正常后，打开泵的出口阀门。

⑥ 观察泵出口压力表与电机电流，如果电流过大，则适当关小出口阀，调节平稳后，再慢慢开大出口阀，直至全开。

⑦ 泵出口压力应在规定范围内。

⑧ 离心泵在运行过程中若出现异常的振动声音，应停机查出原因并排除故障。

⑨ 检查泵的机械密封是否泄漏（润滑油、密封水是否正常）、泵的润滑油油位是否有下降，有没有发热现象，当确认一切正常后操作人员方可离开。

⑩ 若泵运转正常，把状态标示牌换为正常运行，拿走不用的状态标示牌。

3. 泵的停车

① 慢慢关小出口阀，直至流量达到最小流量为止。

② 切断电源，停泵，关闭出口阀。

③ 设有最小流量旁通管路时，在旁通阀全开的情况下，关闭出口阀，然后切断电源，停泵。

④ 备用泵入口阀全开，出口阀关闭（设有最小流量旁通管路时，仅旁通阀全开）从而使泵内处于满液的吸入压力状态，做好启动前的准备工作。

⑤ 需要检修的泵，要在停泵后排液，停辅助系统，使泵内压力下降为零，需吹扫的泵必须吹扫干净，所有阀门关闭，并且与电工联系断电。检修前应再次确认需处理项目是否已完成。

⑥ 若离心泵仍处于完好状态，将设备状态标示牌更换为完好待用，若出现故障，将设备状态标示牌更换为待修，并联系机修人员对设备进行维修。

4. 泵的切换

① 备用泵应做好启动前准备工作。

② 切换离心泵时，应尽可能保持系统流量、压力不变，避免抽空、抢量等现象。

③ 打开备用泵的入口阀，启动备用泵。

④ 检查备用泵的压力、电流、振动、泄漏、温度等，如果都正常时可逐渐开大出口阀，同时逐渐相应关小原来运转泵的出口阀开度。

⑤ 当备用泵的压力流量正常后，关闭原运转泵的出口阀，断电停泵。

⑥ 泵切换过来后，详细检查运行泵的情况（出口压力、流量、振动、声音、温度、润滑油、密封水等）确认无误后方可离开并做好记录。

5. 泵的紧急切换

离心泵在下列情况下须紧急切换。

① 泵有严重的噪声、振动、轴承密封严重泄漏。

② 泵抽空。

③ 进、出口管线发生严重泄漏。

④ 工艺系统发生严重事故，要求紧急切换。

⑤ 电机或轴承温度过高。

⑥ 电流过高或电机跑单相。

6. 正常维护

① 每小时对泵巡检一次。

② 巡检润滑油油位（1/2～2/3）、密封水是否正常。

③ 泵的振动在转速为 1500r/min 以下者，不应超过 0.1mm，转速在 1500r/min 以上者，应保持不超过 0.06mm。

④ 泵的轴窜量不超过 2～4mm（多段泵）。

⑤ W 型旋涡泵、IH 型化工离心泵属于机械密封不能有滴漏现象。

⑥ 正常操作中，要确保各密封点良好，各种测量仪表处于良好状态，否则及时更换。

⑦ 对于停用机泵，每次接班前要盘车一次确保机泵处于好用状态。

⑧ 认真填写记录，汇报班长，做好卫生。

⑨ 每次停车后均应及时擦拭泵体及管路上的油渍，保持设备清洁。

任务七 离心泵常见故障及处理措施

离心泵的常见故障类型，如离心泵轴承发热、离心泵输不出液体、离心泵流量或扬程不足、离心泵密封泄漏严重、离心泵发生振动或杂声、离心泵电机过载等现象，并详细介绍了发生上述故障现象的原因，以及如何正确处理上述故障。

具体的离心泵的常见故障类型及处理方法见表 2-1。

表 2-1 离心泵的常见故障类型及处理方法

故障现象	原 因	处 理 方 法
轴承发热	1. 润滑油过多 2. 润滑油过少 3. 润滑油变质 4. 机组不同心 5. 振动	1. 减油 2. 加油 3. 排去并清洗油池再加新油 4. 检查并调整泵和原动机的对中 5. 检查转子的平衡度或在较小流量处运转
泵输不出液体	1. 吸入管路或泵内留有空气 2. 进口或出口侧管道阀门关闭 3. 使用扬程高于泵的最大扬程 4. 泵吸入管漏气 5. 错误的叶轮旋转方向 6. 吸上高度太高 7. 吸入管路过小或杂物堵塞 8. 转速不符	1. 注满液体、排除空气 2. 开启阀门 3. 更换扬程高的泵 4. 杜绝进口侧的泄漏 5. 纠正电机转向 6. 降低泵安装高度,增加进口处压力 7. 加大吸入管径,消除堵塞物 8. 使电机转速符合要求
流量、扬程不足	1. 叶轮损坏 2. 密封环磨损过多 3. 转速不足 4. 进口或出口阀未充分打开 5. 在吸入管路中漏入空气 6. 管道中有堵塞 7. 介质密度与泵要求不符 8. 装置扬程与泵扬程不符	1. 更换新叶轮 2. 更换密封件 3. 按要求增加转速 4. 充分开启 5. 把泄漏处封死 6. 消除堵物 7. 重新核算或更换合适功率的电动机 8. 设法降低泵的安装高度

故障现象	原　　因	处 理 方 法
密封泄漏严重	1. 密封元件材料选用不当 2. 摩擦副严重磨损 3. 动静环吻合不均 4. 摩擦副过大,静环破裂 5. O形圈损坏	1. 向供泵单位说明介质情况,配以适当的密封件 2. 更换磨损部件,并调整弹簧压力 3. 重新调整密封组合件 4. 整泵拆卸换静环,使之与轴垂直度误差小于0.10mm,按要求装密封组合件 5. 更换O形圈
泵发生振动及杂声	1. 泵轴和电机轴的中心线不对中 2. 轴弯曲 3. 轴承磨损 4. 泵产生汽蚀 5. 转动部分与固定部分有磨损 6. 转动部分失去平衡 7. 管路和泵内有杂物堵塞 8. 关小了进口阀	1. 校正对中 2. 更换新轴 3. 更换轴承 4. 向厂方咨询 5. 检修泵或改善使用情况 6. 检查原因,设法消除 7. 检查排污 8. 打开进口阀,调节出口阀
电机过载	1. 泵和原动机不对中 2. 介质相对密度变大 3. 转动部分发生摩擦 4. 装置阻力变低,使运行点偏向大流量处	1. 调整泵和原动机的对中性 2. 改变操作工艺 3. 修复摩擦部位 4. 检查吸入和排出管路压力与原来的变化情况,并予调整

其他化工用泵

任务一　往　复　泵

往复泵是一种容积式泵，属于正位移泵。它是利用活塞的往复运动将机械能的形式直接传给液体。

一、往复泵的构造和工作原理

往复泵的结构如图 2-13 所示，其主要由泵缸、活塞，单向吸入阀及单向排出阀等构成。

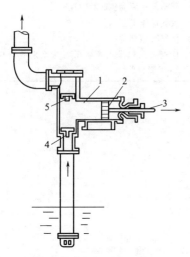

活塞杆通过曲柄连杆机构将电机的回转运动转换成直线往复运动。工作时，活塞在外力作用下作往复运动，当活塞自左向右移动时，泵缸内形成负压，则贮槽内液体经吸入阀进入泵缸内。当活塞自右向左移动时，缸内液体受挤压，压力增大，由排出阀排出。活塞往复一次，各吸入和排出一次液体，称为一个工作循环，这种泵称为单动泵。若活塞往返一次，各吸入和排出两次液体，称为双动泵。活塞由一端移至另一端，称为一个冲程。

图 2-13　往复泵装置简图

1—泵缸；2—活塞；3—活塞杆；

4—吸入阀；5—排出阀

二、往复泵的流量和压头

1. 流量

往复泵的流量与压头无关，与泵缸尺寸、活塞冲程及往复次数有关。

单动泵的理论流量为

$$q_V = Asn \qquad (2\text{-}10)$$

往复泵的实际流量比理论流量小，且随着压头的增高而减小，这是因为漏失所致。

2. 压头

往复泵的压头与泵的流量及泵的几何尺寸无关，而由泵的机械强度、原动机的功率等因素决定。只要往复泵的机械强度和原动机的功率允许，输送系统需要多高的压头，往复泵就能提供多大的压头。这种特性，称为正位移特性，这一类型泵，称为正位移泵。

三、往复泵的操作和流量调节

往复泵启动时不需灌入液体，因往复泵有自吸能力，它是靠贮池液面上的大气压来吸入液体，但其吸上真空高度亦随泵安装地区的大气压力、液体的性质和温度而变化，故往复泵的安装高度也有一定限制。

往复泵的流量不能用排出管路上的阀门来调节，而应采用旁路管或改变活塞的往复次数、改变活塞的冲程来实现。往复泵启动前必须将排出管路中的阀门打开。

往复泵适用于高压头、小流量、高黏度液体的输送，但不宜于输送腐蚀性液体。

任务二 齿 轮 泵

齿轮泵是常见的旋转泵，是靠泵内两个转子的旋转吸入和排出液体的，属于容积式泵，是正位移泵的另一种类型。

齿轮泵的结构如图 2-14 所示。泵壳内有两个齿轮，一个用电动机带动旋转，另一个被啮合着向相反方向旋转。吸入腔内两轮的齿相互拨开，于是形成低压而吸入液体；被吸入的液体被齿嵌住，随齿轮转动而到达排出腔。排出腔内两齿相互合拢，于是形成高压而排出液体。

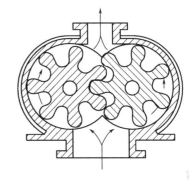

图 2-14 齿轮泵

齿轮泵的压头较高而流量较小，可用于输送黏稠液体以至膏状物料（如输送封油），但不能用于输送含有固体颗粒的悬浮液。

任务三 旋 涡 泵

旋涡泵是一种特殊类型的离心泵，其结构如图 2-15 所示。它的叶轮是一个圆盘，四周铣有凹槽，成辐射状排列。叶轮在泵壳内转动，其间有引水道。泵内液体在随叶轮旋转的同时，又在引水道与各叶片之间，因而被叶片拍击多次，获得较多能量。

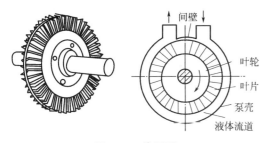

图 2-15 旋涡泵

液体在旋涡泵中获得的能量与液体在流动过程中进入叶轮的次数有关。当流量减小时，流道内流体的运动速度减小，液体流入叶轮的平均次数增多，泵的压头必然增大；流量增大时，则情况相反。因此，其 H-q_V 曲线呈陡降形。

旋涡泵的特点如下。

① 压头和功率随流量增加下降较快。因此启动时应打开出口阀，改变流量时，旁路调节比安装调节阀经济。

② 在叶轮直径和转速相同的条件下，旋涡泵的压头比离心泵高出 2～4 倍，适用于高压头、小流量的场合。

③ 结构简单、加工容易，且可采用各种耐腐蚀的材料制造。

④ 输送液体的黏度不宜过大，否则泵的压头和效率都将大幅度下降。

⑤ 输送液体不能含有固体颗粒。

项目三

气体输送机械的操作

任务一　气体输送机械认知

一、气体输送机械在工业生产中的应用

1. 气体输送

为了克服管路的阻力，需要提高气体的压力。纯粹为了输送的目的而对气体加压，压力一般都不高。但气体输送往往输送量很大，需要的动力往往相当大。

2. 产生高压气体

化学工业中一些化学反应过程需要在高压下进行，如合成氨反应，乙烯的本体聚合；一些分离过程也需要在高压下进行，如气体的液化与分离。这些高压进行的过程对相关气体的输送机械出口压力提出了相当高的要求。

3. 产生真空

相当多的单元操作是在低于常压的情况下进行，这时就需要真空泵从设备中抽出气体以产生真空。

二、气体输送机械的一般特点

① 动力消耗大。对一定的质量流量，由于气体的密度小，其体积流量很大。因此气体输送管中的流速比液体要大得多，前者经济流速（15～25m/s）约为后者（1～3m/s）的10倍。这样，以各自的经济流速输送同样的质量流量，经相同的管长后气体的阻力损失约为液体的10倍。因而气体输送机械的动力消耗往往很大。

② 气体输送机械体积一般都很庞大，对出口压力高的机械更是如此。

③ 由于气体的可压缩性，故在输送机械内部气体压力变化的同时，体积和温度也将随之发生变化。这些变化对气体输送机械的结构、形状有很大影响。因此，气体输送机械需要根据出口压力来加以分类。

三、气体输送机械的分类

气体输送机械也可以按工作原理分为离心式、旋转式、往复式以及喷射式等。按出口压力（终压）和压缩比不同分为如下几类。

（1）通风机　终压（表压，下同）不大于15kPa，压缩比1～1.15。

（2）鼓风机　终压15～300kPa，压缩比小于4。

（3）压缩机　终压在300kPa以上，压缩比大于4。

（4）真空泵　在设备内造成负压，终压为大气压，压缩比由真空度决定。

任务二　离心式通风机的操作

一、离心式通风机的结构和工作原理

离心式通风机的结构与单级离心泵相似，如图 2-16 所示。在蜗壳形机壳内装一叶轮，叶轮上叶片数目较多。离心式通风机的工作原理与离心泵相同。

① 为适应输送风量大的要求，通风机的叶轮直径一般是比较大的。

② 叶轮上叶片的数目比较多。

③ 叶片有平直的、前弯的、后弯的。通风机的主要要求是通风量大，在不追求高效率时，用前弯叶片有利于提高压头，减小叶轮直径。

④ 机壳内逐渐扩大的通道及出口截面常不为圆形而为矩形。

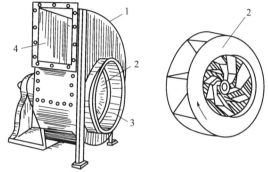

图 2-16　离心通风机及叶轮
1—机壳；2—叶轮；3—吸入口；4—排出口

二、离心式通风机的性能参数和特性曲线

1. 性能参数

（1）风量 q_V（m^3/h 或 m^3/s）　单位时间内风机出口排出的气体体积，以风机进口处气体状态计。

（2）风压 p_t（Pa）　单位体积的气体经风机所获得的能量。

当不计 $(z_2 - z_1)/(\rho g)$ 和 $\rho g \sum H_f$ 两项时，p_t 可用式（2-11）计算

$$p_t = (p_2 - p_1) + \frac{\rho u_2^2}{2} = p_s + p_k \tag{2-11}$$

式中，p_t 称为全风压；p_s 称为静风压；p_k 称为动风压。

（3）轴功率与效率 $[P（W 或 kW）、\eta]$

$$P = \frac{p_t q_V}{1000 \eta} \tag{2-12}$$

2. 特性曲线

离心式通风机的特性曲线如图 2-17 所示。该曲线是在一定转速、20℃ 及压力为 $1.0133 \times 10^5 Pa$ 条件下用空气为工作介质测定的。特性曲线有四条，即 p_t-q_V 和 p_s-q_V、P-q_V 和 η-q_V，与离心泵特性曲线相比，多一条 p_s-q_V 曲线，这是因为风机的出口的风速较大，故动风压不能忽略。

三、离心通风机的选用

① 根据被输送气体的性质、操作条件选定类型；

② 根据实际风量（以进口状态计）和计算的全风压，从风机样本或产品目录中选择合适的型号；

③ 核算风机的轴功率。

选用时注意以下两点。

① 当实际操作条件与实验条件不符合时，需将风机的风压换算成实验条件下的风压，最后用换算值选风机。换算公式如下：

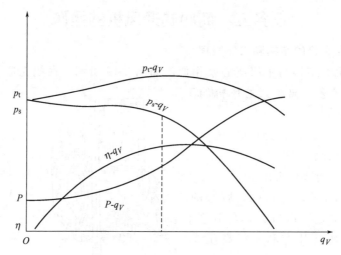

图 2-17 离心式通风机的特性曲线

$$p_t = p'_t \times \frac{1.2}{\rho'} \tag{2-13}$$

② 计算轴功率时，若风量用实际风量，则全风压也应用实际风压。若全风压选用校正为实验状态（即 20℃、101.33kPa）下的风压值，则风量也应校正为实验状态下的风量。

四、离心式通风机的操作

1. 开车前的准备

① 将进风调节门关闭，出风调节门稍开。

② 检查风机各部间隙尺寸、转动部分与固定部分无碰撞及摩擦现象。

2. 开车

① 启动按钮进行试转，运行正常后可正式使用。

② 将进风调节门打开，出风口调节门开至适当位置。

③ 在运转过程中经常检查轴承温度是否正常，轴承温升不得大于 40℃，表温不得大于 70℃，如发现风机有特殊噪声、振动撞击，轴承温度剧烈上升等反常现象时，必须立即紧急停车。

3. 停车

关闭进风调节阀，按停止按钮。

4. 安全操作注意事项

① 只有在风机设备完全正常的情况下方可运转。

② 如果风机设备在检修后开动时，则要注意风机各部位是否正常。

③ 为确保人身安全，风机维护必须在停机时进行。

任务三 罗茨鼓风机的操作

一、罗茨鼓风机的主要构造及工作原理

罗茨鼓风机的工作原理与齿轮泵类似。如图 2-18 所示，机壳内有两个渐开摆线形的转子，两转子的旋转方向相反，可使气体从机壳一侧吸，从另一侧排出。转子与转子、转子与机壳之间的缝隙很小，使转子能自由运动而无过多泄漏。

罗茨鼓风机属于正位移型风机，其风量与转速成正比，与出口压强无关。该风机的风量

范围为 $2\sim500\mathrm{m^3/min}$，出口表压可达 80kPa，在 40kPa 左右效率最高。

该风机出口应装稳压罐，并设安全阀。流量调节采用旁路调节，出口阀不可完全关闭。操作时，气体温度不能超过 85℃，否则转子会因受热膨胀而卡住。

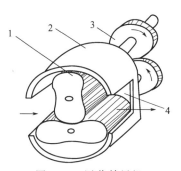

图 2-18　罗茨鼓风机
1—转子；2—机体；3—同步齿轮；4—端板

二、罗茨鼓风机的使用要求

① 输送介质的进气温度不得大于 40℃。

② 介质中微粒质含量不得超过 $100\mathrm{mg/m^3}$，微粒最大尺寸不得超过最小工作间隙的一半。

③ 运转中轴承温度不得高于 95℃，润滑油温度不高于 65℃。

④ 使用压力不得高于铭牌上规定的升压范围。

⑤ 风机转子与机壳、转子与转子间隙出厂时已调好，重新装配时要保证该间隙（间隙过大，影响性能价格比；间隙过小，由于热膨胀会产生摩擦、碰撞现象）。

⑥ 鼓风机运行时，主油箱、副油箱油位必须在油位计两条经线之间。

三、罗茨鼓风机的运转

1. 运转准备

① 彻底清除机内外的灰尘和杂物，并避免混入油。

② 检查进出口连接部位有无忘记紧固的地方，配管的支承件是否完备，需要冷却水的风机，冷却水管安装是否符合要求。

③ 如果在配管内有焊渣和铁屑等，应彻底清除。

④ 将润滑油回流到两条油位线的上线位置（鼓风机运转后，油位会稍有下降）。注油过少，会导致齿轮和轴承烧伤；注油过多，往往会引起温升偏高，造成齿轮和其他部件损坏。润滑油一般采用 LAN68 全损耗系统用油。

⑤ 风机运转过程中不应加油。在运转一周后应第一次更换新油，一个月后第二次更换新油。之后，主、副油箱应按期更换润滑油。

⑥ 用手沿旋转方向盘动风机联轴器，检查有无异常现象。

2. 试运转

① 打开进、排气侧阀门，在无负荷的状态下接通电源开头，核实旋向。需用冷却水的风机接通冷却水后，方可启动。

② 启动后空载运转 $20\sim30\mathrm{min}$，检查有无异常振动及发热现象。如果出现异常现象，应立即停车，查明原因。异常现象大多由安装不良或联轴器对中不准引起，也有润滑油油位不适宜等其他情况。

③ 在正常负载情况下运转 $2\sim3\mathrm{h}$，同时观察每个部件的温度和振动。

④ 运转中须注意电流表的示值，如出现异常应立即停车检查，其原因大多是由齿轮摩擦引起的。

任务四　往复式压缩机的操作

一、主要构造及工作原理

图 2-19 为单动往复式压缩机结构简图。其结构和工作原理与往复泵类似。

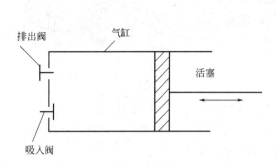

图 2-19 单动往复式压缩机

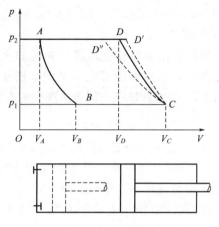

图 2-20 往复式压缩机的工作过程

往复式压缩机主要部件有气缸、活塞、单向吸入阀和单向排出阀。与往复泵类似，往复式压缩机也是依靠气缸内活塞的往复运动将气体吸入和压缩排出的。当活塞向右移动时，活塞左面的空间增大，气体压力随之减小，这一过程称为膨胀过程。当气体下降到低于吸入阀另一侧的气压时，气体就顶开吸入阀进入气缸，直到活塞移动到右端为止，这一过程称为吸气过程。吸气过程结束后，活塞向左移动，气缸内的气体被压缩，压力升高，吸入阀关闭，气体继续被压缩，随着活塞的向左移动，气体体积逐渐缩小，压力逐渐增大，这一过程称为压缩过程。当压缩过程进行到气缸内的气压超过了排出阀另一端管路的压力，气缸内的气体就顶开排出阀进入管路，直到活塞运行至左端为止，这一过程称为排气过程。这样，活塞每往复一次，气缸内进行膨胀、吸气、压缩和排气四个过程，完成压缩机的一个工作循环。

根据气体和外界的换热情况，压缩过程有三种类型，等温压缩、绝热压缩及多变压缩。等温压缩是指压缩阶段产生的热量随时从气体中完全取出，气体的温度保持不变。绝热压缩是另一种极端情况，即压缩产生的热量完全不取出。实际的压缩过程既不是等温的，也不是绝热的，而是介于两者之间的，称为多变压缩。

如图 2-20 所示，四边形 ABCD 所包围的面积，为活塞在一个工作循环中对气体所做的功。等温压缩消耗的功最小，绝热压缩消耗功最大，多变压缩消耗的功介于两者之间。因此，压缩过程希望能较好地冷却，使其尽量接近等温压缩。

压缩机工作时，由于气体压缩时产生热量，导致温度升高，使压缩性能及其他方面受到不良影响。为了减小这种影响，并使压缩消耗的功减小，压缩机中需设有除热装置。此外，活塞在气缸中自如的往复运动，须保证活塞和气缸端盖之间有一定的间隙，此间隙称为余隙容积。但余隙容积必须要严格控制，因余隙容积中残留的高压气体，在气缸吸气前就会膨胀而占去部分工作容积，使吸气量减小，甚至不能吸气。

二、多级压缩

多级压缩是指在一个气缸里压缩了一次的气体进入中间冷却器冷却之后再送入下一气缸进行压缩，经几次压缩才达到所需要的终压。每压缩一次称为一级，连续压缩的次数称为级数。

采用多级压缩的原因为以下几点。

① 提高气缸的容积利用率。压缩比越大，气缸容积利用率越低，实际送气量就会减小。若采用多级压缩，随着级数的增多，每级压缩比减小，气缸容积利用率也随之提高。

② 避免压缩后气体温度过高。排出气体的温度是随着压缩比的增大而升高的，压缩终了的气体温度过高，会引起气缸内润滑油炭化或油雾爆炸等问题。

③ 使压缩机的结构更为合理。若采用多级压缩，为了承受很高的终压，气缸要做得很厚；为了吸入初压很低的气体，气缸体积又必须很大。若采用多级压缩，气体经每级压缩后，压力逐渐增大，体积逐渐减小，气缸的直径可逐级缩小，而缸壁可逐级增厚。

多级压缩的缺点是级数越多，整个压缩系统结构越复杂。冷却器、油水分离器等辅助设备的数量几乎与基数成比例的增加，为了克服压缩系统中各种流体阻力而消耗的能量也增加，所以过多的级数是不合理的，必须通过经济权衡并视具体情况来确定级数。一般多级压缩，每级压缩比不超过 8。

三、往复压缩机的操作及运转

1. 操作及运转

往复式压缩机开车前先加好润滑油，并开动油泵，打开管路上的出口阀，打开进入气缸夹套的冷却水阀，然后开动电机使压缩机试运转，试运转正常后再打开吸入阀进气。

操作过程中应随时注意压缩机各级气缸进、出口气体的压力和温度，检查冷却后气体温度和冷却水的温度，严格按工艺指标控制，经常检查各级进、出口阀门的工作情况，检查压缩机的润滑情况，定期加润滑油，定期排放各级中间冷却器和油水分离器中的油、水，以及检查所有零件接缝处的密封情况等。

往复压缩机运行时不允许关闭出口阀门。

2. 流量调节

往复压缩机的排气量是间歇的、不均匀的。为此排出的气体要先经过缓冲罐，再进入输气管路，其作用有两个：

① 使气体输送流量均匀；

② 使气体中夹带的油沫得到沉降、分离。

往复式压缩机的流量的调节方法有多种。

（1）旁路调节 即在排气管与吸气管之间安装一旁路阀，通过调节旁路阀调节送气量。

（2）改变气缸余隙体积 显然，余隙体积增大，余隙内残存气体膨胀后所占容积将增大，吸入气体量必然减少，供气量随之下降。反之，供气量上升。这种调节方法在大型压缩机中采用较多。

（3）调节转速 调节转速进行流量调节。

任务五 真空泵简介

从设备或系统中抽出气体使其中的绝对压强低于大气压，所用的输送设备称为真空泵。真空泵的形式很多，此处仅介绍化工厂中较常用的形式。

一、水环真空泵

水环真空泵如图 2-21 所示。外壳内偏心地装有叶轮，其上有辐射状的叶片，泵内约充有一半容积的水。当旋转时，形成水环，水环具有液封的作用，与叶片之间形成许多大小不同的密封小室，当小室渐增时，气体从入口吸入；当小室渐减时，气体由出口排出。

水环真空泵可以造成的最高真空度为 $0.85 kgf/cm^2$（$1 kgf/cm^2 = 98.0665 kPa$，下同）左右，也可作鼓风机用，但产生的表压强不超过 $1 kgf/cm^2$。当被抽吸的气体不宜与水接触时，泵内可充以其他液体，所以又称为液环真空泵。

此类泵结构简单、紧凑，易于制造与维修，由于旋转部分没有机械摩擦，使用寿命长，操作可靠。适用于抽吸含有液体的气体，尤其在抽吸有腐蚀性或爆炸性气体时更为合适。但效率很低，为30%～50%，所能造成的真空度受泵体中水的温度所限制。

二、喷射泵

喷射泵是利用流体流动时的静压能与动能相互转换的原理来吸、送流体的，既可用于吸送气体，也可用于吸送液体。在化工生产中，喷射泵常用于抽真空，故又称为喷射式真空泵。

喷射泵的工作流体可以是蒸汽，也可以是液体。图2-22所示的为蒸汽喷射泵。工作蒸汽在高压下以很高的速度从喷嘴喷出，在喷射过程中，蒸汽的静压能转变为动能，产生低压，而将气体吸入。吸入的气体与蒸汽混合后进入扩散管，速度逐渐降低，压强随之升高，而后从压出口排出。

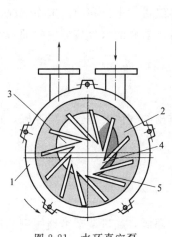

图2-21　水环真空泵
1—外壳；2—叶片；3—水环；
4—吸气口；5—排气口

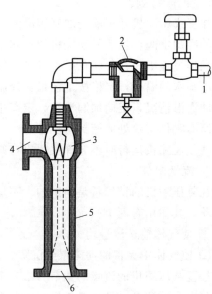

图2-22　蒸汽喷射泵
1—工作蒸汽入口；2—过滤器；3—喷嘴；
4—吸入口；5—扩散管；6—混合气排出口

喷射泵构造简单、紧凑，没有活动部件。但是效率很低，蒸汽消耗量大，故一般多当作真空泵使用，而不作为输送设备用。由于所输送的流体与工作流体混合，因而使其应用范围受到一定的限制。

【技能训练】 离心泵操作训练

一、训练目标
① 了解离心泵结构与特性，学会离心泵的操作。
② 掌握离心泵操作中故障的分析、判断及排除。

二、训练准备
① 了解离心泵结构与特性及基本原理。
② 掌握计算机控制系统的基本操作。

三、训练步骤

1. 工艺流程简介

离心泵是化工生产过程中输送液体的常用设备之一，其工作原理是靠离心泵内外压差不断地吸入液体，靠叶轮的高速旋转使液体获得动能，靠扩压管或导叶将动能转化为压力能，从而达到输送液体的目的。来自某一设备约40℃的带压液体经调节阀 LV101 进入带压罐 V101，罐液位由液位控制器 LIC101 通过调节 V101 的进料量来控制；罐内压力由 PIC101 分程控制，PV101A、PV101B 分别调节进入 V101 和出 V101 的氮气量，从而保持罐压恒定在 5.0atm（表）。罐内液体由泵 P101A/B 抽出，泵出口流量在流量调节器 FIC101 的控制下输送到其他设备。

2. 工艺流程

参考流程仿真界面，如图 2-23 所示。

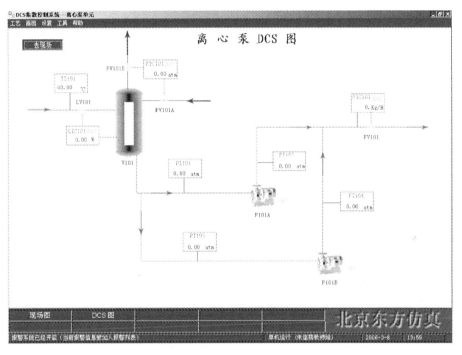

图 2-23　工艺流程图

3. 培训方案

离心泵培训方案见表 2-2。

表 2-2　离心泵培训方案

编　号	项 目 名 称	教学目的及重点
1	系统冷态开车操作规程	掌握装置的常规开车操作
2	系统正常操作规程	掌握装置的常规操作
3	系统正常停车操作规程	掌握装置的常规停车操作
4	P101A 泵坏	掌握故障处理操作
5	FIC101 阀卡	掌握故障处理操作
6	P101A 泵入口管线堵	尽快分析原因,恢复进料
7	P101A 泵汽蚀	掌握故障处理操作
8	P101A 泵气缚	掌握故障处理操作

4．操作

（1）准备工作

① 盘车；

② 核对吸入条件；

③ 调整填料或机械密封装置。

（2）启动泵前准备工作

① 灌泵；

② 排气。

（3）启动离心泵

① 启动离心泵；

② 流体输送；

③ 调整操作参数。

（4）负荷调整　可任意改变泵、按键的开关状态，手操阀的开度及液位调节阀、流量调节阀、分程压力调节阀的开度，观察其现象。

（5）停车操作规程

① V101 罐停进料；

② 停泵；

③ 泵 P101A 泄液。

四、思考与分析

① 泵 P101A 和泵 P101B 在进行切换时，应如何调节其出口阀 VD04 和 VD08，并说明为什么要这样做？

② 一台离心泵在正常运行一段时间后，流量开始下降，可能会有哪些原因？

③ 离心泵出口压力过高或过低应如何调节？

④ 离心泵入口压力过高或过低应如何调节？

五、拓展型训练

见表 2-3。

表 2-3　离心泵事故处理

事　　故	现　　象	处 理 方 法
P101A 泵坏	1. P101A 泵出口压力急剧下降 2. FIC101 流量急剧减小	切换到备用泵 P101B ①全开 P101B 泵入口阀 VD05、向泵 P101B 灌液，全开排空阀 VD07 排 P101B 的不凝气，当显示标志为绿色后，关闭 VD07 ②灌泵和排气结束后，启动 P101B ③待泵 P101B 出口压力升至入口压力的 1.5～2 倍后，打开 P101B 出口阀 VD08，同时缓慢关闭 P101A 出口阀 VD04，以尽量减少流量波动 ④待 P101B 进出口压力指示正常，按停泵顺序停止 P101A 运转，关闭泵 P101A 入口阀 VD01，并通知维修工
P101A 泵汽蚀	1. P101A 泵入口、出口压力上下波动 2. P101A 泵出口流量波动（大部分时间达不到正常值）	按泵的切换步骤切换到备用泵 P101B
P101A 泵气缚	1. P101A 泵入口、出口压力急剧下降 2. FIC101 流量急剧减小	按泵的切换步骤切换到备用泵 P101B

情境测评

一、填空题

1. 离心泵的轴封装置主要有两种：_____和_____。

2. 离心泵的特性曲线通常包括_____曲线、_____曲线和_____曲线，这些曲线表示在一定_____下，输送某种特定的液体时泵的性能。

3. 离心通风机的全风压是指_____与_____之和，其单位为_____。

4. 用离心泵将水池中水送至常压水塔，若在离心泵正常操作范围内，将出口阀开大，则流量 q_V_____，扬程 H_e_____，管路总阻力损失 $\sum h_f$_____，轴功率 P_____（变大、变小、不变、不确定）。

5. 离心泵启动前应_____出口阀；旋涡泵启动前应_____出口阀。

6. 管路特性曲线的形状由_____和_____来确定，与离心泵的性能_____。

7. 离心泵通常采用_____调节流量；往复泵采用_____调节流量。

8. 往复泵主要适用于_____、_____的场合，输送高黏度液体时，效果也较_____泵要好，但它不宜输送_____液体及含有固体粒子的_____。

9. 往复式压缩机，活塞每往复一次，气缸内完成_____、_____、_____和_____四个过程，组成活塞的一个工作循环。

10. 水环真空泵可以造成的最大真空度为85%，即真空泵能达到的最低压力（绝压）是_____mmHg。

二、单项选择题

1. 离心泵开动以前必须充满液体是为了防止发生（　　）。
A. 气缚现象　　　B. 汽蚀现象　　　C. 汽化现象　　　D. 气浮现象

2. 离心泵的调节阀开大时，（　　）。
A. 吸入管路阻力损失不变　　　B. 泵出口的压力减小
C. 泵入口的真空度减小　　　D. 泵工作点的扬程升高

3. 某离心泵运行一年后发现有气缚现象，应（　　）。
A. 停泵，向泵内灌液　　　B. 降低泵的安装高度
C. 检查进口管路是否有泄漏现象　　　D. 检查出口管路阻力是否过大

4. 由离心泵特性曲线知，轴功率 P 随流量 q_V 增大而增大，当 $q_V=0$ 时，P（　　）。
A. 为零　　　B. 最大　　　C. 最小　　　D. 不确定

5. $1m^3$ 气体经风机所获得能量，称为（　　）。
A. 全风压　　　B. 静风压　　　C. 扬程　　　D. 有效功率

6. 离心泵装置中（　　）的滤网可以阻拦液体中的固体颗粒被吸入而堵塞管道和泵壳。
A. 吸入管路　　　B. 排出管路　　　C. 调节管路　　　D. 分支管路

7. 为提高离心泵的经济指标，宜采用（　　）叶片。
A. 前弯　　　B. 后弯　　　C. 垂直　　　D. 水平

8. 某同学进行离心泵特性曲线测定实验，启动泵后，出水管不出水，泵进口处真空计指示真空度很高，他对故障原因作出了正确判断，排除了故障，你认为以下可能的原因中，哪一个是真正的原因（　　）。

A. 水温太高 　　　　B. 真空计坏了 　　　　C. 吸入管路堵塞 　　　D. 排出管路堵塞

9. 用离心泵从河中抽水，当河面水位下降时，泵提供的流量减少了，其原因是（ ）。

A. 发生了气缚现象 　　　　　　　　B. 泵特性曲线变了

C. 管路特性曲线变了 　　　　　　　D. 发生了汽蚀现象

10. 离心泵的扬程，是指单位重量流体经过泵后获得的（ ）。

A. 包括内能在内的总能量 　　　　　B. 机械能

C. 压能 　　　　　　　　　　　　　D. 位能（即实际的升扬高度）

三、计算

1. 在一定转速下测定某离心泵的性能，吸入管与压出管的内径分别为 70mm 和 50mm。当流量为 30m³/h 时，泵入口处真空表与出口处压力表的读数分别为 40kPa 和 215kPa，两测压口间的垂直距离为 0.4m，轴功率为 3.45kW。试计算泵的压头与效率。

2. 某台离心水泵，从样本上查得汽蚀余量 Δh 为 2.5mH₂O。现用此泵输送封闭水槽中 40℃清水，槽内水面上压力为 30kPa，泵吸入口位于水槽液面以下 5m 处，吸入管路的压头损失为 1mH₂O，已知 40℃清水的饱和蒸气压为 7.377kPa，密度为 992.2kg/m³，问该泵的安装高度是否合适？

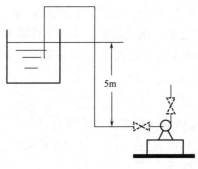

题 2　附图

3. 在一化工生产车间，要求用离心泵将冷却水从贮水池经换热器送到一敞口高位槽中。已知高位槽中液面比贮水池中液面高出 10m，管路总长为 400m（包括所有局部阻力的当量长度）。管内径为 75mm，换热器的压头损失为 $32 \times \frac{u^2}{2g}$，摩擦系数可取为 0.03。此离心泵在转速为 2900r/min 时的性能如下表所示。

$Q/(m^3/s)$	0	0.001	0.002	0.003	0.004	0.005	0.006	0.007	0.008
H/m	26	25.5	24.5	23	21	18.5	15.5	12	8.5

试求：（1）管路特性方程；

　　　（2）泵工作点的流量与压头。

4. 现从一气柜向某设备输送密度为 1.36kg/m³ 的气体，气柜内的压力为 650Pa（表压），设备内的压力为 102.1kPa（绝压）。通风机输出管路的流速为 12.5m/s，管路中的压力损失为 500Pa。试计算管路中所需的全风压。（设大气压力为 101.3kPa）

非均相物系分离方案及设备

情境学习目标

知识目标

◆ 了解化工生产过程中常见的非均相物系分离的主要方法、分离过程、主要特点与工业应用。

◆ 熟悉各种类型的非均相物系分离设备的结构、工作原理、性能及应用场合。

能力目标

◆ 能正确选择吸收操作的条件，对吸收过程进行正确的调节控制。

◆ 能根据分离任务选择分离方案及设备并做到正确操作。

◆ 项目一

非均相物系的分离方法认知

在化工生产中，原料、半成品以及排放物等大多为混合物，为了使生产顺利地进行，以得到较高纯度的原料、产品或者满足环境保护的需要，常常对混合物进行分离。

【案例】 硫酸厂 SO_2 炉气除尘方案的制定

某硫酸厂，采用硫铁矿制硫酸工艺。硫铁矿经过焙烧得到的炉气，其中除含有转化工序所需要的有用气体 SO_2 和 O_2 以及惰性气体 N_2 之外，还含有三氧化硫、水分、三氧化二砷、二氧化硒、氟化物及矿尘等，它们均为有害物质。

炉气中的矿尘不仅会堵塞设备与管道，而且会造成后续工序催化剂失活。砷和硒则是催化剂的毒物；炉气中的水分及三氧化硫极易生成酸雾，不仅对设备产生腐蚀，而且很难被吸收除去。因此，在炉气送去转化前，必须先对炉气进行净化，应达到下述净化指标（标准状态）：

砷$<0.001g/m^3$ 尘$<0.005g/m^3$ 酸雾$<0.03g/m^3$

水分$<0.1g/m^3$ 氟$<0.001g/m^3$

案例分析

本任务的主要目的就是除去SO_2气体中含有的粉尘（固体）、砷和硒（固体）、酸雾、水分（液体）、氟化物（气体），可见是一典型的混合物的分离任务。

1. 分离任务的性质

混合物可以分为均相混合物和非均相混合物两大类。均相混合物是指由不同组分的物质混合在一起形成单一相的物系如酒精水溶液、空气等；非均相物系是指物系中至少存在着两相或更多的相，其中有气固、气液、液固和液液等多种形式。

就含有两相的非均相物系而言其中一相为分散物质或称为分散内相，以细微的分散状态存在。包围在分散物质各个粒子的周围的另一相称为连续相。根据连续相的物理状态不同，非均相物系可分为两类：

① 气态非均相物系，连续相为气体，如含尘气体和含雾气体；

② 液态非均相物系，连续相为液体，例如悬浮液、乳浊液以及含有气泡的液体，即泡沫液等。

对照上述混合物的分类方法，可见这是一个以气固分离任务为主，其中又包含气-液分离和气-气分离任务的较复杂的工作任务。任务中，要求分离的对象为气态非均相物系，连续相为气体，非连续相（分散相）为粉尘和液滴。

2. 分离任务中需要解决的问题

由前面分析已知这是一个如何从气态非均相混合物系除去分散相粉尘和液滴的问题，应该选择气态非均相物系的分离方法和设备。由于用于气态非均相物系的分离方法和设备较多，需要依次解决如下问题：

① 可采用哪些分离方法？怎样选择合适的方法？

② 可采用哪些分离设备？怎样选择合适的设备？

一、非均相混合物的分离方法

非均相混合物的分离方法通常采用机械的方法分离，即利用非均相混合物中分散相和连续相的物理性质（如密度、颗粒形式、尺寸等）的差异，使两相之间发生相对运动而使其分离。根据两相运动方式的不同，机械分离有两种方式，即过滤和沉降。

1. 过滤

过滤是流体相对于固体颗粒床层运动而实现固液分离的过程。过滤操作的外力可以是重力、惯性离心力、压差。过滤操作分为重力过滤、加压过滤、真空过滤和离心分离。

2. 沉降

沉降是在外力作用下使颗粒相对于流体运动而实现分离的过程。沉降操作的外力是重力、惯性离心力。沉降分离分为重力沉降和离心沉降。

二、非均相混合物的分离在工业中的应用

1. 回收有用的分散相

收集粉碎机、沸腾及喷雾干燥器等设备出口气流中夹带的物料；收集蒸发设备出口气流中带出的药液雾滴；回收结晶器中晶浆中夹带的颗粒；回收催化反应器中气体夹带的催化剂，以循环应用等。

2. 净化连续相

除去药液中无用的混悬颗粒以便得到澄清药液；将结晶产品与母液分开；除去空气中的尘粒以便得到洁净空气；除去催化反应原料气中的杂质，以保证催化剂的活性等。

3. 环境保护和安全生产

近年来，工业污染对环境的危害愈来愈明显，利用机械分离的方法处理工厂排出的废气、废液，使其浓度符合规定的排放标准，以保护环境；去除容易构成危险隐患的飘浮粉尘以保证安全生产。

◈ 项目二

过滤操作

过滤是利用重力或压差使悬浮液通过多孔性过滤介质,将固体颗粒截留,从而实现固-液分离。过滤的方式很多,适用的物系也很广泛,固液、固气、大颗粒、小颗粒都很常见。过滤与沉降相比,过滤可以使悬浮液分离地更彻底、更迅速。

任务一　过滤操作的原理

一、过滤操作的基本原理

如图 3-1 所示,过滤是将含有固体颗粒的悬浮液在推动力(重力或压差)的作用下,使之通过多孔介质,固体颗粒被多孔介质截留,液体则通过,而使悬浮液中的液、固两相得以分离。

在过滤操作中,悬浮液称滤浆或料浆,多孔性介质称为过滤介质,过滤介质截留的固体颗粒层称为滤饼和滤渣,通过介质的清液为滤液。

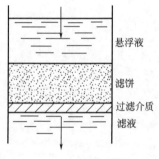

图 3-1　过滤操作示意图

二、过滤操作的分类

1. 按过滤机理分类

(1) 饼层过滤　如图 3-2(a) 所示,悬浮液中的固体颗粒被截留并沉积在过滤介质的上游一侧,形成滤饼层,且随着过滤时间的延长,滤饼层也增厚,这种过滤方式称为饼层过滤。

应注意的是,过滤的开始阶段,特别细小的颗粒会与滤液一起穿过介质层,故开始进行过滤时,滤液较浑浊,同时细小的颗粒,也会进入介质的孔道内,并产生"架桥"现象,如图 3-2(b) 所示。随着滤饼层的形成,滤液逐渐变清。可见,正常操作时,对于过滤操作而言,滤饼才是有效的过滤介质。表面过滤的特点是:滤饼层厚度随着过滤时间的延长而增厚,过滤阻力亦随之增大。此法被广泛地应用于化工、食品、冶金等工厂。

(2) 深层过滤　如图 3-3 所示,固体粒子在过滤介质的孔隙内被截留,固体游离过程发生在整个过滤介质的内部。这种过滤方法适合悬浮液中含有的固体颗粒尺寸很小,且含量很少的情况,例如饮用水的净化。深层过滤的过滤介质层很厚,孔道弯曲而细长,且颗粒尺寸比孔道直径小得多。当细小的颗粒随着液体进入床层内弯曲的孔道时,便被截留并黏附在孔道中。

深层过滤的特点是:没有滤饼层的形成过程,在整个过程中,过滤阻力不变,如自来水厂自来水通过石英砂层的过滤即属此种情况。

化工生产中所处理的悬浮液浓度往往较高,其过滤操作多属滤饼过滤,故本节着重讨论滤饼过滤。

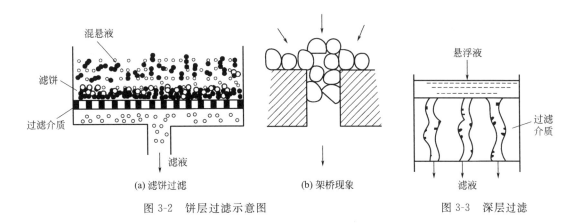

图 3-2 饼层过滤示意图   图 3-3 深层过滤

2. 按过滤操作的推动力分类

滤液通过滤饼层和过滤介质时应有一定的推动力，常以过滤介质两侧的压强差表示，根据推动力的不同，过滤操作可分为：重力过滤、离心过滤、加压过滤与真空过滤。

（1）重力过滤 依靠悬浮液本身的液柱产生的压强，一般不超过 $5 \times 10^4 \, Pa$。

（2）离心过滤 利用离心力来实现固液分离。

（3）加压过滤与真空过滤 根据介质两边压强的大小，可以把过滤机分为下面几类。

① 加压过滤。给悬浮液加压，一般可以达到 $5 \times 10^5 \, Pa$。

② 真空过滤。在滤液侧抽真空，通常不超过 $8.5 \times 10^4 \, Pa$。

③ 常压过滤。悬浮液侧和滤液侧都是常压。

三、过滤介质

过滤操作所使用的过滤介质，是过滤设备上一个极为重要的组成部分，常常是整个过滤过程的关键。过滤介质的作用是使滤液通过，截留固体颗粒，并支承滤饼，故不仅要求其具有多孔性，但孔道又不宜大，以免颗粒通过，还应对所处理的悬浮液具有耐腐蚀性及有足够的机械强度等。工业上常用的过滤介质有以下几种。

1. 织物介质

用天然纤维（棉、麻、丝、毛等）和合成纤维织成的滤布，亦有用金属丝（铜、不锈钢等）编织成的滤网等。这类过滤介质应用较广泛，清洗及更换也很方便，可根据需要采用不同编织方法控制其孔道的大小，以满足要求。

2. 堆积的粒状介质

可用砂、木炭等物堆积，亦可用玻璃等非编织纤维堆积而成。这类过滤介质多用于处理含固体颗粒量很少的悬浮液过滤，如水的净化处理。

3. 多孔性固体介质

如多孔性陶瓷板或管、多孔塑料板或由金属粉末被烧结而成的多孔性金属陶瓷板及管等。此类介质主要用于过滤含有少量微粒的悬浮液的间歇式过滤设备中。

过滤介质的选择要根据悬浮液中固体颗粒的含量和粒度范围、介质所能承受的温度和它的化学稳定性，机械强度等因素来考虑。合适的介质，可带来以下效益：滤液清洁，固体粒子损失量小；滤饼容易卸除；过滤时间少；过滤介质不致因突然地或逐渐地堵塞而破坏；过滤介质容易获得再生。

四、助滤剂

过滤操作中的滤饼，是由截留下来的固体颗粒形成的固定床层，可分为两种类型：一种是不可压缩性滤饼，由于这种滤饼是由坚硬的固体颗粒构成的，故不因滤饼层加厚及滤饼两侧的压力差增大而改变颗粒的形状，或改变颗粒间的空隙率，如由碳酸钙颗粒形成的滤饼即属此类。另一种是可压缩性滤饼，这类滤饼在过滤操作中，由于滤饼两侧的压力差增大，或滤饼层加厚，而使颗粒的形状变化，颗粒间空隙减小，从而导致流体的流动通道截面积减小，流体流动阻力增大，如由某些氢氧化物的胶体物质构成的滤饼。

对于可压缩性滤饼，为了避免滤布的早期堵塞及减小其流动阻力，可加入某些助滤剂来改变滤饼的结构，增加滤饼的刚性。助滤剂是一种坚硬且形状不规则的小固体颗粒，加入助滤剂后形成的滤饼不仅结构疏散，而且几乎是不可压缩性的滤饼。可作为助滤剂的物质通常是一些不可压缩的粉状或纤维状固体，常用的有硅藻土、珍珠岩、炭粉、石棉粉等。

助滤剂的使用方法有掺滤法和预涂法两种。掺滤法是将助滤剂加入待过滤的悬浮液中一起过滤，这样所得到的滤饼较疏松、压缩性小、孔隙率增大。但若过滤的目的是回收固体颗粒，则这种方法不宜使用。预涂法是将其配成悬浮液，先预涂在过滤介质表面上形成一层助滤剂滤饼层，然后再进行悬浮液的过滤，这样可以防止细小的颗粒将滤布孔道堵死。

五、滤饼的洗涤

在滤饼的颗粒间隙中总会残留一定滤液。过滤完毕，通常要用洗涤液（一般用清水）进行滤饼的洗涤，以得到较为纯净的固体颗粒。洗涤速率取决于洗涤压力差、洗涤液通过的面积和滤饼厚度。

六、过滤速率

过滤速率是指单位时间内通过单位过滤面积的滤液体积。增大过滤面积可以增加过滤速率；加压或减压均可以加快过滤速率，但是压缩滤饼会使过滤速率变慢；而悬浮液的性质和操作温度对过滤速率也有影响。提高温度，可以提高过滤机的过滤速率。但是在真空过滤时，提高温度会使真空度下降，从而降低了过滤速率。

任务二　过滤操作的设备

过滤混悬液的设备称为过滤机。为适应不同的生产要求，过滤机分为很多类型。按操作方式可以分为间歇过滤机和连续过滤机，按照过滤推动力产生的方式可以分为压滤机、真空过滤机和离心过滤机。

一、过滤机

1. 板框压滤机

板框压滤机是一种历史较久，但仍沿用不衰的间歇式压滤机。板框过滤机的优点是：结构简单、操作容易、故障少、保养方便、单位过滤面积占地少，过滤面积选择范围宽、过滤压力较高、滤渣的含水率低，便于用耐腐蚀材料制造、对物料的适应性强。它的主要缺点是：操作不能连续自动，劳动强度大。它适用于过滤黏度大、微粒细、固体含量低的难过滤悬浮液，也比较适用于多品种、小规模的生产情况。

如图 3-4 所示，板框压滤机由许多块滤板和滤框交替排列组装而成，滤板具有棱状的表面，形成了许多沟槽的通道，板与框之间隔有滤布，装合时用压紧装置将一组板与框压紧，压紧后滤框与其两侧的滤板所形成的空间便构成了一个过滤空间。由于一台板框压滤机由若干块板和框组成，故有数个过滤空间。每一块滤板和滤框的角上皆有孔，当板、框叠合后即形成料液和洗涤液的通道。

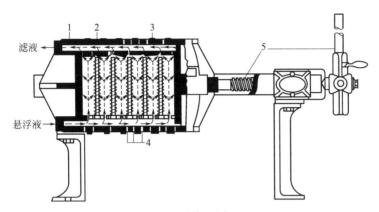

图 3-4　板框压滤机
1—固定头；2—滤板；3—滤框；4—滤布；5—压紧装置

滤板和滤框可用金属、塑料或木材制造，一般均为正方形，滤板通常比滤框薄。过滤的操作压力一般为294～981kPa。过滤时，悬浮液在压力作用下经料液通道进入滤框内，滤液通过，滤渣被滞留覆盖在滤板上，过滤结束后，松开板框，取出滤渣，再将滤板、滤框和滤布洗净后重新装合，即可进行下次过滤。但很多过滤操作要求在卸渣前对滤渣进行洗涤，用于这种情况的过滤机的滤板有两种，一种是板上没有洗涤液通道的，称为滤板；另一种是板上开有洗涤液通道的，称为洗涤板；滤板为一钮，框为二钮，洗涤板为三钮。板框过滤机组合时，一般将板、框按钮数 1-2-3-2-1-2-3-2-1… 的顺序安装。

洗涤时，洗涤液所通过的滤渣层厚度约为过滤终了时滤液通过滤渣层厚度的两倍，并且需通过两层滤布，故洗涤液的流动阻力约为过滤终了时滤液流动阻力的两倍。又由于洗涤板与过滤板是相间放置，则洗涤液所通过的面积仅为过滤面积的一半；若洗涤时的操作压力与过滤终了时的操作压力相同（即推动力相同），且洗涤液与滤液的物性相近时，则洗涤时流体阻力为过滤终了时的四倍，即洗涤速率仅为过滤终了时过滤速率的 $1/4$。

2. 转鼓真空过滤机

如图 3-5、图 3-6 所示为一台转鼓真空过滤机的外形图和操作及分配头的结构图。过滤机的主要部分包括转鼓、滤浆槽、搅拌槽、搅拌器和分配头。转鼓长度和直径之比为 $1/2$～2。转鼓里一般有10～30个彼此独立的扇形小滤室，在小滤室的圆弧形外壁上，装着覆以滤布的排水筛板，这样便形成了圆柱形过滤面。每个小滤室都有管路通向分配头，使小滤室有时与真空源相通，有时与压缩空气源相通，运转时浸没于滤浆中的过滤面积占全部面积的30%～40%。每旋转一周，过滤面积的任一部分，都经历过滤、洗涤、吸干、吹松、卸渣等阶段。因此，每旋转一周，对任何一部分表面来说，都经历了一个操作循环，而任何瞬间，对整个转鼓来说，其各部分表面都分别进行着不同阶段的操作。

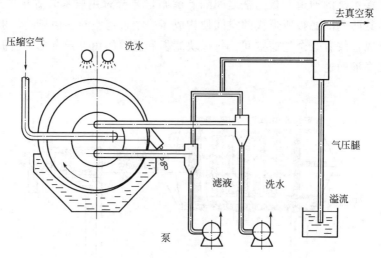

图 3-5　转鼓真空过滤机的外形图

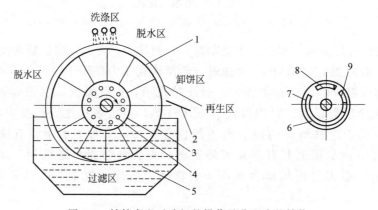

图 3-6　转鼓真空过滤机的操作及分配头的结构

1—滤饼；2—刮刀；3—转鼓；4—转动盘；5—滤浆槽；6—固定盘；7—滤液出口凹槽；
8—洗涤水出口凹槽；9—压缩空气进口凹槽

转鼓真空过滤机的优点：连续操作，生产能力大，适于处理量大而容易过滤的料浆，对于难过滤的细黏物料，采用助滤剂预涂的方式比较方便。

缺点：附属设备较多，投资费用高，滤饼含液量高。

二、过滤设备的选择

1. 过滤推动力的选择

选用加压过滤还是真空过滤，在很大程度上取决于颗粒粒度和进料悬浮液中特定粒子颗粒的量。细颗粒质量分数高的悬浮液要用压滤；细颗粒质量分数低的悬浮液，应该用真空过滤处理。

2. 过滤机结构的选择

过滤所得到的固体往往是很重要的，它可以作为一种最终产品，也可以作为一种较高费用进行处理的废物，所以，很多过滤机的选择，是根据滤饼质量的要求进行。大体情况见表 3-1。

表 3-1 根据滤饼质量选择过滤机

干滤饼		湿滤饼或者滤浆	
类　型	备　注	类　型	备　注
真空过滤机 旋转液滤机 离心过滤机 带式过滤机 筒式过滤机	预涂层转鼓,固体一般不能回收 有时是湿滤饼	加压液滤机 重力过滤机	有时可以得干滤饼

3. 确定规格

过滤机规格大小应能保证完成生产任务，它应有足够的过滤面积达到滤液的生产能力，而且也具有足以完成滤饼产量的能力，按任务的多少，可以确定滤机的规格。

◆ **项目三**

沉降操作

沉降是指在外力作用下使颗粒相对于流体（静止或运动）运动而实现分离的过程。组成悬浮系的流体和悬浮物因密度差异，在力场中发生相对运动而分离，是一种属于流体动力过程的单元操作。靠重力实现分离的操作是重力沉降；靠惯性离心力实现分离的操作是离心沉降。

沉降用于气相悬浮系时，是从气体中分离出所含固体粉尘或液滴；用于液相悬浮系时，是从液体中分离出所含固体颗粒或另一液相的液滴。这种分离在生产上的目的有两个：

① 获得清净的流体，如空气的净化、水的澄清、油品脱水等；

② 为了回收流体中的悬浮物，如从干燥器出口气体中回收固体产品、从流化床反应器出口气体中回收催化剂等。

有时两个目的兼而有之。沉降操作在化工、医药、冶金、食品、环境保护等部门都有广泛应用。

任务一 重力沉降及设备

一、重力沉降

重力沉降是根据重力作用而发生的沉降过程。一般用于气、固混合物和混悬液的分离。它是利用混悬液中固体颗粒的密度大于浸提液的密度而使颗粒沉降分离。

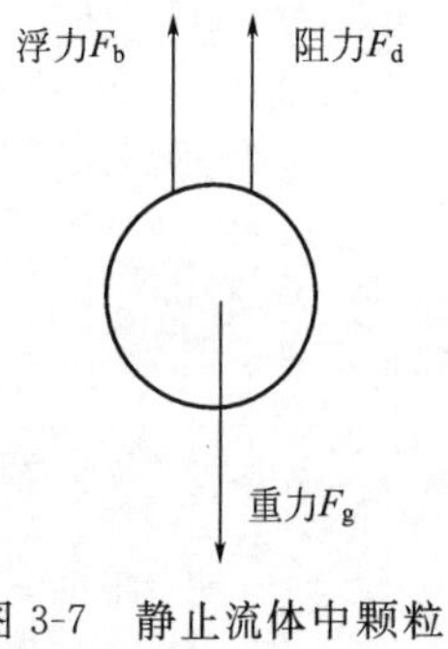

图 3-7 静止流体中颗粒
受力示意图

以固体颗粒在流体中的沉降进行分析，颗粒的沉降速率与颗粒的形状有很大关系。为了便于推导，先分析光滑球形颗粒的自由沉降速率。

1. 球形颗粒的自由沉降速率

如图 3-7 所示。一个表面光滑的刚性球形颗粒置于静止流体中，当颗粒密度大于流体密度时，颗粒将下沉。若颗粒作自由沉降运动，在沉降过程中，颗粒受到三个力的作用：重力，方向垂直向下；浮力，方向向上；阻力，方向向上。设球形颗粒的直径为 d_s，颗粒密度为 ρ_s，流体的密度为 ρ，则重力 F_g、浮力 F_b 和阻力 F_d 分别为

重力：
$$F_g = \frac{\pi}{6} d_s^3 \rho_s g \tag{3-1}$$

浮力：
$$F_b = \frac{\pi}{6} d_s^3 \rho g \tag{3-2}$$

阻力：
$$F_d = \zeta A \times \frac{\rho u^2}{2} \tag{3-3}$$

式中 ζ——无量纲；

A——颗粒在垂直于其运动方向的平面上的投影面积，其值为 $A=\dfrac{\pi}{4}d^2$，m^2；

u——颗粒相对于流体的降落速率，m/s。

对于一定的颗粒和流体，重力和浮力的大小一定，而阻力随沉降速率而变。根据牛顿第二定律有

$$F_g - F_b - F_d = ma \tag{3-4}$$

式中 m——颗粒的质量，kg；

a——加速度，m/s^2。

当颗粒开始沉降的瞬间速度为零，因此阻力也为零，故加速度 a 有最大值。沉降后阻力随 u 增加而增大，直至 u 达到某一数值后，重力、浮力、阻力三力平衡，即合力为零，加速度为零。此时，颗粒开始作匀速运动，此时颗粒的速度即为沉降速率 u_t，单位为 m/s。即

$$F_g - F_b - F_d = 0 \tag{3-5}$$

将式(3-1)、式(3-2) 和式(3-3) 代入式(3-5) 整理得

$$u_t = \sqrt{\dfrac{4d_s g(\rho_s - \rho)}{3\rho\zeta}} \tag{3-6}$$

对于微小颗粒，沉降的加速阶段时间很短，因此，整个沉降过程可以视为匀速沉降过程，加速度 a 为零。在这种情况下可直接将 u_t 用于重力沉降速率的计算。

用式(3-6) 计算沉降速率时，需确定阻力系数 ζ 值。ζ 是颗粒与流体相对运动时雷诺数 $Re_t = d_s u_t \rho / \mu$ 的函数。一般由实验测定，图 3-8 所示为通过实验测定的 $\zeta\text{-}Re_t$ 关系曲线。

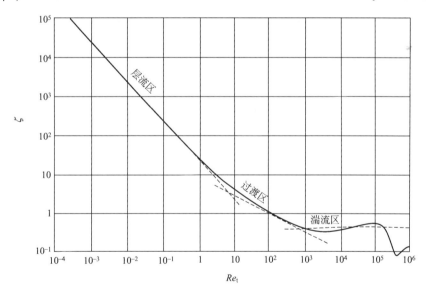

图 3-8 实验测定球形颗粒自由沉降的 $\zeta\text{-}Re_t$ 关系曲线

对于球形颗粒，图中曲线大致分为三个区域，各区域的 ζ 和 Re_t 的函数关系可分别表示为：

层流区 （$10^{-4} < Re_t < 1$）

$$\zeta = \dfrac{24}{Re_t} \tag{3-7}$$

过渡区 （$1 < Re_t < 10^3$）

$$\zeta = \frac{18.5}{Re_t^{0.6}} \tag{3-8}$$

湍流区（$10^3 < Re_t < 2 \times 10^5$）

$$\zeta = 0.44 \tag{3-9}$$

将式(3-7)、式(3-8)、式(3-9) 分别代入式(3-6)，便可得到颗粒在各区相应的沉降速率公式，即

层流区

$$u_t = \frac{d_s g(\rho_s - \rho)}{18\mu} \tag{3-10}$$

过渡区

$$u_t = 0.27\sqrt{\frac{d_s(\rho_s - \rho)}{\rho}Re_t^{0.5}} \tag{3-11}$$

湍流区

$$u_t = 1.74\sqrt{\frac{d_s(\rho_s - \rho)g}{\rho}} \tag{3-12}$$

式(3-10)、式(3-11) 及式(3-12) 分别称为斯托克斯公式、艾伦公式及牛顿公式。层流区内由流体黏性引起的表面摩擦力占主要地位，湍流区内形体阻力占主要地位，过渡区内表面摩擦力和形体阻力都不可忽略。

2. 非球形颗粒的自由沉降速率

非球形颗粒的几何形状及投影面积 A 对沉降速率都有影响。颗粒向沉降方向的投影面积 A 越大，沉降阻力越大，沉降速率越慢。一般地，相同密度的颗粒，球形或近球形颗粒的沉降速率大于同体积非球形颗粒的沉降速率。

非球形颗粒几何形状与球形的差异程度，用球形度表示，即一个任意几何形体的球形度，等于体积与之相同的一个球形颗粒的表面积与这个任意形状颗粒的表面积之比。当体积相同时，球形颗粒的表面积最小，因此，球形度值总是小于1，且该值越小，颗粒形状与球形的差异越大，阻力系数 ζ 越大。当颗粒为球形时，球形度为1。

在计算沉降速率时，非球形颗粒的大小可用当量直径表示，所谓当量直径即与颗粒等体积球形颗粒的直径。

非球形颗粒自由沉降的影响因素除球形度（颗粒形状）外，还有壁效应（器壁影响）和干扰沉降（颗粒间的相互干扰）等。

二、重力沉降设备

1. 重力气固分离设备

重力气固分离设备又称重力沉降室，它是利用尘粒与气体的密度不同，通过重力作用使尘粒从气流中自然沉降分离的除尘设备。

最简单的设备形式有降尘气道如图 3-9 所示。降尘气道具有相当大的横截面积和一定的长度。当含尘气体进入气道后，其流通面积增大，流速降低，使得灰尘在气体离开气道以前，有足够的停留时间沉到室底而被除去。

重力沉降室具有结构简单、造价低、维护管理方便、阻力小（一般为 $50 \sim 150Pa$）等优点，一般作为第一级或预处理设备。重力沉降室的主要缺点是体积庞大、除尘效率低（一般只有 $40\% \sim 70\%$）、清灰麻烦。鉴于以上特点，重力沉降室主要用以净化那些密度大、颗粒粗的粉尘，特别是磨损性很强的粉尘，它能有效地捕集 $50\mu m$ 以上的尘粒，但不宜捕集 $20\mu m$ 以下的尘粒。

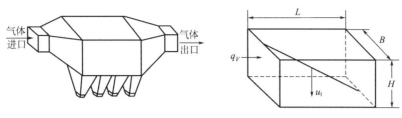

图 3-9 降尘室

2. 沉降器

沉降器是处理悬浮液的重力沉降设备，沉降器可分为：间歇式、半连续式和连续式三种。在化工生产和环保部门广泛使用的是连续式沉降槽（又称增稠器），如图 3-10 所示。连续沉降槽是一个底部略具圆锥形的不深的圆槽。槽内装有转速为 $0.025 \sim 0.5 \text{r/min}$ 的耙集桨，桨上固定有钢耙。液体连续地沿送液槽从上方中央进入，浓稠的沉淀沉降到器底，并被耙慢慢地集聚于器底中心，然后经排出管，用泵连续地排出。澄清液经上口周缘的溢流槽连续排出。沉降槽适于处理固体微粒不太小，浓度不高，但处理量较大的悬浮液。

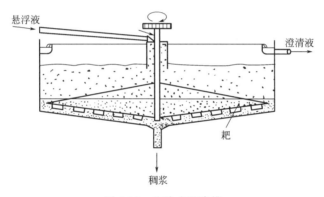

图 3-10 连续式沉降槽

沉降槽的优点：结构简单、操作方便、处理量大且增稠物的浓度均匀。

缺点：设备庞大，占地面积大、分离效率较低等。

任务二 离心沉降及设备

在重力沉降中，当颗粒小时，u_t 小，需沉降设备大，为提高生产能力，可使用离心沉降，因为离心力比重力大得多，改用离心沉降可大大提高沉降速率，设备尺寸也可缩小。

一、离心沉降速率

其推导方法和重力沉降速率相似，在离心沉降设备中，当流体带着颗粒旋转时，如果颗粒的密度大于流体的密度，则惯性离心力将会使颗粒在径向上与流体发生相对运动而飞离中心。和颗粒在重力场中受到三个作用力相似，惯性离心力场中颗粒在径向上也受到三个力的作用，即惯性离心力、向心力（相当于重力场中的浮力，其方向为沿半径指向旋转中心）和阻力（与颗粒的运动方向相反，其方向为沿半径指向中心）。如果球形颗粒的直径 d_s，密度为 ρ_s，流体密度为 ρ，颗粒与中心轴的距离为 R，切向速率为 u_T，当颗粒与流体一起作等角速度的圆周运动时，将受上述合力的作用，使其由旋转中心向周边运动，在达到动态平衡

时，经整理其离心沉降速率为

$$u_r = \sqrt{\frac{4d_s(\rho_s - \rho)}{3\rho\zeta}\left(\frac{u_T^2}{R}\right)} \tag{3-13}$$

二、离心分离因数

离心分离因数是离心分离设备的重要性能指标。工程上，将离心加速度 $\dfrac{u_T^2}{R}$ 与重力加速度 g 之比称为离心分散因数。$k_c = \dfrac{u_T^2}{Rg}$ 是离心分离设备的重要性能指标。工程上，k_c 越高，其离心分离效率越高，相比于重力分离效果越好。离心分离因数的数值一般为几百到几万。因此，同一颗粒在离心场中的沉降速率远远大于其在重力场中的沉降速率，用离心沉降可将更小的颗粒从流体中分离出来。

三、离心分离设备

1. 旋风分离器

旋风分离器是利用惯性离心力作用来分离气体中的尘粒或液滴的设备。图 3-11 为一标准型旋风分离器构造示意图，以圆筒直径 D 表示其他部分的比例尺寸。旋风分离器的主体上部为圆筒形，下部为一圆锥形底，锥底下部有排灰口，圆筒形上部装有顶盖，侧面装一与圆筒相切的矩形截面进气管，圆筒的上部中央处装一排气口。

含尘气体由圆筒上侧面的矩形进气管以切线方向进入，由于圆筒器壁的约束作用，含尘气体只能在圆筒内和排气管之间的环状空间内向下作螺旋运动，在旋转过程中，含尘气体中的颗粒在离心力的作用下被甩向器壁，与器壁撞击后，因本身失去能量而沿器壁落至锥形底后由排灰口排出。经过一定程度净化后的气体（因不可能将全部尘粒除掉）从圆锥底部自而上作旋转运动到排气管中排出。

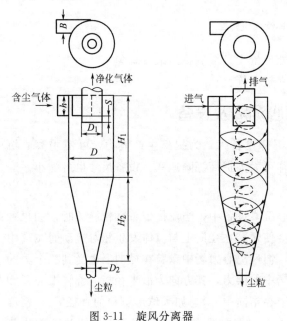

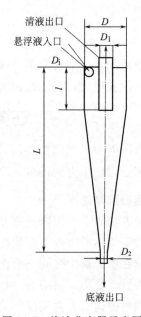

图 3-11　旋风分离器

$h = \dfrac{D}{2}$；$B = \dfrac{D}{4}$；$D_1 = \dfrac{D}{2}$；$D_2 = \dfrac{D}{4}$；$H_1 = H_2 = 2D$；$S = \dfrac{D}{8}$

图 3-12　旋液分离器示意图

$D_1 = \dfrac{D}{3}$；$D_i = \dfrac{D}{4}$；$L = 5D$；$l = 3D$

旋风气固分离设备的特点是：结构简单、造价和运行费较低、体积小、操作维修方便、压力损失中等、动力消耗不大、除尘效率较高、可用各种材料制造，适用于粉尘负荷变化大的含尘气体，性能较好，能用于高温、高压及腐蚀性气体的除尘，可直接回收干粉尘，无运动部件，运行管理简便等。旋风气固分离设备历史较久，现在一般用来捕集 $5\sim15\mu m$ 以上的尘粒，除尘效率可达 80% 左右。

2. 旋液分离器

又称水力旋流器，是利用离心沉降原理分离液固混合物的设备，类似于旋风分离器构造，如图 3-12 所示，以圆筒直径 D 表示其他部分的比例尺寸。悬浮液由入口管切向进入，并向下作螺旋运动，固体颗粒在惯性离心力作用下，被甩向器壁后随旋流降至锥底。由底部排出的稠浆称为底流；清液和含有微细颗粒的液体则形成内旋流螺旋上升，从顶部中心管排出，称为溢流。内旋流中心为处于负压的气柱，这些气体可能是由料浆中释放出来的，或由于溢流管口暴露于大气时将空气吸入器内的，但气柱有利于提高分离效果。

旋液分离器的结构特点是直径小而圆锥部分长，其进料速度为 $2\sim10m/s$，可分离的粒径为 $5\sim200\mu m$。若料浆中含有不同密度或不同粒度的颗粒，可令大直径或大密度的颗粒从底流送出，通过调节底流量与溢流量比例，控制两流股中颗粒大小的差别，这种操作称为分级过程。

任务三　其他气体净制设备

重力沉降和离心沉降主要用于固体浓度较高的含尘气体的分离净制，而对分离效果要求较高的净制工艺或者是对含尘浓度较低且含有微细尘粒气体的净制，需要用其他的方法及设备。

一、过滤除尘器

过滤除尘器是使含尘气体通过滤材或者滤层，将粉尘分离和捕集的设备。过滤式除尘器主要有两类：一类是利用纤维编织物做成的滤袋作为过滤介质的除尘器，称为袋滤器；另一类利用不同粒径的砾石、沙等固体颗粒组成的固定床层作为过滤介质的除尘器，叫作颗粒层除尘器。

1. 袋滤器

袋滤器是利用纤维织物的过滤作用将含尘气体中的尘粒阻留在滤袋上，从而使颗粒物从废气中分离出来，其结构如图 3-13 所示。当含尘气体通过洁净滤袋时，由于洁净滤袋的网孔较大、大部分微细粉尘会随气流从滤袋的网孔中通过，只有粗大的尘粒能被阻留下来，并在网孔中产生"架桥"现象。随着含尘气体不断通过滤袋的纤维间隙，纤维间粉尘"架桥"现象不断加强。一段时间后，滤袋表面积聚一层粉尘，这层粉尘被称为初层。形成初层后，气体流通的孔道变细，即使很细的粉尘，也能被截留下来。因此，此时的滤布只起支撑的骨架作用。真正起过滤作用的是尘粒形成的过滤层。随着粉尘在滤布上的积累，除尘效率不断增加，同时阻力也不断增加。当阻力达到一定程度时，滤袋两侧的压力差会把有些微细粉尘从微细孔道中挤压过去，反

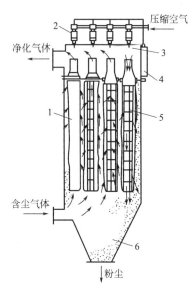

图 3-13　脉冲式袋滤器

1—滤袋；2—电磁阀；3—喷嘴；4—自控器；
5—骨架；6—灰斗

而使除尘效率下降。另外，除尘器的阻力过高，也会使风机功耗增加、除尘系统气体处理量下降，因此当阻力达到一定值后，要及时进行清灰。注意清灰时不要破坏初层，以免造成除尘效率下降。

袋滤器的除尘效率高（99％以上），能除掉微细的尘粒。对处理气量变化的适应性强，最适宜处理有回收价值的细小颗粒物。但袋式气固分离设备的投资比较高，允许使用的温度低，操作时气体的温度需高于露点温度，否则不仅会增加气固分离设备的阻力，甚至由于湿尘黏附在滤袋表面而使气固分离设备不能正常工作。当尘粒浓度超过尘粒爆炸下限时也不能使用袋式过滤器。

2. 颗粒层除尘器

颗粒层除尘是利用颗粒状物料（如硅石、砾石、焦炭等）作为填料层的一种内滤式除尘装置。在除尘过程中，气体中的粉尘粒子主要是在惯性碰撞、截留、扩散、重力沉降和静电力等多种作用下将气体中的尘粒分离出来的。

影响颗粒层除尘器的性能的主要因素是床层颗粒的粒径和床层厚度。实践证明在阻力损失允许的情况下，选用小粒径的颗粒。床层厚度增加以及床层内粉尘层增加，除尘效率和阻力损失也会随之增加。对单层旋风式颗粒层除尘器，颗粒粒径以 $2\sim5$mm 为宜，其中小于 3mm 粒径的颗粒应占 1/3 以上。床层厚度可取 $100\sim500$mm。颗粒层除尘器的性能还与过滤风速有关，一般颗粒层除尘器的过滤风速取 $30\sim40$r/min，除尘器总阻力 $1000\sim1200$Pa。对 0.5μm 以上的粉尘，过滤效率可达95％以上。

颗粒层除尘器的主要优点是：

① 耐高温、抗磨损、耐腐蚀；

② 过滤能力不受灰尘比电阻的影响，除尘效率高；

③ 能够净化易燃易爆的含尘气体，并可同时除去 SO_2 等多种污染物；

④ 维修费用低。因此广泛用于高温烟气的除尘。

二、洗涤式气固分离设备

也称为湿式除尘器，使含尘气体与液体密切接触，利用液网、液膜和液滴来捕集尘粒或使粒径增大的装置，并兼备吸收有害气体的作用。分为低能洗涤式气固分离设备（如重力喷淋气固分离设备、水膜气固分离设备等）、高能气固分离设备（如文丘里气固分离设备）。

常用的洗涤式气固分离设备有两种：文丘里气固分离设备和泡沫气固分离设备。

1. 文丘里洗涤器

文丘里洗涤器是湿法除尘中分离效率最高的一种设备。常用于高温烟气降温和除尘上。文丘里洗涤器是由文丘里管和旋风分离器组合而成的除尘装置，如图 3-14 所示。文丘里管由收缩管、喉管及扩散管三段连接而成。液体由喉管处周围的环夹套若干径向小孔吸入。含尘气体以 $50\sim100$m/s 的高速通过喉管时，把液体喷成很细很细的雾滴而形成很大的接触面，在高速湍流的气流中，尘粒与雾滴聚成较大的颗粒，这样就等于加大了原来尘粒的粒径，随后引入旋风分离器或其他分离设备进行分离，以达到气体净化的目的，收缩管的中心角一般不大于 25°，扩散管的中心角为 7°左右，液体用量约为气体体积流量的 1/1000。

文丘里气固分离设备的特点是构造简单、操作方便、分离效率高，如气体中所含粒径为 $0.5\sim1.5\mu$m 时，其除尘效率可达99％，但流体阻力大，一般在 $26.6\sim66.6$kPa 范围之内。

2. 泡沫除尘器

泡沫除尘器适用于净制含有灰尘或雾沫气体的设备。如图 3-15 所示。其外壳是圆形或方形，上下分成两室，中间装有筛板，筛孔直径为 $2\sim8$mm，开孔率为 8％～30％。水或其他液体由上式的一侧靠近筛板处的进液室进入，流过筛板，而气体由筛下进入，穿过筛孔与液体接触时，筛板上即产生许多泡沫而形成一层泡沫层，此泡沫层是剧烈运动的气液混合物，气液接触面积很大，而且随泡沫的不断破灭和形成而更新，从而造成捕尘的良好条件。含尘气体经筛板上升时，较大的尘粒先被少部分由筛板泄漏下降的含尘液体洗去一部分，由器底排出，气体中的微小尘粒则在通过筛板后被泡沫层所截留，并随泡沫层从气固分离设备的另一侧经溢流板流出。溢流板的高度直接影响着泡沫层的高度，一般溢流板的高度不高于40mm，否则流体阻力增加过大。

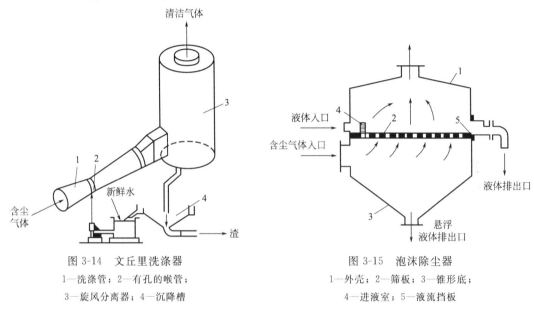

图 3-14　文丘里洗涤器
1—洗涤管；2—有孔的喉管；
3—旋风分离器；4—沉降槽

图 3-15　泡沫除尘器
1—外壳；2—筛板；3—锥形底；
4—进液室；5—液流挡板

　　泡沫除尘器的分离效率较高，若气体中所含的微粒大于 $5\mu m$，分离效率可达 99%，而阻力也仅 $4\sim23kPa$。但是对设备安装要求严格，特别是筛板是否水平放置对操作影响很大。

　　洗涤式气固分离设备除了文丘里洗涤器和泡沫除尘器以外还有喷淋塔洗涤器、旋风洗涤器、冲击式洗涤器、板式洗涤器和填料床洗涤器等。

　　洗涤式气固分离设备的优点：设备结构比较简单、投资少，除尘效率比较高，可以采用水作为除尘剂，能除去小粒径粉尘，并且可以同时除去一部分有害气体。

　　缺点：用水量比较大，产生的污染（泥浆和废水）需进行处理、设备易腐蚀，寒冷地区要注意防冻。

　　除了应用以上原理外还可以利用声波、磁力等来除去粉尘和净化气体。如声波气固分离设备、高梯度磁式气固分离设备和陶瓷过滤除尘器等，但目前这类除尘器应用较少。

━━━━━━━━━━━ 情境测评 ━━━━━━━━━━━

一、填空题

1. 非均相物系的分离通常采用的分离方法有_____和_____。

2. 降尘室做成多层的目的是_____。

3. 在恒压过滤时，过滤速率随着操作的进行将_____。

4. 悬浮液中加入助滤剂进行过滤的目的是_____。

5. 板框压滤机每个操作循环由_____、_____、_____、_____、_____五个阶段组成。

6. 旋风分离器是利用_____的设备。其上部为_____，下部为_____。气体达到底部后转折向上，成为内层的上旋气流，叫_____。旋风分离器的最大优点是_____。

二、选择题

1. 欲提高降尘室的生产能力，主要的措施是（   ）。

A. 提高降尘室的高度   B. 延长降尘时间   C. 增大降尘面积   D. 减小沉降速率

2. 用板框压滤机恒压过滤某一滤浆（滤渣为不可压缩，且忽略介质阻力），若过滤时间相同，要使其得到的滤液量增大一倍的方法有（   ）。

A. 将过滤面积增大一倍   B. 将过滤压差增大一倍

C. 将滤浆温度提高一倍   D. 将过滤温度减小 100%

3. 一定厚度的滤饼，对滤液流动的阻力与以下因素有关（   ）。

A. 滤浆的浓度   B. 滤液的温度   C. 滤液的体积   D. 操作压差

4. 在一个过滤周期中（   ）。

A. 过滤时间越长生产能力越大   B. 过滤时间越短生产能力越大

C. 辅助时间越长生产能力越大   D. 辅助时间越短生产能力越大

5. 旋风分离器的总的分离效率是指（   ）。

A. 颗粒群中具有平均直径的粒子的分离效率

B. 颗粒群中最小粒子的分离效率

C. 不同粒级（直径范围）粒子分离效率之和

D. 全部颗粒中被分离下来的部分所占的质量分数

6. 一般而言，旋风分离器长径比大及出入口截面小时，其效率（   ）。

A. 高   B. 低   C. 大   D. 小

三、简答题

1. 说明沉降和过滤的区别。

2. 简述旋风分离器的结构形式和工作原理。

3. 简述板框压滤机的过滤过程。

4. 离心机的分类有哪些？

5. 如何提高离心设备的分离能力？

四、计算题

1. 直径为 $60\mu m$、密度为 $1800kg/m^3$ 的颗粒分别在 $20℃$ 的空气和水中作自由沉降，试计算在空气中的沉降速率是水中沉降速率的多少倍（沉降在斯托克斯区）。

2. 直径为 $10\mu m$ 的石英颗粒随 $20℃$ 的水作旋转运动，在旋转半径为 $0.05m$ 处的切向速度为 $12m/s$，求该处的离心沉降速率。

3. 用一降尘室处理含尘气体，假设尘粒作滞流沉降。下列情况下，沉降室的最大生产能力将如何变化？

（1）要完全分离的最小粒径由 $60\mu m$ 降至 $30\mu m$；

（2）空气温度由 $10℃$ 升至 $200℃$；

（3）增加水平隔板数目，使沉降面积由 $10m^2$ 增至 $30m^2$。

传热过程及设备

情境学习目标

知识目标

◆ 掌握传热的三种方式及其特点。

◆ 掌握热传导的基本定律和间壁式换热器的传热过程。

◆ 掌握对流传热基本原理、传热速率方程、热量衡算方程、平均温度差的计算和传热系数的计算。

能力目标

◆ 能够根据化工要求选择合适的换热器并能做到正确操作。

项目一

传热认知

无论是气体、液体还是固体，凡是存在温度的差异，就必然导致热自发的从高温向低温传递，这一过程被称为热量传递，简称传热。

化工生产中的化学反应通常在一定的温度下进行，如合成氨生产中的氢气、氮气合成为氨为放热反应，所使用的催化剂的活性温度为673K，最高耐热温度为823K，实际操作温度只有控制在743～793K之间，才能获得较大的反应速率和转化率。因此进入合成塔的氢气、氮气要首先加热至673K，再进入催化剂层，才能保证催化剂的活性。而反应放出的热量要及时冷却移走，才能保证在最佳温度范围操作，延长催化剂使用寿命。另外化工生产中的设备保温、热量的回收利用，以及一些单元操作，如蒸发、蒸馏和干燥等也都存在供热和放热的问题。因此可见，传热是化工生产中必不可少的单元操作。

【案例】 管式加热炉

图 4-1 为化工厂采用较为广泛的管式加热炉。炉体用钢构件和耐火材料砌筑,分为对流段和辐射段。一般来说,对流段的作用是回收烟气余热,用来汽化原料油,将原料油和稀释蒸汽过热至物料的裂解温度,剩余的热量用来过热超高压蒸汽和预热锅炉给水。钢构件是因为钢的传热效果好,而外包耐火材料是为了防止热量损失。

 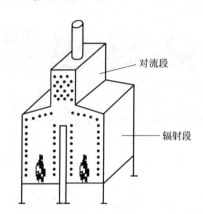

对流段

辐射段

图 4-1 管式加热炉

案例分析

案例中管式加热炉中辐射段就是典型的热辐射传热,同时燃烧产生了高温的烟气,密度较小,自下而上运动,过热超高压蒸汽和预热锅炉给水,这是个对流传热过程。从上面的案例可以看出,不论是反应物料的加热或冷却,反应热量的取出或供应还是工业余热(废热)的回收和热能的综合利用都需要进行各种传热过程。它们各自热能传递的途径是不同的。一般把传热分为热传导、热对流、热辐射三种方式。

一、传热在化工生产中的应用

传热是指由于温度差引起的能量转移,又称热传递。由热力学第二定律可知,凡是有温度差存在时,热就必然从高温处传递到低温处,因此传热是自然界和工程技术领域中极普遍的一种传递现象。化工生产中,大多数的化学反应都伴随着反应热的释放和吸收,为了在适宜的温度下进行反应,则需要在反应流体的外部进行冷却或加热。此外,蒸发、蒸馏、干燥等单元操作也离不开热量的输入和输出。

二、传热的基本方法

热量传递是由于物体内或系统内的两部分之间的温度差而引起的,热量传递的方向总是由高温自动向低温传递。温差越大,热能的传递越快,温度趋向一致,就停止传热,所以传热的推动力是温度差。

根据传热机理的不同,热传递有三种基本方式:热传导、热对流和热辐射,传热可以靠其中的一种方式或几种方式同时进行。

1. 热传导

若物体各部分之间不发生相对位移,仅借分子、原子和自由电子等微观粒子的热运动而引起的热量传递称为热传导(又称导热)。热传导的条件是系统两部分之间存在温度差,此时热量将从高温部分传向低温部分，或从高温物体传向与它接触的低温物体，直至整个物体的各部分温度相等为止。热传导在固体、液体和气体中均可进行。

2. 热对流

流体各部分之间发生相对位移所引起的热传递过程称为热对流（简称对流）。热对流仅发生在流体中。在流体中产生对流方式有两种：一是因流体中各处的温度不同而引起密度的差别，使轻者上浮，重者下沉，流体质点产生相对位移，这种对流称为自然对流；二是因泵（风机）或搅拌等外力所致的质点强制运动，这种对流称为强制对流。在同一种流体中，有可能同时发生自然对流和强制对流。

在化工传热过程中，常遇到的并非单纯对流方式，而是流体流过固体表面时发生的对流和热传导联合作用的传热过程，即是热由流体传到固体表面（或反之）的过程，通常将它称为对流传热（又称为给热）。

3. 热辐射

因热的原因而产生的电磁波在空间的传递，称为热辐射。所有物体（包括固体、液体和气体）都能将热能以电磁波形式发射出去，而不需要任何介质，也就是说它可以在真空中传播。

实际上，上述的三种基本传热方式，在传热过程中常常不是单独存在的，而是两种或三种传热方式的组合，称为复杂传热。

三、工业生产上的换热方法

工业生产中的换热方法一般有混合式、蓄热式、间壁式三种。完成本学习情境的预热任务首先需要选择一种换热方法。

1. 混合式换热

混合式换热的特点为冷、热载体之间的热交换是在两流体直接接触和混合的过程中实现的，它具有传热速率快、效率高、设备简单的优点。这种换热方法一般用于水和空气之间的换热或用于水冷凝水蒸气等允许两流体直接接触并混合的场所。

如图 4-2 所示为一种机械通风式凉水塔。需要冷却的热水被集中到水塔底部，用泵将其输送到塔顶，经淋水装置分散成水滴或者水膜自上而下流动，与自下而上的空气相接触，在接触的过程中热水将热量传递给空气，达到冷却水的目的。

图 4-2 机械通风式凉水塔

2. 蓄热式换热

蓄热式换热的特点是冷、热两载体间的热交换是通过对蓄热体的周期性加热和冷却来实现的。

如图 4-3 所示的为一蓄热式换热器，在器内装有空隙较大的充填物作为蓄热体。当热流体流经蓄热器时是加热期，热流体将热量传递给蓄热体，热量被贮存在蓄热体内；当冷流体流过蓄热器时是冷却期，蓄热体将贮存的热量传递给冷体。这样冷热两载体交替流过蓄热体，利用蓄热体的贮存和释放热量来达到冷热两个载体之间的换热目的。

3. 间壁式换热

如图 4-4 所示为一种典型的间壁式换热方式原理示意图，间壁式换热是工业生产中普遍采用的换热方法，其特点是冷、热两种载体被一固体间壁隔开，在换热过程中两载体互相不接触、不混合，热载体通过传热壁面将其热量传递给冷流体，用此种换热方法进行传热的设备称为间壁式换热器。由于化工生产中参与传热的冷、热流体大多数是不允许互相混合的，因此间壁式换热器是实际生产中应用最为广泛的一种形式。

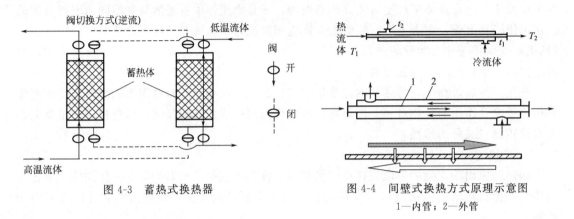

图 4-3　蓄热式换热器　　　　图 4-4　间壁式换热方式原理示意图

1—内管；2—外管

项目二

传热过程的工艺条件的确定

任务一　传热速率方程

在换热器中传热的快慢用传热速率来表示，传热速率是传热过程的基本参数。传热速率（又称热流量）是指在单位时间内通过传热面的热量，用 Q 表示，单位为 W。在间壁换热器中，热量是通过两股流体间的壁面传递的，这个壁面称为传热面 A，单位是 m^2。如果以 T 表示热流体的温度，t 表示冷流体的温度，那么 $T-t$ 就是热量传递的推动力，用 Δt 表示，单位为 K 或者℃。实践表明，两股流体单位时间所交换的热量 Q 与传热面积 A 成正比，与温度差 Δt 成正比，即

$$Q \propto A \Delta t$$

将上述比例式改写成等式，以 K 表示比例常数，则得

$$Q = KA\Delta t \tag{4-1}$$

式(4-1) 称为传热速率方程式，式中 K 称为传热系数，表示传热过程强弱程度的数值。其物理意义和单位可由下式看出

$$K = \frac{Q}{A\Delta t} \tag{4-2}$$

传热系数 K 为当冷热两流体之间温度差为 1℃ 时，在单位时间内通过单位传热面积，由热流体传给冷流体的热量。所以 K 值越大，在相同的温度差条件下，所传递的热量就越多，即热交换过程越强烈。在传热操作中，总是设法提高传热系数的数值以强化传热过程。影响传热系数数值大小的因素十分复杂，以后还要作专门讨论。

式(4-1) 称为传热基本方程式。此式也可以写成如下形式

$$Q = \frac{\Delta t}{\dfrac{1}{KA}} = \frac{\Delta t}{R} \tag{4-3}$$

式中，$1/K$ 是传热过程的总阻力，用 R 表示。即 $R = 1/(KA)$，由式(4-3) 可知，单位传热面积上的传热速率与传热推动力 Δt 成正比，与热阻 R 成反比。

任务二　传热参数的计算

一、热负荷

根据能量守恒定律，在换热器保温良好、无热损失的情况下，单位时间内热流体放出的热量 $Q_热$ 等于冷流体吸收的热量 $Q_冷$，即 $Q_热 = Q_冷 = Q$，称为热量衡算式。

生产上的换热器内，冷、热两股流体间单位时间所交换的热量是根据生产上换热任务的需要提出的，热流体的放热量或者冷流体的吸热量，称为换热器的热负荷。热负荷是要求换

热器具有的换热能力。

热负荷的计算有以下三种方法。

（1）焓差法   利用流体换热前、后焓值的变化计算热负荷的计算式如下

$$Q = q_{m热}(H_1 - H_2) \tag{4-4}$$

或

$$Q = q_{m冷}(h_2 - h_1) \tag{4-5}$$

式中 $q_{m热}$，$q_{m冷}$——热、冷流体的质量流量，kg/s；

$\qquad$ H_1，H_2——热流体的进、出口焓，J/kg；

$\qquad$ h_2，h_1——冷流体的进、出口焓，J/kg。

焓的数值决定于流体的物态和温度。通常取0℃为计算基准，规定液体和蒸汽的焓均取0℃液态的焓为0J/kg，而气体则取0℃气态的焓为0J/kg。

（2）显热法   此法用于流体在换热过程中无相变化的情况。

$$Q = q_{m热}c_{热}(T_1 - T_2) \tag{4-6}$$

或

$$Q = q_{m冷}c_{冷}(t_2 - t_1) \tag{4-7}$$

式中 $c_{热}$，$c_{冷}$——热、冷流体的定压比热容，J/(kg·℃)；

$\qquad$ T_1，T_2——热流体的进、出口温度，℃；

$\qquad$ t_2，t_1——冷流体的进、出口温度，℃。

（3）潜热法   此法用于流体在换热过程中仅发生相变化的情况。

$$Q = q_{m热}r_{热} \tag{4-8}$$

或

$$Q = q_{m冷}r_{冷} \tag{4-9}$$

式中 $r_{热}$，$r_{冷}$——热、冷流体的汽化潜热，J/kg。

二、载热体的消耗量

在化工生产中，若要加热一种冷流体，同时又要冷却另一种热流体，只要两者温度变化的要求能够达到，就应尽可能让这两股流体进行换热，这对降低生产成本和节约能源都具有十分重要的意义。但是当工艺换热条件不能满足条件时，就需要采用外来的载热体与工艺流体进行换热。目前使用最广的载热体是饱和蒸汽和水。载热体的流量可根据热量衡算确定。

【例题 4-1】 将 0.5kg/s，80℃的硝基苯通过换热器用冷却水将其冷却至40℃。冷却水初温为30℃，终温不超过35℃，已知水的比热容为 4.19kJ/(kg·℃)。试求换热器的热负荷和冷却水用量。

解 硝基苯的 $T_{定}=(80+40)/2=60$（℃）时的比热容为 1.58kJ/(kg·℃)

热负荷 $Q = q_m c_{m硝}(T_1 - T_2) = 0.5 \times 1.58 \times 10^3 \times (80-40) = 31600$（W）

冷却水用量为 $q_{m水} = Q_水/[c_水(t_2 - t_1)] = Q_硝/[c_硝(t_2 - t_1)]$

$\qquad\qquad = 31600/[4.19 \times 10^3 \times (35-30)] = 1.51$（kg/s）

三、平均温度差 Δt_m 的计算

用传热速率方程计算换热器的传热速率时，因传热面各部位的传热温度差不同，必须算出平均传热温度差 Δt_m 代替 Δt。在间壁式换热器中，按照参加热交换的两种流体在沿着换热器的传热面流动时，各点温度变化的情况，可将传热过程分为恒温传热和变温传热两种。而这两种传热过程的传热温度差计算方法是不相同的。

1. 恒温传热时的平均温度差

恒温传热即两流体在进行热交换时，每一流体在换热器内的任一位置、任一时间的温度

皆相等。例如换热器内间壁一边为液体沸腾，另一边为蒸气冷凝，则两边流体的温度都不发生变化。

显然，由于恒温传热时，冷热两种流体的温度都维持不变，所以两流体间的传热温度差亦为定值，即

$$\Delta t_m = T - t \tag{4-10}$$

式中　T——热流体的温度，℃；

　　　t——冷流体的温度，℃。

2. 变温传热时的传热温度差

在热交换过程中，间壁一边或两边流体的温度仅沿传热面随流动的距离而变化，但不随时间而变化的传热，称为变温传热。变温传热平均温度差 Δt_m 的计算与流体的流向有关。

间壁式换热器两侧流体的流动有以下形式。

逆流：参与热交换的两种流体在间壁的两边分别以相反的方向运动。

并流：参与热交换的两种流体在间壁的两边以相同的方向运动。

错流：参与热交换的两种流体在间壁的两边，呈垂直方向流动。

折流：参与热交换的两种流体在间壁的两边，其中之一只沿一个方向流动，而另一侧流体反复改变流向，称为简单折流，或既有折流又有错流的称为复杂折流。

变温传热时，沿传热面冷热流体的温差是变化的，因此在传热计算中应求取传热过程的平均温度差 Δt_m。

$$\Delta t_m = \frac{\Delta t_1 - \Delta t_2}{\ln \dfrac{\Delta t_1}{\Delta t_2}} \tag{4-11}$$

式中　Δt_m——对数平均温度差，℃；

　Δt_1，Δt_2——换热器两端热、冷流体温度差，℃。

（1）单侧变温逆流及并流传热过程的温差变化　单侧变温逆流及并流传热过程的平均温度差计算式是式(4-11)，即

$$\Delta t_m = \frac{\Delta t_1 - \Delta t_2}{\ln \dfrac{\Delta t_1}{\Delta t_2}}$$

但是当计算时，要注意以下两点：

① 逆流时 $\Delta t_1 = T_1 - t_2$，$\Delta t_2 = T_2 - t_1$；

并流时 $\Delta t_1 = T_1 - t_1$，$\Delta t_2 = T_2 - t_2$。

② $\dfrac{\Delta t_1}{\Delta t_2} \leqslant 2$ 时，在工程计算中，可以用算术平均温度差 $\left(\dfrac{\Delta t_1 + \Delta t_2}{2}\right)$ 代替对数平均温度差。

（2）对于错流和折流时的平均温度差，先按逆流计算对数平均温度差 $\Delta t_逆$，在乘以考虑流动形式的温差校正系数 $\varphi_{\Delta t}$，即

$$\Delta t_m = \varphi_{\Delta t} \Delta t_逆 \tag{4-12}$$

$\varphi_{\Delta t} < 1$，一般 $\varphi_{\Delta t}$ 不宜小于 0.8，否则很不经济。

根据参数 R、P，查图 4-5，可知道 $\varphi_{\Delta t}$

$$P = \frac{t_2 - t_1}{T_1 - t_1} \tag{4-13}$$

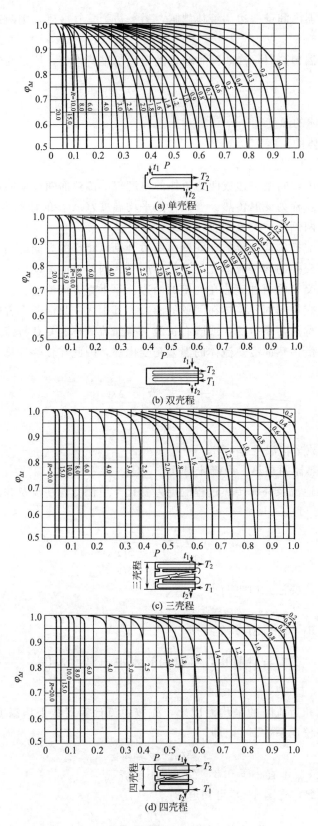

图 4-5 几种流动形式的 Δt_m 修正系数 $\varphi_{\Delta t}$ 值

$$R = \frac{T_1 - T_2}{t_2 - t_1} \tag{4-14}$$

四、传热系数 K 值的测定和经验值

传热系数 K 值的来源有以下三个方面。

1. 现场实例

根据传热速率方程可知，只需从现场测定换热器的传热面积 A，平均温度差 Δt_m 及热负荷 Q 后，传热系数 K 很容易计算出来。其中传热面积 A 可以由设备尺寸结构计算，Δt_m 可以从现场测定两股流体的进出口温度及它们的流动方式而求得，热负荷 Q 可以由现场测定流体的流量，由流体在换热器进出口的状态变化而求得。

【例题 4-2】 某热交换器厂制成新型换热器后，为了检验其传热性能，也需通过实验测定该换热器的传热系数 K，用冷水和热水进行热交换。

现场测得：热流水量 5.28kg/s，进口温度 63℃，出口温度 50℃；冷水进口温度 19℃，出口温度 30℃，逆流，传热面积 4.2m²。

解 由传热速率方程可知

$$K = \frac{Q}{A \Delta t_m}$$

热负荷 $Q = q_{m热} c_热 (T_1 - T_2)$

$$Q = 5.28 \times 4.187 \times 10^3 \times (63-50) = 287500 \text{（W）}$$

平均温度差 Δt_m 逆流　热流体 63→50

冷流体 30→19

$$\Delta t_1 = 60-30 = 33 \text{（℃）}, \quad \Delta t_2 = 50-19 = 31 \text{（℃）}$$

所以 $\Delta t_m = (\Delta t_1 + \Delta t_2)/2 = (33+31)/2 = 32 \text{（℃）}$

传热面积 $A = 4.2$m²

传热系数 $K = 287500/(4.2 \times 32) = 2140 [\text{W}/(\text{m}^2 \cdot ℃)]$

2. 采用经验数据

如前所述，传热系数是表示间壁两侧流体间传热过程强弱程度的一个数值，影响其大小的因素十分复杂。此值主要决定于流体的物性，传热过程的操作条件及换热器的类型等，因此 K 值变化范围很大。例如，某些情况下在列管换热器中，传热系数 K 的经验值可见表 4-1。

表 4-1　化工中常见传热过程的 K 值范围

换热流体	$K/[\text{W}/(\text{m}^2 \cdot \text{K})]$	换热流体	$K/[\text{W}/(\text{m}^2 \cdot \text{K})]$
气体-气体	10~30	冷凝水蒸气-气体	10~50
气体-有机物	10~40	冷凝水蒸气-有机物	50~400
气体-水	10~60	冷凝水蒸气-水	300~2000
油-油	100~300	冷凝水蒸气-沸腾轻油	500~1000
油-水	150~400	冷凝水蒸气-沸腾溶液	300~2500
水-水	800~1800	冷凝水蒸气-沸腾水	2000~4000

3. 计算法

传热系数 K 的计算公式可利用串联热阻叠加原则导出，对于间壁式换热器，两流体通过间壁的传热包括以下过程：

①　热流体在流动过程中把热量传递给间壁的对流传热；

②　通过间壁的热传导；

③　热量由间壁另一侧传给冷流体的对流传热。

显然，传热过程的总阻力应等于两个对流传热阻力与一个导热阻力之和。前已述及，K 是传热总阻力 R 的倒数，故可通过串联热阻的方法计算总阻力，继而计算 K 值。

五、传热过程的强化

传热过程的强化是指提高换热器的传热速率。换热器传热强化通常使用的手段包括三类：扩展传热面积；加大传热温差；提高传热系数。

1. 扩展传热面积

扩展传热面积是增加传热效果使用最多、最简单的一种方法。在扩展换热器传热面积的过程中，如果简单地通过单一扩大设备体积来增加传热面积或增加设备台数来增强传热量，不光需要增加设备投资，设备占地面积大，同时，对传热效果的增强作用也不明显，这种方法现在已经淘汰。现在使用最多的是通过合理地提高设备单位体积的传热面积来达到增强传热效果的目的，如在换热器上大量使用单位体积传热面积比较大的翅片管、波纹管、板翅传热面等材料，通过这些材料的使用，单台设备的单位体积的传热面积会明显提高，充分达到换热设备高效、紧凑的目的。

2. 加大传热温差

加大换热器传热温差是加强换热器换热效果常用的措施之一。在换热器使用过程中，提高辐射采暖板管内蒸汽的压力，提高热水采暖的热水温度，冷凝器冷却水用温度较低的深井水代替自来水，空气冷却器中降低冷却水的温度等，都可以直接增加换热器传热温差。但是，增加换热器传热温差是有一定限度的，我们不能把它作为增强换热器传热效果最主要的手段，使用过程中我们应该考虑到实际工艺或设备条件上是否允许。例如，我们在提高辐射采暖板的蒸汽温度过程中，不能超过辐射采暖允许的辐射强度，辐射采暖板蒸汽温度的增加实际上是一种受限制的增加，依靠增加换热器传热温差只能有限度地提高换热器换热效果。同时，我们应该认识到，传热温差的增大将使整个热力系统的负担不可逆性增加，降低了热力系统的可用性。所以，不能一味追求传热温差的增加，而应兼顾整个热力系统的能量合理使用。

3. 增强传热系数

增强换热器传热效果最积极的措施就是设法提高设备的传热系数。换热器传热系数的大小实际上是由传热过程总热阻的大小来决定，换热器传热过程中的总热阻越大，换热器传热系数值也就越低；换热器传热系数值越低，换热器传热效果也就越差。换热器在使用过程中，其总热阻是各项分热阻的叠加，所以要改变传热系数就必须分析传热过程的每一项分热阻。如何控制换热器传热过程的每一项分热阻是决定换热器传热系数的关键。

上述三方面增强传热效果的方法在换热器都或多或少的获得了使用，但是由于扩展传热面积及加大传热温差常常受到场地、设备、资金、效果的限制，不可能无限制的增强，所以，当前换热器强化传热的研究主要方向就是：如何通过控制换热器传热系数值来提高换热器强化传热的效果。

项目三

分析热传导过程

热传导简称导热。产生热传导的必要条件是物体的内部存在温度差，因而热量由高温部分向低温部分传递。人们把善于传导热的物体叫作热的良导体，把不善于传导热的物体叫作热的不良导体。固体中的金属是热的良导体，其中银和铜的热传导本领最强；其他的固体大都是不良导体，如石头、陶瓷、玻璃、木头、皮革、棉花等。如何衡量物质导热性能的高低呢？

任务一　热导率

一、热导率

热导率与流体黏度一样，是物质粒子微观运动特性的表现，它表示了物质导热能力的大小，是物质的物理性质之一。它的定义是在数值上为导热面积为 $1m^2$，厚度为 $1m$，两侧温度差为 $1K$ 时，单位时间内所传导的热量。物质的热导率越大，其导热性能越好。

各种物质的热导率通常是由实验方法测定，它的数值与物质的组成、结构、密度、温度及压强有关。热导率的数值变化范围很大，一般来说，金属的热导率最大，非金属固体的次之，液体的热导率较小，气体的热导率最小。

1. 固体的热导率

在所有的固体中，金属是最好的导热体，纯金属的热导率一般随温度升高而降低。金属的热导率大多随其纯度的增高而增大，合金的热导率一般比纯金属要低。

非金属的建筑材料或绝热材料的热导率与温度、组成及结构的紧密程度有关，通常是随温度升高而增大，随密度增加而增大。

2. 液体的热导率

液体可分为金属液体和非金属液体。金属液体的热导率要比一般的液体要高，大多数金属液体的热导率随温度升高略有减小。一般来说，纯液体的热导率要比其溶液的大。

3. 气体的热导率

气体的热导率随温度升高而增大。在相当大的压强范围内，气体的热导率随压强变化甚微，此时气体的热导率随压强升高而增大。气体的热导率很小，对传热不利，但有利于保温绝热，工业上所用的保温材料，一般是多孔性或纤维性材料，由于材料的空隙中存有气体，所以其热导率低，适用于保温隔热。

二、常用的保温隔热材料

利用热导率很低、导热热阻很大的保温隔热材料对高温和低温设备进行保温隔热，以减少设备与环境的热交换，减少热损失，即削弱传热。常用的保温隔热材料见表4-2。

表 4-2　常见的保温隔热材料

材料名称	主要成分	密度/(kg/m³)	热导率/[W/(m·K)]	特　性
碳酸镁石棉	85％石棉纤维、15％碳酸镁	180	50℃,0.09～0.12	保温用涂抹材料,耐温300℃
碳酸镁砖	碳酸镁、氧化镁	380～360	50℃,0.07～0.12	泡花碱黏结剂,耐温300℃
碳酸镁管	85％石棉纤维、15％碳酸镁石棉	280～360	50℃,0.07～0.12	泡花碱黏结剂,耐温300℃
硅藻土材料	SiO_2,Al_2O_3,Fe_2O_3	280～450	<0.23	耐温800℃
泡沫混凝土	SiO_2和Al_2O_3	300～570	<0.23	耐温250～300℃大规模保温
矿渣棉	高炉渣制成棉	200～300	<0.08	耐温700℃大规模保温
膨胀蛭石	镁铝铁含水硅酸盐	60～250	<0.07	耐温<1000℃
蛭石水泥管	复杂的铁、镁含水铝酸盐类矿物	430～500	0.09～0.14	耐温<800℃
蛭石水泥板	复杂的铁、镁含水铝酸盐类矿物	430～500	0.09～0.14	耐温<800℃
沥青蛭石管	镁铝酸铁含水硅酸盐	350～400	0.08～0.1	保冷材料
超细玻璃棉	石英砂、长石、硅酸盐、硼酸等	18～30	0.032	-120～400℃
软木	常绿树木栓层制成	120～200	0.035～0.058	保冷材料

三、预热器、精馏塔及管道保温材料的选择

石棉是化工设备中常用的保温材料,各种石棉灰可用于填充式结构的隔热,石棉制品则常用于高温设备及管道的隔热。石棉材料的热导率小,孔隙率大,密度小;化学稳定性较好,耐火、耐酸、耐碱,原料比较丰富,容易加工成各种石棉制品。

任务二　保温层厚度的确定

一、傅里叶定律

傅里叶定律是傅里叶对物体的导热现象进行大量的实验研究,揭示出的热传导基本定律。该定律指出:当导热体内进行的是纯导热时,单位时间内以热传导方式传递的热量,与温度及 S 成正比(垂直于导热方向),傅里叶定律可表示为

$$Q = -\lambda S \frac{\mathrm{d}t}{\mathrm{d}x} \tag{4-15}$$

式中　Q——导热速率,即单位时间内传递过导热面的热量,W;

　　　S——导热面积,m²;

　　　λ——热导率,W/(m·K);

　　$\dfrac{\mathrm{d}t}{\mathrm{d}x}$——温度梯度,传热方向上单位距离的温度变化率,K/m。

式中的负号表示热总是沿着温度降低的方向传递。

如图 4-6 所示,对于一个传热面积为 S,厚度为 δ,材料均匀,热导率 λ 不随温度变化而变化(或取平均热导率)的单层平壁,两壁面为保持一定温度 t_{w1} 和 t_{w2} 的等温面。

傅里叶定律积分可得

$$Q = \frac{t_{w1} - t_{w2}}{\dfrac{\delta}{\lambda S}} = \frac{\Delta t}{R} \tag{4-16}$$

$$q=\frac{Q}{S}=\frac{t_{w1}-t_{w2}}{\dfrac{\delta}{\lambda}}=\frac{\Delta t}{R'}\qquad(4\text{-}16a)$$

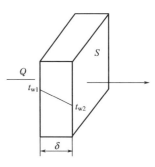

图 4-6　单层平壁热传导

式中　Δt——平均两侧壁面的温度差，为导热的推动力，K；

　　　R——单层平壁的导热热阻，$R=\dfrac{\delta}{\lambda S}$，K/W。

　　式(4-16) 表明导热速率与导热推动力成正比，与导热阻力成反比。即

$$导热速率=\frac{导热推动力}{导热阻力}$$

其导热距离越大，传热面积和热导率越小，导热阻力则越大。

二、平壁热保温

　　在工程计算中，常常遇到的是多层平壁导热，即由集中不同材料组成的平壁。例如房屋的墙壁，以红砖为主，内有石灰层，外抹水泥浆；锅炉的炉壁，最内层为耐火材料层，中间层为隔热层，最外层为钢板，这些都是多层平壁的事例。

　　一个三层不同材料组成的平壁，各层的壁厚分别为 δ_1，δ_2，δ_3，热导率分别为 λ_1，λ_2，λ_3，平壁的表面积为 S。假定层与层之间接触良好，即相接触的两表面温度相同，各接触表面温度分别为 t_{w1}，t_{w2}，t_{w3} 和 t_{w4}，且 $t_{w1}>t_{w2}>t_{w3}>t_{w4}$。

　　在定态导热时，通过各层的导热速率必然相等，$Q=Q_1=Q_2=Q_3$

$$Q=\frac{\Delta t_1}{R_1}=\frac{\Delta t_2}{R_2}=\frac{\Delta t_3}{R_3}=\frac{\Delta t_1+\Delta t_2+\Delta t_3}{R_1+R_2+R_3}\qquad(4\text{-}17)$$

即

$$Q=\frac{t_{w1}-t_{w4}}{\dfrac{\delta_1}{\lambda_1 S}+\dfrac{\delta_2}{\lambda_2 S}+\dfrac{\delta_3}{\lambda_3 S}}=\frac{\sum \Delta t}{\sum R}=\frac{总导热推动力}{总热阻}\qquad(4\text{-}18)$$

对于 n 层平壁，其导热速率方程式为

$$Q=\frac{\sum\limits_{i=1}^{n}\Delta t_i}{\sum\limits_{i=1}^{n}\Delta R_i}=\frac{t_1-t_{n+1}}{\sum\limits_{i=1}^{n}\dfrac{\delta_i}{\lambda_i S}}\qquad(4\text{-}19)$$

$$q=\frac{t_1-t_{n+1}}{\sum\limits_{i=1}^{n}R'_i}=\frac{t_1-t_{n+1}}{\sum\limits_{i=1}^{n}\dfrac{\delta_i}{\lambda_i}}\qquad(4\text{-}19a)$$

　　多层平壁热传导的总推动力为各层推动力之和，总热阻为各层热阻之和。多层平壁的导热热阻计算如同直流电路中串联电阻，若用电路中欧姆定律分析有关传热的问题是相当直观的。

　　必须指出的是，在上述多层平壁的计算中，是假设层与层之间接触良好，两个相接触的表面具有相同的温度。而实际多层平壁的导热过程中，固体表面并非是理想平整的，总是存在着一定的粗糙度。因而使固体表面接触不可避免地出现附加热阻，工程上称为"接触热阻"，接触热阻的大小与固体表面的粗糙度、接触面的挤压力和材料间硬度匹配等有关，也与截面间隙内的流体性质有关。

　　【例题 4-3】　有一个工业炉，其炉壁由三层不同的材料组成。内层为厚度 240mm 的耐

火砖，热导率为 0.9W/(m·K)；中间为 120mm 绝热砖，热导率为 0.2W/(m·K)；最外层是厚度为 240mm 普通建筑砖，热导率为 0.63W/(m·K)。已知耐火砖内壁温度为 940℃，建筑砖外壁温度为 50℃，试求单位面积炉壁的导热量 q 值，并求出各砖层接触面的温度。

解 先求单位面积炉壁的导热量 q 值，由题意可知为三层平壁导热，

$$q = \frac{Q}{S} = \frac{t_{w1} - t_{w2}}{\frac{\delta_1}{\lambda_1} + \frac{\delta_2}{\lambda_2} + \frac{\delta_3}{\lambda_3}} = \frac{940 - 50}{\frac{0.24}{0.9} + \frac{0.12}{0.2} + \frac{0.24}{0.63}} = 713 \ (\text{W/m}^2)$$

再求各接触面的温度 t_{w2} 和 t_{w3}，由于为定态导热，$q = q_1 = q_2 = q_3$，所以应有

$$q = \frac{t_{w1} - t_{w2}}{\frac{\delta_1}{\lambda_1}} \quad , \quad q = \frac{t_{w3} - t_{w4}}{\frac{\delta_3}{\lambda_3}}$$

$$t_{w2} = t_{w1} - q \times \frac{\delta_1}{\lambda_1} = 940 - 713 \times \frac{0.24}{0.9} = 750℃$$

$$t_{w3} = t_{w4} + q \times \frac{\delta_3}{\lambda_3} = 50 - 713 \times \frac{0.24}{0.63} = 322℃$$

将各层热阻和温差分别计算列入表 4-3。

表 4-3 【例题 4-3】计算结果

项 目	耐火砖层	绝热砖层	建筑砖层
热阻/(m²·K/W)	0.267	0.6	0.381
温差/K	190	482	272

由表 4-3 可知，系统中任一层的热阻与该温度层的温差（推动力）成正比，即该层温差越大，热阻也越大。利用这一概念可从系统温差分布情况判断各部分热阻的大小。

三、圆筒壁热保温

化工生产中，经常遇到圆筒壁的导热问题，它与平壁导热的不同之处在于圆筒壁的传热面积和热通量不再是常量，而是随半径而变，同时温度也随半径而变，但传热速率在稳态时依然是常量。对单层筒壁，工程上可用圆筒的内外表面积的平均值来计算圆筒壁的导热速率。

$$Q = \lambda \frac{S_m}{\delta}(t_{w1} - t_{w2}) \tag{4-20}$$

式中，$S_m = 2\pi r_m L$，代入式（4-20）可得

$$Q = \lambda \frac{2\pi r_m L(t_{w1} - t_{w2})}{r_2 - r_1} \tag{4-21}$$

在工程上，多层圆筒壁的导热情况也比较常见，例如：在高温或低温管道的外部包上一层乃至多层保温材料，以减少热损（或冷损）；在反应器或其他容器内衬以工程塑料或其他材料，以减小腐蚀；在换热器换热管的内、外表面形成污垢等。

以三层圆筒壁（图 4-7）为例，假设各层之间接触良好，各层的热导率分别为 λ_1，λ_2，λ_3；若各层的温度差分别为 Δt_1，Δt_2，Δt_3，则三层的总温差 $\Delta t = \Delta t_1 + \Delta t_2 + \Delta t_3$，但是

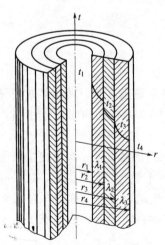

图 4-7 多层圆筒壁的热传导

各层热阻的传热面积不再相同，各层的半径为 r_1，r_2，r_3；该三层圆筒壁的导热速率方程可以表示为

$$Q = \frac{\Delta t_1 + \Delta t_2 + \Delta t_3}{\dfrac{\delta_1}{\lambda_1 A_{m1}} + \dfrac{\delta_2}{\lambda_2 A_{m2}} + \dfrac{\delta_3}{\lambda_2 A_{m3}}} = \frac{t_1 - t_4}{\dfrac{r_2 - r_1}{\lambda_1 A_{m1}} + \dfrac{r_3 - r_2}{\lambda_2 A_{m2}} + \dfrac{r_4 - r_3}{\lambda_3 A_{m3}}}$$

$$= \frac{2\pi L(t_1 - t_4)}{\dfrac{1}{\lambda_1}\ln\dfrac{r_2}{r_1} + \dfrac{1}{\lambda_2}\ln\dfrac{r_3}{r_2} + \dfrac{1}{\lambda_3}\ln\dfrac{r_4}{r_3}} \tag{4-22}$$

多层圆筒壁导热速率方程也可按多层平壁导热速率方程的形式写出，但各层的平均面积和厚度要分层计算，不能相互混淆。

项目四

分析对流传热过程

对流传热是发生在流体和与之接触的固体壁面之间的热量传递过程。对流传热仅发生在流体中，与流体的流动状况密切相关。实质上对流传热是流体的对流与热传导共同作用的结果。

任务一　对流传热方程

一、对流传热过程

如图 4-8(a) 所示，流体沿固体壁面流动时，无论流体主体湍动的多么激烈，靠近管壁处总存在着一层层流内层。由于层流内层中不产生与固体壁面成垂直方向的流体对流混合，所以固体壁面与流体间进行换热时，热量只能以传导方式通过层流内层。虽然层流内层的厚度很薄，但导热的热阻值很大，因此层流内层产生较大的温度差。另一方面，在湍流主体中，由于对流使流体混合剧烈，热量十分迅速地传递，因此，湍流主体中的温差极小。

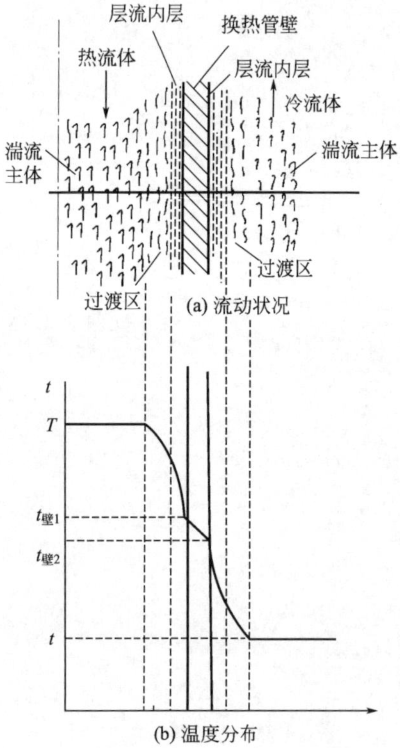

如图 4-8(b) 所示，层流内层的导热热阻大，所需要的推动力温度差就比较大，温度曲线较陡，几乎呈直线下降；在湍流主体，温度几乎为一恒定值。一般将流动流体中存在温度梯度的区域称为热边界层或温度边界层。

二、对流传热方程

大量实践证明：在单位时间内，以对流传热过程传递的热量与固体壁面的大小、壁面温度和流体主体平均温度两者间的差成正比。即

$$Q \propto S(t_w - t) \tag{4-23}$$

式中　Q——单位时间内以对流传热方式传递的热量，W；

S——固体壁面积，m^2；

t_w——壁面的温度，℃；

t——流体主体的平均温度，℃。

引入比例系数 α，则式(4-23) 可写为：

$$Q = \alpha S(t_w - t) \tag{4-24}$$

式中，α 是对流传热系数，单位为 $W/(m^2 \cdot ℃)$。其物理意义是：流体与壁面温度差为 1℃ 时，单位时

图 4-8　换热管壁两侧流体流动状况及温度分布

间内通过每平方米传递的热量。所以 α 表示对流传热的强度。

式(4-24)称为对流传热方程式，也称为牛顿冷却定律，对流传热系数包括所有影响对流传热的复杂因素。

将式(4-24)写为

$$Q = \alpha S(t_w - t) = \frac{t_w - t}{1/(\alpha S)} = \frac{\Delta t}{R} = \frac{推动力}{热阻} \qquad (4-25)$$

则对流传热的热阻 $R_{对}$ 为

$$R_{对} = \frac{1}{\alpha S} \qquad (4-26)$$

任务二 对流传热系数

影响对流传热的各种因素其实质表现为对流传热系数 α，因此研究对流传热系数 α 的影响因素及求取方法，是解决对流传热问题的关键。

1. 影响对流传热系数的因素

① 流体的种类，如液体、气体和蒸汽；

② 流体的物理性质，如密度、黏度、热导率和比热容等；

③ 流体的相态变化，在传热过程中有相变发生时 α 值比没有相变发生时的 α 值大得多；

④ 流体对流的状况，强制对流时 α 值大，自然对流时 α 值小；

⑤ 流体的运动状况，湍流时 α 值大，层流时 α 值小；

⑥ 传热壁面的形状、位置、大小、管或板、水平或垂直、直径、长度、高度等。

由上所述，如何确定不同情况下的值是对流传热的中心问题。

2. 对流传热系数关联式

由于对流传热本身是一个非常复杂的物理问题，现在用牛顿冷却定律把复杂问题简单表示，把复杂问题转到计算对流传热系数上面。所以，对流传热系数大小的确定成为了一个复杂问题，其影响因素非常多。目前还不能对对流传热系数从理论上来推导它的计算式，只能通过实验得到其经验关联式。常用的特征数及物理意义见表4-4。

表4-4 特征数的名称、符号和含义

特征数名称	符号	含义
努赛尔特数	$Nu = \dfrac{\alpha l}{\lambda}$	表示对流传热的特征数
雷诺数	$Re = \dfrac{l u \rho}{\mu}$	反映流体的流动类型和湍动程度
普朗特数	$Pr = \dfrac{c_p \mu}{\lambda}$	反映与传热有关的流体特性
格拉斯霍夫数	$Gr = \dfrac{l^3 \rho^2 g \beta \Delta t}{\mu^2}$	反映由于温度差而引起的自然对流强度

注：λ——流体的热导率；

l——传热面特征尺寸；

u——流体速度；

ρ——流体密度；

μ——流体黏度；

c_p——流体的定压比热容；

β——流体的体积膨胀系数；

Δt——流体温度与壁温的差值。

关联式是一种经验公式，所以应用这种关联式求解 α 时就不能超出实验条件的范围，使用时必须注意它的应用条件。具体来讲，主要指下面三个方面。

① 应用范围：指关联式中 Re、Pr 等特征数可适用的数值范围。

② 特征尺寸：关联式中 Re、Nu 等特征数的特征尺寸应如何取定。

③ 定性温度：关联式中的各特征数中流体的物性应按照什么温度查定。

3. 对流传热系数的经验关联式

关于对流传热系数 α，前人进行许多实验研究工作，对于各种传热情况分别提出了进行计算的经验关联式。下面仅以流体在圆形直管内强制湍流无相变发生时（适用于气体或黏度小于 2 倍常温水的液体）的对流传热系数的经验关联式为例，说明经验关联式的应用。

$$Nu = 0.023Re^{0.8}Pr^n$$

或

$$\alpha = 0.023\frac{\lambda}{d_{内}}\left(\frac{d_{内}u p}{\mu}\right)^{0.8}\left(\frac{\mu c}{\lambda}\right)^n \tag{4-27}$$

当流体被加热时，式中 $n=0.4$，当流体被冷却时，$n=0.3$。

应用范围：$Re>10^4$，$0.7<Pr<120$，管长与管径之比 $L/d_{内}\geqslant 60$，若 $L/d_{内}<60$ 的短管，则需进行修正，可将式(4-27) 求得的 α 值乘以大于 1 的短管修正系数 φ，即

$$\varphi = 1+(d_{内}/L)^{0.7} \tag{4-28}$$

特征尺寸：管内径 $d_{内}$。

定性温度：取流体进、出口温度的算术平均值。

项目五

换热器

任务一　换热器的分类

工业生产中的换热器大多为两股流体间的换热，由于换热的目的和生产条件不同，物料的性质不同，换热器的种类很多，且结构形式多样。

一、按照传热面形状和结构分类

1. 管式换热器

通过管子壁面进行传热的换热器。按传热管的结构形式可分为管壳式换热器、蛇管式换热器、套管式换热器、翅片式换热器等，应用最广。

2. 板式换热器

通过板面进行传热的换热器。按传热板的结构形式可分为平板式、螺旋板式、板翅式、热板式换热器等。

3. 特殊形式换热器

根据工艺特殊要求而设计的具有特殊结构的换热器。如回转式、热管、同流式换热器等。

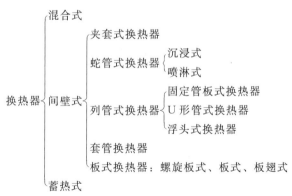

二、按换热器用途分类

① 加热器　用于把流体加热到所需要的温度，被加热流体在加热过程中不发生相变。

② 冷却器　用于加热流体，使其达到所需要的温度。

③ 预热器　用于流体的预热，以提高整个工艺装置的效率。

④ 过热器　用于加热饱和蒸汽，使其达到过热状态。

⑤ 蒸发器　用于加热液体，使其蒸发汽化。

⑥ 再沸器　用于加热冷凝的液体，使其再受热汽化，是蒸馏过程的专用设备。

⑦ 冷凝器　用于冷却凝结性饱和蒸汽，使其放出汽化潜热而凝结液化。

三、按制造材料分类

常见的换热器材料有金属、陶瓷、塑料、石墨和玻璃等。

1. 金属材料换热器

由金属材料加工制成的换热器。常用的材料有碳钢、合金钢、铜及铜合金、铝及铝合金、钛及钛合金等。因金属材料热导率大，故此类换热器的传热效率高。

2. 非金属材料换热器

常用的材料有石墨、玻璃、塑料、陶瓷等。因非金属材料热导率较小，故此类换热器的传热效率较低。常用于具有腐蚀性的物系。

任务二　常见的工业换热器

一、板式换热器

进行热交换的两种流体分别在若干层重合在一起的板缝间隙流过，并通过板面交换热量的换热器称为板式换热器。具体分为夹套式换热器和螺旋板式换热器。

1. 夹套式换热器

这种换热器构造简单，如图 4-9 所示。换热器的夹套安装在容器的外部，夹套与器壁之间形成密闭的空间，为载热体（加热介质）或载冷体（冷却介质）的通路。夹套通常用钢或铸铁制成。可焊在器壁上或者用螺钉固定在容器的法兰盘上。

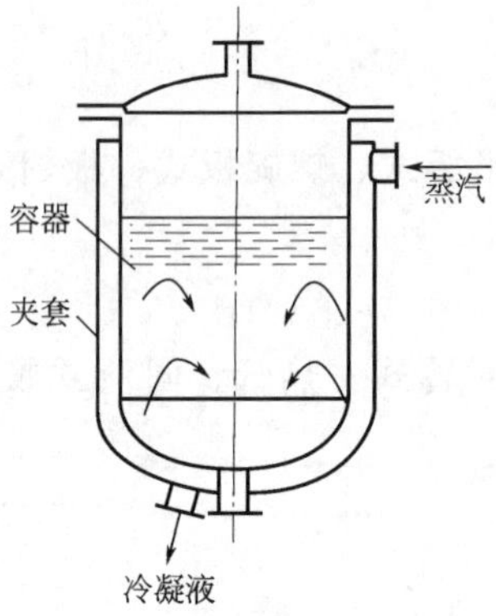

夹套式换热器主要应用于反应过程的加热或冷却。在用蒸汽进行加热时，蒸汽由上部接管进入夹套，冷凝水则由下部接管流出。作为冷却器时，冷却介质（如冷却水）由夹套下部的接管进入，而由上部接管流出。该换热器主要应用于反应器的加热和冷却。

优点：结构简单，加工方便。

缺点：传热系数较低，传热面又受容器的限制。

强化措施：为了提高其传热性能，在容器内安装搅拌器，使器内液体作强制对流，为了弥补传热面的不足，还可在器内安装蛇管等。

图 4-9　夹套式换热器

2. 螺旋板式换热器

螺旋板式换热器结构如图 4-10 所示，由焊接在中心隔板上的两块金属薄板卷制而成，两薄板之间形成螺旋形通道，两板之间焊有定距柱，以维持通道间距，螺旋板的两端焊有盖板。两流体分别在两通道内流动，通过螺旋板进行换热。

优点：结构紧凑；单位体积传热面积大；流体在换热器内作严格的逆流流动，可在较小的温差下操作，能充分利用低温能源；由于流向不断改变，且允许选用较高流速，故传热效果好；又由于流速较高，同时有惯性高离心力作用，污垢不容易沉积。

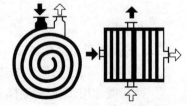

图 4-10　螺旋板式换热器

缺点：制造和检修都比较困难；流动阻力较大；操作压力和温度都不能太高，一般压力在 2MPa 以下，温度不超过 400℃。

二、蛇管式换热器

蛇管式换热器又分沉浸式和喷淋式两种。

1. 沉浸式换热器

蛇管多以金属管弯绕而成，或制成适应各种容器需要的形状沉浸在容器中，如图 4-11 所示。两种流体分别在管内外流动通过蛇管表面进行换热。该换热器主要用于反应器的传热、高压下传热、强腐蚀性流体的传热。

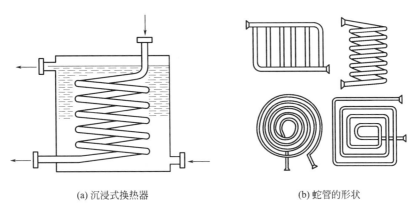

(a) 沉浸式换热器　　　　　　　　　　(b) 蛇管的形状

图 4-11　沉浸式换热器

优点：结构简单、价格低廉、能承受高压、可用耐腐蚀材料制造。

缺点：管外容器内的流体湍流程度差，给热系数小，平均温差低。蛇管易堵塞。

强化措施：可减少管外空间；容器内加搅拌器。

2. 喷淋式换热器

喷淋式换热器多用作冷却器，如图 4-12 所示，固定在支架上的蛇管排列在同一垂直面上，热流体在管内流动，自下部的管进入，由上部的管流出。冷水由最上面的多孔分布管（淋水管）流下，分布在蛇管上，并沿其两侧下降至下面的管子表面，最后流入水槽而排出。冷水在各管表面上流过时，与管内流体进行热交换。这种设备常放置在室外空气流通处，冷却水在空气中气化时，可带走部分热量，以提高冷却效果。

优点：结构简单、便于耐腐蚀、管内能耐高压、管外 α 比沉浸式大、传热面积大而且可以改变、检修和清洗方便。

缺点：冷却水喷淋不均匀影响传热效果，只能安装在室外，占地面积大。

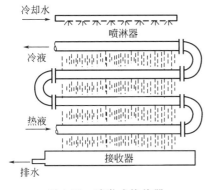

图 4-12　喷淋式换热器

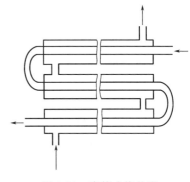

图 4-13　套管式换热器

三、套管式换热器

套管式换热器系用管件将两种尺寸不同的标准管连接成为同心圆的套管，然后用 180°的回弯管将多段套管串联而成，如图 4-13 所示。每一段套管称为一程，程数可根据传热要求而增减。每程的有效长度为 4～6m。若管子太长，管中间会向下弯曲，使环形中的流体分布不均匀。

优点：结构简单，易于维修和清洗，适用于高温、高压流体。

缺点：流动阻力大，金属耗量多，而且体积较大。

应用：所需传热面积小，小容积流量的流体。

四、列管式换热器

列管式换热器是一种传统的、应用最广泛的热交换设备，与前几种换热器相比，它的突出优点是单位体积具有的传热面积大，结构紧凑、坚固、传热效果好，而且能用多种材料制造，适用性较强，操作弹性大。在高温高压以及大型装置中得到普遍应用。

列管式换热器结构如图 4-14 所示，由壳体、管束、折流板、管板和封头等部分组成。管束安装在壳体内，两端固定在管板上。封头用螺栓与壳体两端的法兰相连。一种流体由封头的进口管进入，流经封头与管板的空间分配至各管内，从另一端封头的出口管流出。另一种流体则由壳体的接管流入，在壳体与管束间的空隙流动中通过管束表面与管束内流体换热，然后从壳体的另一端接管排出。为增加流体湍动程度，通常壳体内安装若干与管束垂直的折流挡板。

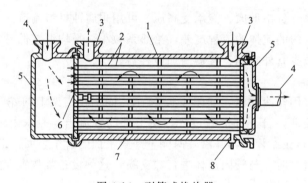

图 4-14　列管式换热器
1—外壳；2—管束；3,4—接管；5—封头；6—管板；7—折流板；8—泄水管

流体流经管束的过程，称为流经管程，将该流体称为管程（管方）流体；流体流经壳体环隙的过程，称为流经壳程，将该流体称为壳程流体。

设置列管式换热器折流挡板主要为了增大壳程流体的湍动程度，提高壳程的对流传热系数 α。其形状主要有圆缺形和盘环形两类（图 4-15）。

若流体只在管程内流过一次的，称为单管程；只在壳程内流过一次的，称为单壳程。在换热器封头内设置隔板，将全部管子平均分成若干组，流体在管束内来回流过多次后排出，称为多管程。

列管式换热器可分为以下几种主要型号。

1. 固定管板式换热器

固定管板式换热器的结构见图 4-16，它是将两端管板和壳体连接在一起。壳体与传热管壁温度之差大于 50℃，加补偿圈，也称膨胀节。当壳体和管束之间有温差时，依靠补偿圈的弹性变形来适应它们间的不同的热膨胀。

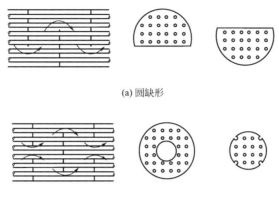

(a) 圆缺形

(b) 盘环形

图 4-15　换热器的折流挡板

优点：结构简单，管内便于清洗，造价低廉。

缺点：壳程清洗和检修困难；当管壁和壳壁的温度相差较大时会产生较大的热应力，甚至将管子从管板上拉脱。解决方法是采用补偿圈（膨胀节）。

2. U 形管式换热器

当壳体与管束的温度差或壳体内的流体压强较大时，由于膨胀节过厚，难以伸缩，失去了补偿作用，就应该考虑其他结构进行补偿。图 4-17 所示的 U 形管式换热器就是其中的一种。它是把每根管子都弯成 U 形，两端固定在同一管板上，每根管子可自由伸缩，与壳体无关，来解决热补偿问题。

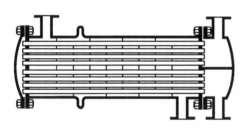

图 4-16　固定管板式换热器

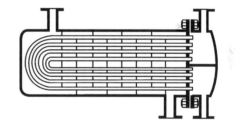

图 4-17　U 形管式换热器

优点：结构简单，管间清洗较易。

缺点：管内清洗较困难，管板的利用率低。

应用场合：适用于管、壳程温差较大或壳程介质易结垢而管程介质不易结垢的场所。

3. 浮头式换热器

浮头式换热器的结构见图 4-18，它的两端的管板中其中有一端不与壳体连接，这一端的封头在壳体内与管束一起自由移动，称为浮头。当壳体与管束因温度差而引起热膨胀时，管束连同浮头能在壳体内沿轴向自由伸缩，可完全消除热应力。在清洗和检修时整个管束可以从壳体中抽出。因而尽管其结构复杂，造价高，但应用较为普遍。

优点：可完全消除热应力，在清洗和检修时整个管束可以从壳体中抽出。

缺点：结构复杂，用材量大，造价高。操作时，如果浮头盖连接处泄漏将无法发现。

应用场合：适用于壳体与管束温差较大或壳程流体容易结垢的场合，可用于结垢比较严重的场合，可用于管程易腐蚀的场合。

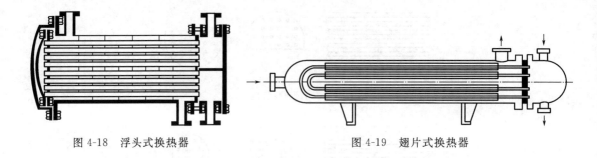

图 4-18　浮头式换热器 　　　　　　　　　　图 4-19　翅片式换热器

五、翅片式换热器

翅片式换热器结构如图 4-19 所示，换热管的外表面或两面同时装有许多翅片，常用翅片有纵向和横向两类。加装翅片既扩大了传热面积，又增强了流体的湍流程度，使流体的对流传热系数得以提高。

任务三　换热器的常见故障及预防措施，换热器的日常维护

一、换热器的常见故障及预防措施

1. 管束故障

管束由于的腐蚀、磨损造成管束泄漏或者管束内结垢造成堵塞引起系列故障。冷却水中含有铁、钙、镁等金属离子及阴离子和有机物，活性离子会使冷却水的腐蚀性增强，其中金属离子的存在引起氢或氧的去极化反应从而导致管束腐蚀。同时，由于冷却水中含有钙、镁离子，长时间在高温下易结垢而堵塞管束。

为了提高传热效果，防止管束腐蚀或堵塞，采取了以下几种方法。

① 对冷却水进行添加阻垢剂并定期清洗。例如对煤气冷却器的冷却水采用离子静电处理器或投加阻垢缓蚀剂和杀菌灭藻剂，去除污垢，降低冷却水的硬度，从而减小管束结垢程度。

② 保持管内流体流速稳定。如果流速增大，则热导率变大，但磨损也会相应增大。民生煤化对地下水泵进行了变频改造，使地下水管网压力比较稳定，提高了热交换器换热效果和降低了管束腐蚀。

③ 选用耐腐蚀性材料（不锈钢、铜）或增加管束壁厚的方式。

④ 当管的端部磨损时，可在入口 200mm 长度内接入合成树脂等保护管束。

2. 振动造成的故障

造成振动的原因包括：由泵、压缩机的振动引起管束的振动；由旋转机械产生的脉动；流入管束的高速流体（高压水、蒸汽等）对管束的冲击。

降低管束的振动常采用以下方法：

① 尽量减少开停车次数；

② 在流体的入口处，安装调整槽，减小管束的振动；

③ 减小挡板间距，使管束的振幅减小；

④ 尽量减小管束通过挡板的孔径。

3. 法兰盘泄漏

法兰盘的泄漏是由于温度升高，紧固螺栓受热伸长，在紧固部位产生间隙造成的。因

此，在换热器投入使用后，需要对法兰螺栓重新紧固。换热器内的流体多为有毒、高压、高温物质，一旦发生泄漏容易引发中毒和火灾事故，在日常工作中应特别注意以下几点：

① 尽量减少密封垫使用数量和采用金属密封垫；

② 采用以内压力紧固垫片的方法；

③ 采用易紧固的作业方法。

二、换热器的日常维护

换热器运行质量的好坏和时间长短，与日常维护保养是否及时、合适有非常密切的关系。主要是日常的检查和清洗。

1. 运行中的检查和清洗

根据热交换器运行过程中流体的流量、温度、压力等工艺指标的变化判断热交换器的状况。一般来说，温度、流量、压力等指标发生变化，应考虑管束结垢或堵塞影响换热效果。定期用无损探伤仪检测换热器外壁的壁厚判断其腐蚀程度。对于容易结垢的流体，可在规定的时间增大流量或采用逆流的方式进行除垢。

2. 运行停止时的检查与清洗

（1）一般检查 热交换器与其他压力容器一样，停止运行后，应进行以下各项检查：

① 检查沾污程度、污垢的附着状况；

② 测定厚度，检查腐蚀情况；

③ 检查焊接处的腐蚀和破裂情况。

（2）管束的检查 管束的检查是热交换器中最难的、但又是最重要的部分。应认真对筒侧入口的喷管处的管子表面、管端的入口处、挡板与管子的接触处和流动方向改变部位的腐蚀、沾污、壁厚减薄等处进行检查。此外，可利用管道检查器或者光源检查管子内表面状况。管束安装处的间隙，可采用实验环进行泄漏试验。

（3）清洗

① 喷射清洗。将高压水从喷嘴中喷出，是除去管束内表面结垢和外表面污垢的有效方法，可采用手持喷枪进行手工操作的清洗。喷射清洗适用于容积小、容易拆卸和更换的热交换器。

② 机械清洗。在疏通机的轴端装上刷子、钻头、刀具等，插入管孔中，使其旋转以除去污垢。此方法不仅适合于直管，而且还可以清洗弯曲管子，但由于机械振动及钻头等对管孔壁的刮伤，故有一定的局限性。机械清洗和喷射清洗一样，适用于容积较小、容易拆卸和更换的热交换器。

③ 化学清洗。使用化学药品在热交换器内进行循环，以溶解并除去污垢。具有以下特征：由于热交换器不经拆卸就可以除去污垢，这对大型容器十分有利；可以清洗用其他方法不能除去的污垢；可以在不伤及金属或镀层的条件下，对设备进行清洗。

④ 混合清洗。因焦化厂生产环境影响，煤气冷却器的垢中含有煤粉、炭渣及油性物质等，单纯采用化学清洗，除垢效果有时不太理想，可采用化学清洗后再喷射清洗的方式进行除垢。应注意化学清洗后检测管束的腐蚀程度，根据管束的壁厚调整相应的水压，防止水压过高造成管束爆管或泄漏。

通过对换热器故障的分析和采取相应的措施来预防换热器的腐蚀、结垢和泄漏，定时对换热器的进行检查和清洗，取得了延长换热器使用寿命的良好效果。

【技能训练】对流传热系数的测定

一、实训目的
掌握传热原理和对流传热系数的求算方法。

二、实训项目
(1) 实训设备和流程（图 4-20）。

(2) 蒸汽由蒸汽发生器上升进入套管环隙，与管内冷水换热，冷水计量可用流量控制阀调节。套管有效长度 1.25m，内管内径 0.022m。

放气阀门用于排放不凝性气体，压差由孔板流量计、U 形压差计测得，孔板流量计计算关联式：$V=5.59R^{0.5}$。

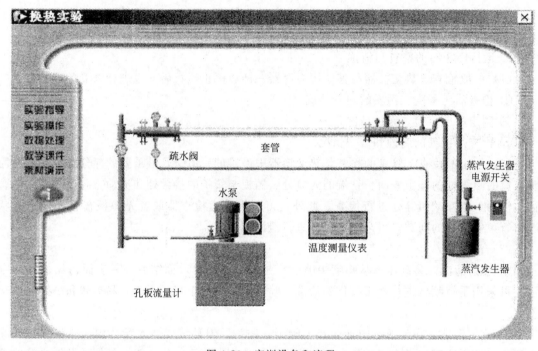

图 4-20　实训设备和流程

三、操作步骤
(1) 启动水泵。

(2) 打开进水阀。

(3) 打开蒸汽发生器　蒸汽发生器的开关在蒸汽发生器的右侧，鼠标左键单击开关，这时蒸汽发生器就通电开始加热，并向换热器的壳程供汽。

(4) 打开放气阀　打开放气阀，排出残余的不凝气体，使在换热器壳程中的蒸汽流动通畅。

(5) 读取水的流量　读取孔板流量计的读数，经过计算可得冷水的流量。

(6) 读取温度　在换热管或者测温仪上点击会出现温度读数画面，如图 4-21 所示。读取各处温度处置，其中温度节点 1~9 的温度为观察温度分布图使用，在数据处理中不用，蒸汽进出口及水进出口的温度要记录。按自动记录可由计算机自动记录实验数据。按退出按钮关闭温度读取画面。

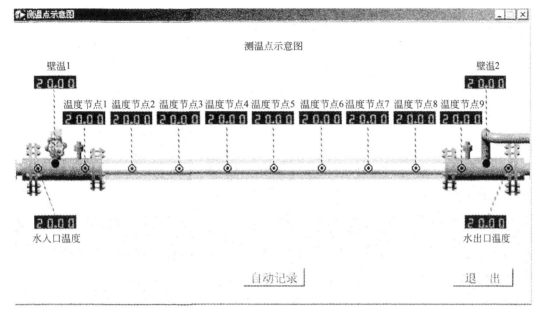

图 4-21　测温点示意图

（7）记录多组数据　改变进水阀开度，重复以上步骤，读取 8～10 组数据。实验结束后，先停蒸汽发生器，再关进水阀。

四、数据处理
（1）原始数据记录。
（2）数据计算。

=== 情境测评 ===

一、填空题

1. 在传热中放出热量的流体叫作_____，吸收热量的流体叫作_____。

2. 工业上常用的换热方式有_____、_____和_____。

3. 传热过程的推动力为_____。

4. 对流传热时，热阻主要集中在_____。

5. 一套管式换热器，用水冷却油，水走管内，油走管外，为强化加热，加翅片，翅片加在管_____侧。

6. 两流体进行传热，冷流体从 10℃ 升到 30℃，热流体从 80℃ 降到 60℃，当它们逆流流动时，平均传热温差 $\Delta t_m =$ _____，当并流时，$\Delta t_m =$ _____。

7. 当水在圆形直管内作无相变强制湍流对流传热时，若仅将其流速提高 1 倍，则其对流传热系数可变为原来的_____倍。

8. 某并流操作的间壁式换热器中，热流体的进出口温度为 90℃ 和 50℃，冷流体的进出口温度为 30℃ 和 40℃，此时传热平均温度差 $\Delta t_m =$ _____。

二、选择题

1. 间壁传热时，各层的温度降与各相应层的热阻（　　）。

A. 成正比 　　　　B. 成反比 　　　　C. 没关系 　　　　D. 不确定

2. 工业采用翅片状的暖气管代替圆钢管，其目的是（　　）。

A. 增加热阻，减少热量损失 　　　　B. 节约钢材，增强美观

C. 增加传热面积，提高传热效果 　　　　D. 减小传热系数，降低传热效果

3. 湍流体与器壁间的对流传热（即给热过程）其热阻主要存在于（　　）。

A. 流体内 　　　　B. 器壁内

C. 湍流体滞流内层中 　　　　D. 流体湍流区域内

4. 强化传热的主要途径是（　　）。

A. 增大传热面积 　　B. 提高 K 值 　　C. 提高 Δt_m 　　D. 以上都有

5. 流体与固体壁面间的对流传热，当热量通过滞流内层时，主要是以（　　）方式进行的。

A. 热传导 　　　　B. 对流传热 　　　　C. 热辐射 　　　　D. 不确定

6. 在下列过程中，对流传热系数最大的是（　　）。

A. 蒸汽冷凝 　　　B. 水的加热 　　　C. 空气冷却 　　　D. 水的冷却

7. 一个满足生产的换热器要求其传热速率（　　）热负荷。

A. 大于 　　　　B. 小于 　　　　C. 等于或大于 　　　　D. 小于或等于

8. 多层平壁传热过程中，总热阻为各层热阻（　　）。

A. 平均值 　　　　B. 之差 　　　　C. 之和 　　　　D. 不确定

9. 在一维稳态多层平壁热传导时，各层的温度差正比于（　　）。

A. 热导率 　　　　B. 密度 　　　　C. 热阻 　　　　D. 传热面积

三、简答题

1. 传热有哪几种方法？各有何特点？试就锅炉墙的传热分析其有哪些传热方式？

2. 举例说明传导传热和对流传热的区别。

3. 什么是热负荷？什么是传热速率？两者之间有什么联系？

4. 强化传热过程应采取哪些途径？

5. 在北方，房屋通常采用双层玻璃，请说明其作用。

6. 有一高温炉，炉内温度高达 1000℃ 以上，炉内有燃烧气体和被加热物体，试定性分析从炉内向外界大气传热的传热过程。（见附图）

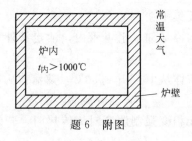

题6 附图

四、计算题

1. 某平壁炉的炉壁由耐火砖、绝热砖和普通砖组成，它们的热导率分别为 1.163W/(m·K)、0.233W/(m·K) 和 0.582W/(m·K)，为使炉内壁温度保持 1000℃，每平方米

炉壁的热损失控制在 930W 以下，若普通砖厚度取为 10cm，炉外壁温度为 83℃，求：耐火砖和绝热砖厚度各为多少？绝热砖和普通砖交界面温度为多少？（假设绝热砖与耐火砖交界面温度为 800℃）

2. 把 100kg 的水从 20℃加热到 80℃，需要多少热量？

3. 在列管换热器中，用 373K 饱和水蒸气冷凝来加热一种冷液体，已知蒸汽用量 200kg/h，求该换热器的传热速率。

4. 一换热器用热柴油加热原油，柴油和原油的进口温度分别为 253℃和 128℃。已知逆流操作时，柴油的出口温度为 155℃，原油的出口温度为 162℃，试求平均温度差。

5. 在列管式换热器中用冷水将 90℃的热水冷却至 60℃。热水走管外，单程流动，其流量为 2.0kg/s。冷水走管内，双层流动，流量为 2.5kg/s，其入口温度为 30℃。换热器的传热系数为 2000W/(m²·℃)。试计算所需传热面积。

6. 在 4mm 厚的钢板一侧为热流体，其对流传热系数 $\alpha_1＝5000$W/(m²·℃)，钢板一侧为冷却水，其对流传热系数 $\alpha_2＝4000$W/(m²·℃)，忽略污垢热阻，求传热系数。

7. 房屋的砖壁厚 650mm，室内空气为 18℃，室外空气为 -5℃。如果室内空气至壁面与室外壁面至空气的对流传热系数分别为 8.12W/(m²·℃) 和 11.6W/(m²·℃)，试求每平方米砖壁的热损失和砖壁内、外壁面的温度。砖的热导率为 0.75W/(m·K)。

蒸发过程及设备

情境学习目标

知识目标

◆ 了解蒸发器的结构特点、性能及应用范围。

◆ 了解多效蒸发流程的特点与适应性。

◆ 理解蒸发操作的基本原理、蒸发的实质、特点。

◆ 理解多效蒸发的流程及对节能的意义。

◆ 掌握单效蒸发过程及其计算（包括水分蒸发量、加热蒸汽消耗量、有效温度差及传热面积的计算）。

能力目标

◆ 会选用并使用蒸发器进行操作。

【案例】 某化工厂蒸发浓缩烧碱（NaOH）工艺流程

在化工生产中，用电解法制得的烧碱（NaOH溶液）的浓度一般只在10%左右，采用蒸发操作得到符合工艺要求≥30%的浓碱液，其工艺流程如图5-1所示。蒸发系统采用的是三效顺流部分强制循环蒸发工艺。将来自电解工序的含氢氧化钠10%的电解液，分别通过一、二、三级淡碱预热器预热至120℃以上，进入第一效蒸发器蒸发至13%，进入第二效蒸发器蒸发至20%，再进入第三效蒸发器蒸发浓缩至30%，经过冷却澄清过滤除盐，再经配碱合格后进成品库销售。

图 5-1　烧碱蒸发工艺流程示意图

案例分析

如图 5-1 所示，10%电解液由淡碱库至淡碱进料槽经进料泵输经一、二、三级淡碱预热器后进入第一效蒸发器，其液面达到规定液位时，回流至淡碱进料槽。当第一效内碱液浓缩至 13％左右时，经压差过料至第二效蒸发器。继续蒸发浓缩至 20％左右时，用第二效采盐泵经第二效旋液分离器送至第三效蒸发器，继续蒸发浓缩至 30％时，用第三效采盐泵经第三效旋液分离器送至冷却计量槽，冷却除盐后至澄清槽澄清一定时间后，用送碱泵经过浓碱过滤器过滤再至配碱槽，经配碱合格后进成品库。在第一效蒸发器中通入生蒸汽，产生的二次蒸汽引入第二效蒸发器，第二效的二次蒸汽再引入第三效蒸发器，依次类推，末效蒸发器的二次蒸汽通入冷凝器冷凝，冷凝器后接真空装置对系统抽真空。于是，从第一效到最末效，蒸发器的操作压力和溶液的沸点依次降低，因此可以引入前效的二次蒸汽作为后效的加热介质，即后效的加热室成为前效二次蒸汽的冷凝器，仅第一效需要消耗生蒸汽，这就是多效蒸发的操作原理。

项目一

认识蒸发操作

一、蒸发操作及其在工业中的应用

工程上把采用加热方法，将含有不挥发性溶质（通常为固体）的溶液在沸腾状态下，使其浓缩的单元操作称为蒸发。蒸发操作广泛应用于化工、轻工、食品、医药等工业领域，其主要目的有以下几个方面：

① 浓缩稀溶液直接制取产品或将浓溶液再处理（如冷却结晶）制取固体产品，例如电解烧碱液的浓缩，食盐、糖水溶液的浓缩及各种果汁的浓缩等；

② 同时浓缩溶液和回收溶剂，例如有机磷农药苯溶液的浓缩脱苯，中药生产中酒精浸出液的蒸发等；

③ 为了除去杂质获得纯净的溶剂，例如海水淡化等。

二、蒸发操作流程

图 5-2 所示为一典型的蒸发装置示意图。图中蒸发器由加热室和分离室两部分组成。加热室为列管式换热器，加热蒸汽在加热室的管间冷凝，放出的热量通过管壁传给列管内的溶液，使其沸腾并汽化，气液混合物则在分离室中分离，其中液体又落回加热室，当浓缩到规定浓度后排出蒸发器。分离室分离出的蒸汽（又称二次蒸汽，以区别于加热蒸汽或生蒸汽），先经顶部除沫器除液，再进入冷凝器与冷水相混，被直接冷凝排出。

三、蒸发操作的特点

蒸发过程只是从溶液中分离出部分溶剂，而溶质仍留在溶液中的单元操作，因此，蒸发操作即为一个使溶液中的挥发性溶剂与不挥发性溶质的分离过程。由于溶剂的汽化速率取决于传热速率，故蒸发操作属传热过程，蒸发设备为传热设备，如图 5-2 所示的加热室即为一侧是蒸汽冷凝，另一侧为溶液沸腾的间壁式列管换热器。此种蒸发过程即是间壁两侧恒温的

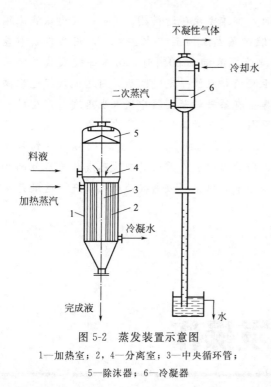

图 5-2　蒸发装置示意图
1—加热室；2，4—分离室；3—中央循环管；
5—除沫器；6—冷凝器

传热过程。但是，蒸发操作与一般传热过程比较，有自己的特点。

1. 溶液沸点升高

由于溶液含有不挥发性溶质，因此，在相同温度下，溶液的蒸气压比纯溶剂的蒸气压小。也就是说，在相同压力下，溶液的沸点比纯溶剂的高，溶液浓度越高，这种影响越显著，这在设计和操作蒸发器时是必须考虑的。

2. 物料及工艺特性

溶液的特殊性决定了蒸发器的特殊结构。例如物料在浓缩过程中，溶质或杂质常在加热表面沉积、析出结晶而形成垢层，影响传热，在蒸发器的结构设计上应设法防止或减少垢层的生成；化工生产中有些溶质是热敏性的，在高温下停留时间过长易变质，这就对加热过程提出新的要求；有些物料具有较大的黏度或较强的腐蚀性等。因此，在设计和选用蒸发器时，必须认真考虑这些特性。

3. 能量回收

工业规模下，溶剂的蒸发量往往是很大的，需要耗用大量的加热蒸汽，同时产生大量的二次蒸汽，如何利用二次蒸汽的潜热，是蒸发操作中要考虑的能量回收利用问题。

四、蒸发操作的分类

（1）按操作压力分　按操作压力分可分为常压、加压和减压（真空）蒸发操作，即在常压（大气压）下，高于或低于大气压下操作。很显然，对于热敏性物料，如抗生素溶液、果汁等应在减压下进行。而高黏度物料就应采用加压高温热源加热（如导热油、熔盐等）进行蒸发。

（2）按效数分　按效数分可分为单效与多效蒸发。若溶液在由单个蒸发器和附属设备所组成的装置内蒸发，所产生的二次蒸汽直接冷凝不再利用，称为单效蒸发。若将二次蒸汽作为下一效加热蒸汽，并将多个蒸发器串联，此蒸发过程即为多效蒸发。

（3）按蒸发模式分　按蒸发模式分可分为间歇蒸发与连续蒸发。工业上大规模的生产过程通常采用的是连续蒸发。

由于工业上被蒸发的溶液大多为水溶液，故本项目仅讨论水溶液的蒸发。但其基本原理和设备对于非水溶液的蒸发也适用或可作参考。

蒸发过程的工艺计算

任务一　单效蒸发过程

单效蒸发设计计算内容有：水分蒸发量；加热蒸汽消耗量；蒸发器的传热面积。

在给定生产任务和操作条件，如进料量、温度和浓度，完成液的浓度，加热蒸汽的压力和冷凝器操作压力的情况下，上述任务可通过物料衡算、热量衡算和传热速率方程求解。

一、水分蒸发量的计算

对如图 5-3 所示单效蒸发器进行溶质的物料衡算，可得

$$Fw_0 = (F-W)w_1$$

由此可得水的蒸发量

$$W = F\left(1 - \frac{w_0}{w_1}\right) \qquad (5-1)$$

及完成液的浓度

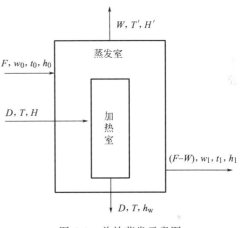

图 5-3　单效蒸发示意图

$$w_1 = \frac{Fw_0}{F-W} \qquad (5-2)$$

式中　F——原料液的流量，kg/h；

　　　W——单位时间从溶液中蒸发的水分量，即蒸发量，kg/h；

　　　w_0——原料液中溶质的质量分数；

　　　w_1——完成液中溶质的质量分数。

二、加热蒸汽消耗量的计算

加热蒸汽消耗量通过热量衡算求得。通常，加热蒸汽为饱和蒸汽，且冷凝后在饱和温度下排出，则加热蒸汽仅放出潜热用于蒸发。若料液在低于沸点温度下进料，对热量衡算式整理得

$$Q = Dr = Fc_{p0}(t_1 - t_0) + Wr' + Q_{损} \qquad (5-3)$$

式中　Q——蒸发器的热负荷或传热量，kJ/h；

　　　D——加热蒸汽消耗量，kg/h；

　　　c_{p0}——原料液比热容，kJ/(kg·℃)；

　　　t_0——原料液的温度，℃；

　　　t_1——溶液的沸点，℃；

　　　$r，r'$——加热蒸汽和二次蒸汽的汽化潜热，kJ/kg；

$Q_损$——蒸发器的热损失，kJ/h。

原料液的比热容可按下面的经验式计算

$$c_{p0} = c_{p水}(1 - w_0) + c_{pB}w_0 \tag{5-4}$$

式中　$c_{p水}$——水的比热容，kJ/(kg·℃)；

　　　　c_{pB}——溶质的比热容，kJ/(kg·℃)。

由式(5-3)得加热蒸汽消耗量为

$$D = \frac{Fc_{p0}(t_1 - t_0) + Wr' + Q_损}{r} \tag{5-5}$$

若原料由预热器加热至沸点后进料（沸点进料），即 $t_0 = t_1$，并不计热损失，则式(5-5)可写为

$$D = \frac{Wr'}{r} \tag{5-6}$$

或

$$\frac{D}{W} = \frac{r'}{r} \tag{5-7}$$

式中，D/W 称为单位蒸汽消耗量，它表示加热蒸汽的利用程度，也称蒸汽的经济性。

由于蒸汽的汽化潜热随压力变化不大，故 $r = r'$。对单效蒸发而言，$D/W = 1$，即蒸发 1kg 水需要约 1kg 加热蒸汽，实际操作中由于存在热损失等原因，$D/W \approx 1$。可见单效蒸发的能耗很大，是很不经济的。

【例题 5-1】　某水溶液在单效蒸发器中 10%（质量分数，下同）浓缩至 30%，溶液的流量为 2000kg/h，料液温度为 300℃，分离室操作压力为 40kPa，加热蒸汽的绝对压力为 200kPa，溶液沸点为 80℃，原料液的比热容为 3.77kJ/(kg·℃)，蒸发器热损失为 12kW，忽略溶液的稀释热。试求：①水分蒸发量；②加热蒸汽消耗量。

解　① 由式(5-1)可得水分蒸发量

$$W = F\left(1 - \frac{w_0}{w_1}\right) = 2000 \times \left(1 - \frac{0.1}{0.3}\right) = 1333 \text{ (kg/h)}$$

② 加热蒸汽消耗量由式(5-5)计算，即

$$D = \frac{Fc_{p0}(t_1 - t_0) + Wr' + Q_损}{r}$$

由附录七查得 40.0kPa 和 200.0kPa 时饱和水蒸气的汽化潜热分别为 2312.2kJ/kg 和 2204.6kJ/kg，于是

$$D = \frac{2000 \times 3.77 \times (80 - 30) + 1333 \times 2312.2 + 12 \times 3600}{2204.6} = 1589 \text{ (kg/h)}$$

单位蒸汽消耗量为

$$\frac{D}{W} = \frac{1589}{1333} = 1.19$$

三、蒸发器的传热面积

蒸发器的传热面积可通过传热速率方程求得，即

$$Q = KA\Delta t_m \tag{5-8}$$

或

$$A = \frac{Q}{K\Delta t_m} \tag{5-9}$$

式中　A——蒸发器的传热面积，m^2；

　　　　K——蒸发器的总传热系数，W/(m^2·K)；

Δt_{m}——传热平均温度差，K；

Q——蒸发器的热负荷，W 或 kJ/kg。

式(5-8)中，Q 可通过对加热室作热量衡算求得。若忽略热损失，Q 即为加热蒸汽冷凝放出的热量，即

$$Q = D(H - h_{\mathrm{c}}) = Dr \tag{5-10}$$

但在确定 Δt_{m} 和 K 时，却有别于一般换热器的计算方法。

1. 传热平均温度差 Δt_{m} 的确定

在蒸发操作中，蒸发器加热室一侧是蒸汽冷凝，另一侧为液体沸腾，因此其传热平均温度差应为

$$\Delta t_{\mathrm{m}} = T - t_1 \tag{5-11}$$

式中　T——加热蒸汽的温度，℃；

t_1——操作条件下溶液的沸点，℃。

应该指出，溶液的沸点，不仅受蒸发器内液面压力影响，而且受溶液浓度、液位深度等因素影响。因此，在计算 Δt_{m} 时需考虑这些因素。下面分别予以介绍。

（1）溶液浓度的影响　溶液中由于有溶质存在，因此其蒸气压比纯水的低。换言之，一定压强下水溶液的沸点比纯水高，它们的差值称为溶液的沸点升高，以 Δ' 表示。影响 Δ' 的主要因素为溶液的性质及其浓度。一般，有机物溶液的 Δ' 较小；无机物溶液的 Δ' 较大；稀溶液的 Δ' 不大，但随浓度增高，Δ' 值增高较大。例如，7.4% 的 NaOH 溶液在 101.33kPa 下其沸点为 102℃，Δ' 仅为 2℃，而 48.3% NaOH 溶液，其沸点为 140℃，Δ' 值达 40℃ 之多。

各种溶液的沸点由实验确定，也可由手册或本书附录查取。

（2）压强的影响　当蒸发操作在加压或减压条件下进行时，若缺乏实验数据，则似按式(5-12)估算 Δ'，即

$$\Delta' = f\Delta'_{\text{常}} \tag{5-12}$$

式中　Δ'——操作条件下的溶液沸点升高，℃；

$\Delta'_{\text{常}}$——常压下的溶液沸点升高，℃；

f——校正系数，无量纲，其值可由式(5-13)计算得到。

$$f = 0.0162 \frac{(T'+273)^2}{r'} \tag{5-13}$$

式中　T'——操作压力下二次蒸汽的饱和温度，℃；

r'——操作压力下二次蒸汽的汽化潜热，kJ/kg。

（3）液柱静压头的影响　通常，蒸发器操作需维持一定液位，这样液面下的压力比液面上的压力（分离室中的压力）高，即液面下的沸点比液面上的高，两者之差称为液柱静压头引起的温度差损失，以 Δ'' 表示。为简便计，以液层中部（料液一半）处的压力进行计算。根据流体静力学方程，液层中部的压力 p_{av} 为

$$p_{\mathrm{av}} = p' + \frac{\rho_{\mathrm{av}} g h}{2} \tag{5-14}$$

式中　p'——溶液表面的压力，即蒸发器分离室的压力，Pa；

ρ_{av}——溶液的平均密度，kg/m³；

h——液层高度，m。

则由液柱静压引起的沸点升高 Δ'' 为

$$\Delta'' = t_{av} - t_b \tag{5-15}$$

式中 t_{av}——液层中部 p_{av} 压力下溶液的沸点，℃；

t_b——p' 压力（分离室压力）下溶液的沸点，℃。

近似计算时，式(5-15) 中的 t_{av} 和 t_b 可分别用相应压力下水的沸点代替。

（4）管道阻力的影响   倘若设计计算中温度以另一侧的冷凝器的压力（即饱和温度）为基准，则还需考虑二次蒸汽从分离室到冷凝器之间的压降所造成的温度差损失，以 Δ''' 表示。显然，Δ''' 值与二次蒸汽的速度、管道尺寸以及除沫器的阻力有关。由于此值难于计算，一般取经验值为 1℃，即 $\Delta''' = 1$℃。

考虑了上述因素后，操作条件下溶液的沸点 t_1，即可用式(5-16) 求取，

$$t_1 = t_c' + \Delta' + \Delta'' + \Delta''' \tag{5-16}$$

或 $$t_1 = t_c' + \Delta \tag{5-17}$$

式中 t_c'——冷凝器操作压力下的饱和水蒸气温度，℃；

$\Delta = \Delta' + \Delta'' + \Delta'''$——总温度差损失，℃。

2. 总传热系数 K 的确定

蒸发器的总传热系数可按下式计算

$$K = \cfrac{1}{\cfrac{1}{\alpha_i} + R_i + \cfrac{b}{\lambda} + R_o + \cfrac{1}{\alpha_o}} \tag{5-18}$$

式中 α_i——管内溶液沸腾的对流传热系数，W/(m²·℃)；

α_o——管外蒸汽冷凝的对流传热系数，W/(m²·℃)；

R_i——管内污垢热阻，m²·℃/W；

R_o——管外污垢热阻，m²·℃/W；

$\dfrac{b}{\lambda}$——管壁热阻，m²·℃/W。

为降低污垢热阻，工程中常采用的措施有：加快溶液循环速度，在溶液中加入晶种和微量的阻垢剂等。设计时，污垢热阻 R_i 目前仍需根据经验数据确定。至于管内溶液沸腾对流传热系数 α_i 也是影响总传热系数的主要因素。影响 α_i 的因素很多，如溶液的性质、沸腾传热的状况、操作条件和蒸发器的结构等。目前虽然对管内沸腾作过不少研究，但其所推荐的经验关联式并不大可靠，再加上管内污垢热阻变化较大，因此，目前蒸发器的总传热系数仍主要靠现场实测，以作为设计计算的依据。表 5-1 中列出了常用蒸发器总传热系数的大致范围，供设计计算参考。

表 5-1   常用蒸发器总传热系数 K 的经验值

蒸发器形式	总传热系数/[W/(m²·K)]
中央循环管式	580～3000
带搅拌的中央循环管式	1200～5800
悬筐式	580～3500
自然循环	1000～3000
强制循环	1200～3000
升膜式	580～5800
降膜式	1200～3500
刮膜式，黏度 1mPa·s	2000
刮膜式，黏度 100～10000mPa·s	200～1200

【例题 5-2】 采用单效真空蒸发装置，连续蒸发 NaOH 水溶液。已知进料量为 2000kg/h，进料浓度为 10％（质量分数），沸点进料，完成液浓度为 48.32％（质量分数），其密度为 1500kg/m³，加热蒸汽压强为 0.3MPa（表压），冷凝器的真空度为 50kPa，加热室管内液层高度为 3m。试求蒸发器传热面积。已知总传热系数为 1500W/(m²·K)，蒸发器的热损失为加热蒸汽量的 5％，当地大气压为 101.3kPa。

解 （1）水分蒸发量 W

$$W = F\left(1 - \frac{x_0}{x_1}\right) = 2000 \times \left(1 - \frac{0.1}{0.4832}\right) = 1586\text{kg/h}$$

（2）加热蒸汽消耗量

$$D = \frac{Wr' + Q_L}{r}$$

因为

$$Q_L = 0.05Dr$$

故

$$D = \frac{Wr'}{0.95r}$$

由本书查附录得：

当 $p = 0.3\text{MPa（表）}$ 时，$T = 143.5℃$，$r = 2137.0\text{kJ/kg}$

当 $p_c = 50\text{kPa（真空度）}$ 时，$T_c' = 81.2℃$，$r' = 2304\text{kJ/kg}$

故

$$D = \frac{1586 \times 2304}{0.95 \times 2137.0} = 1800\text{kg/h}$$

$$\frac{D}{W} = \frac{1800}{1586} = 1.13$$

（3）传热面积 A

① 确定溶液沸点

a. 计算 Δ'。由附录七查得 $p_c = 50.0\text{kPa（真空度）}$下，冷凝器中二次蒸汽的饱和温度 $t_c' = 81.2℃$，$r' = 2304\text{kJ/kg}$

查附录十七常压下 48.32％ NaOH 溶液的沸点近似为 $t_A = 140℃$

$$\Delta'_{\text{常}} = 140 - 100 = 40（℃）$$

因二次蒸汽的真空度为 50kPa，故 Δ' 需用式(5-12)、式(5-13)校正，即

$$f = 0.0162\frac{(T'+273)^2}{r'} = 0.0162 \times \frac{(81.2+273)^2}{2304} = 0.88$$

$$\Delta' = 0.88 \times 40 = 35.2（℃）$$

b. 计算 Δ''。由于二次蒸汽流动的压降较少，故分离室压力可视为冷凝器的压力。

则

$$p_{\text{av}} = p' + \frac{\rho_{\text{av}}gh}{2} = 50 + \frac{1500 \times 9.81 \times 3 \times 10^{-3}}{2} = 50 + 22 = 72（\text{kPa}）$$

由附录五估得 72kPa 下对应水的沸点为 90.4℃

c. $\Delta''' = 1℃$，则溶液的沸点

$$t_1 = t_c' + \Delta' + \Delta'' + \Delta''' = 81.2 + 35.2 + 9.2 + 1 = 126.6（℃）$$

② 总传热系数

已知

$$K = 1500\text{W/(m}^2 \cdot \text{K)}$$

③ 传热面积

由式(5-7)、式(5-8) 和式(5-9) 得蒸发器加热面积为

$$A = \frac{Q}{K\Delta t_m} = \frac{Dr}{K(T-t_1)} = \frac{1586 \times 2137.0 \times 10^3}{3600 \times 1500 \times (143.5-126.6)} = \frac{1586 \times 2137.0 \times 10^3}{1500 \times 16.9 \times 3600}$$
$$= 37.1 \ (m^2)$$

任务二　多效蒸发过程

一、多效蒸发的操作原理

由蒸发器的热量衡算可知，在单效蒸发器中每蒸发 1kg 的水需要消耗 1kg 多的生蒸汽。在大规模的工业生产中，水分蒸发量很大，需要消耗大量的生蒸汽。如果能将二次蒸汽用作另一蒸发器的加热蒸汽，则可减少生蒸汽消耗量。由于二次蒸汽的压力和温度低于生蒸汽的压力和温度，因此，二次蒸汽作为加热蒸汽的条件是：该蒸发器的操作压力和溶液沸点应低于前一蒸发器。采用抽真空的方法可以很方便地降低蒸发器的操作压力和溶液的沸点。每一个蒸发器称为一效，这样，在第一效蒸发器中通入生蒸汽，产生的二次蒸汽引入第二效蒸发器，第二效的二次蒸汽再引入第三效蒸发器，依次类推，末效蒸发器的二次蒸汽通入冷凝器冷凝，冷凝器后接真空装置对系统抽真空。于是，从第一效到最末效，蒸发器的操作压力和溶液的沸点依次降低，因此可以引入前效的二次蒸汽作为后效的加热介质，即后效的加热室成为前效二次蒸汽的冷凝器，仅第一效需要消耗生蒸汽，这就是多效蒸发的操作原理。图 5-4 为三效蒸发的流程示意图。

二、多效蒸发的流程

为了合理利用有效温差，并根据处理物料的性质，通常多效蒸发具体有下列三种操作流程。

1. 并流流程图

图 5-4 所示为并流加料三效蒸发的流程。这种流程的优点为：料液可借相邻两效的压强差自动流入后一效，而不需用泵输送，同时，由于前一效的沸点比后一效的高，因此当物料进入后一效时，会产生自蒸发，这可多蒸出一部分水汽。这种流程的操作也较简便，易于稳定。但其主要缺点是：传热系数会下降，这是因为后续各效的浓度会逐渐增高，但沸点反而逐渐降低，导致溶液黏度逐渐增大。

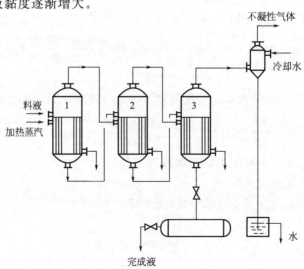

图 5-4　并流加料三效蒸发流程示意图

2. 逆流流程

图 5-5 所示为逆流加料三效蒸发流程，其优点是：各效浓度和温度对溶液的黏度的影响大致相抵消，各效的传热条件大致相同，即传热系数大致相同。这种流程的缺点是：料液输送必须用泵，另外，进料也没有自蒸发。一般这种流程只有在溶液黏度随温度变化较大的场合才被采用。

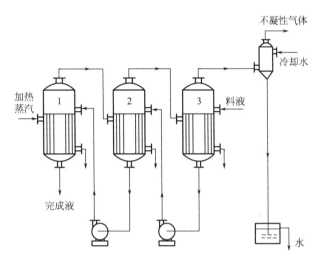

图 5-5 逆流加料三效蒸发流程示意图

3. 平流流程

图 5-6 所示为平流加料三效蒸发流程，其特点是：蒸汽的走向与并流相同，但原料液和完成液则分别从各效加入和排出。这种流程适用于处理易结晶物料，例如食盐水溶液等的蒸发。

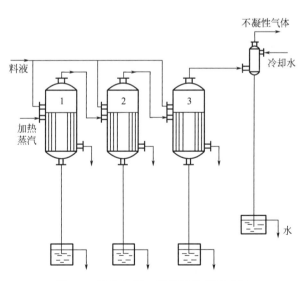

图 5-6 平流加料三效蒸发流程示意图

三、多效蒸发设计型计算

多效蒸发需要计算的内容有：各效蒸发水量、加热蒸汽消耗量及传热面积。由于多效蒸发的效数多，计算中未知数量也多，所以计算远较单效蒸发复杂。因此目前已采用电子计算机进行计算。但基本依据和原理仍然是物料衡算、热量衡算及传热速率方程。由于计算中出现未知参数，因此计算时常采用试差法，有如下步骤。

① 根据物料衡算求出总蒸发量。

② 根据经验设定各效蒸发量，再估算各效溶液浓度。通常各效蒸发量可按各效蒸发量相等的原则设定，即

$$W_1 = W_2 = \cdots = W_n \tag{5-19}$$

并流加料的蒸发过程，由于有自蒸发现象，则可按如下比例设定：

若为两效 $\qquad\qquad\qquad W_1 : W_2 = 1 : 1.1 \tag{5-20}$

若为三效 $\qquad\qquad W_1 : W_2 : W_3 = 1 : 1 : 1 : 1.2 \tag{5-21}$

根据设定得到各效蒸发量后，即可通过物料衡算求出各完成液的浓度。

③ 设定各效操作压力以求各效溶液的沸点。通常按各效等压降原则设定，即相邻两效间的压差为

$$\Delta p = \frac{p_1 - p_c}{n} \tag{5-22}$$

式中　　p_1——加热蒸汽的压力，Pa；

　　　　p_c——冷凝器中的压力，Pa；

　　　　n——效数。

④ 应用热量衡算求出各效的加热蒸汽用量和蒸发水量。

⑤ 按照各效传热面积相等的原则分配各效的有效温度差，并根据传热效率方程求出各效的传热面积。

⑥ 校验各效传热面积是否相等，若不等，则还需重新分配各效的有效温度差，重新计算，直到相等或相近时为止。

四、多效蒸发效数的限制

1. 溶液的温度差损失

单效和多效蒸发过程中均存在温度差损失。若单效和多效蒸发的操作条件相同，即两者加热蒸汽压力相同，则多效蒸发的温度差损失较单效时的大。图 5-7 所示为单效、双效蒸发的有效温差及温度差损失的变化情况。图中总高代表加热蒸汽温度与冷凝器中蒸汽温度之

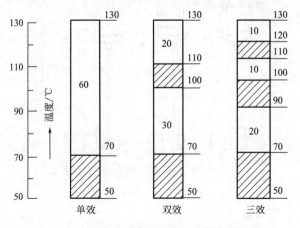

图 5-7　单效、双效蒸发的有效温差及温度差损失

差，即 $130-50=80$（℃）。空白部分代表由于各种原因引起的温度损失，阴影部分代表有效温度差（即传热推动力）。由图可见，多效蒸发中的温度差损失较单效大。不难理解，效数越多，温度差损失将越大。

2.多效蒸发效数的限制

表 5-2 列出了不同效数蒸发的单位蒸汽消耗量。综合前述情况后可知，随着效数的增加，单位蒸汽的消耗量会减少，即操作费用降低，但是有效温度差也会减少（即温度差损失增大）使设备投资费用增大。因此必须合理选取蒸发效数，使操作费和设备费之和为最少。

表 5-2　不同效数蒸发的单位蒸汽消耗量

效　　数	单效	双效	三效	四效	五效
$(D/W)_{min}$ 的理论值	1	0.5	0.33	0.25	0.2
$(D/W)_{min}$ 的实测值	1.1	0.57	0.4	0.3	0.27

蒸发设备

工业生产中蒸发器有多种结构形式，但均由主要加热室（器）、流动（或循环）管道以及分离室（器）组成。根据溶液在加热室内的流动情况，蒸发器可分为循环型和单程型两类，分述如下。

一、循环型蒸发器

常用的循环型蒸发器主要有以下几种。

1. 中央循环管式蒸发器

中央循环管式蒸发器为最常见的蒸发器，其结构如图 5-8 所示，它主要由加热室、蒸发室、中央循环管和除沫器组成。蒸发器的加热器由垂直管束构成，管束中央有一根直径较大的管子，称为中央循环管，其截面积一般为管束总截面积的 40%～100%。当加热蒸汽（介质）在管间冷凝放热时，由于加热管束内单位体积溶液的受热面积远大于中央循环管内溶液的受热面积，因此，管束中溶液的相对汽化率就大于中央循环管的汽化率，所以管束中的气液混合物的密度远小于中央循环管内气液混合物的密度。这样造成了混合液在管束中向上，在中央循环管向下的自然循环流动。混合液的循环速度与密度差和管长有关。密度差越大，加热管越长，循环速度越大。但这类蒸发器受总高限制，通常加热管为 1～2m，直径为 25～75mm，长径比为 20～40。

中央循环管蒸发器的主要优点是：结构简单、紧凑，制造方便，操作可靠，投资费用少。缺点是：清理和检修麻烦，溶液循环速度较低，一般仅在 0.5m/s 以下，传热系数小。它适用于黏度适中，结垢不严重，有少量的结晶析出，及腐蚀性不大的场合。中央循环管式蒸发器在工业上的应用较为广泛。

2. 外加热式蒸发器

外加热式蒸发器如图 5-9 所示。其主要特点是把加热器与分离室分开安装，这样不仅易于清洗、更换，同时还有利于降低蒸发器的总高度。这种蒸发器的加热管较长（管长与管径之比为 50～100），且循环管又不被加热，故溶液的循环速度可达 1.5m/s，它既利于提高传热系数，也利于减轻结垢。

3. 强制循环发生器

上述几种蒸发器均为自然循环型蒸发器，即靠加热管与循环管内溶液的密度差作为推动力，导致溶液的循环流动，因此循环速度一般较低，尤其在蒸发黏稠溶液（易结垢及有大量结晶析出）时就更低。为提高循环速度，可用循环泵进行强制循环，如图 5-9 所示。这种蒸发器的循环速度可达 1.5～5m/s。其优点是，传热系数大，利于处理黏度较大、易结垢、易结晶的物料。但该蒸发器的动力消耗较大，每平方米传热面积消耗的功率为 0.4～0.8kW。

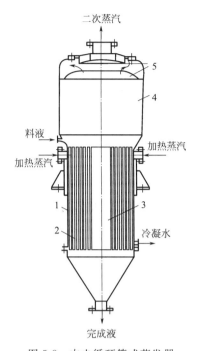

图 5-8 中央循环管式蒸发器
1—外壳；2—加热室；3—中央循环管；4—蒸发室；5—除沫器

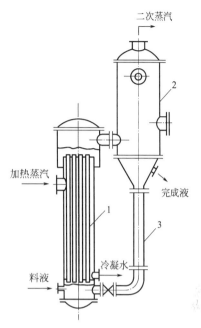

图 5-9 外加热式蒸发器
1—加热室；2—蒸发室；3—循环管

二、单程型蒸发器

循环型蒸发器有一个共同的缺点，即蒸发器内溶液的滞留量大，物料在高温下停留时间长，这对处理热敏性物料甚为不利。在单程型蒸发器中，物料沿加热管壁成膜状流动，一次通过加热器即达浓缩要求，其停留时间仅数秒或十几秒。另外，离开加热器的物料又得到及时冷却，因此特别适用于热敏性物料的蒸发。但由于溶液一次通过加热器就要达到浓缩要求，因此对设计和操作的要求较高。由于这类蒸发器的加热管上的物料成膜状流动，故又称膜式蒸发器。根据物料在蒸发器内的流动方向和成膜原因不同，它可分为下列几种类型。

1. 升膜式蒸发器

升膜式蒸发器如图 5-10 所示，它的加热室由一根或数根垂直长管组成。通常加热管径为 25～50mm，管长与管径之比为 100～150。原料液预热后由蒸发器底部进入加热器管内，加热蒸汽在管外冷凝。当原料液受热后沸腾汽化，生成二次蒸汽在管内高速上升，带动料液沿管内壁成膜状向上流动，并不断地蒸发汽化，加速流动，气液混合物进入分离器后分离，浓缩后的完成液由分离器底部放出。

这种蒸发器需要精心设计与操作，即加热管内的二次蒸汽应具有较高速度，并获较高的传热系数，使料液一次通过加热管即达到预定的浓缩要求。通常，常压下，管上端出口处速度以保持 20～50m/s 为宜，减压操作时，速度可达 100～160m/s。

升膜蒸发器适宜处理蒸发量较大，热敏性，黏度不大及易起沫的溶液，但不适于高黏度、有晶体析出和易结垢的溶液。

2. 降膜式蒸发器

降膜式蒸发器如图 5-11 所示，原料液由加热室顶端加入，经分布器分布后，在重力作用下沿管壁成膜状向下流动并进行蒸发，气液混合物由加热管底部排出进入分离器，完成液

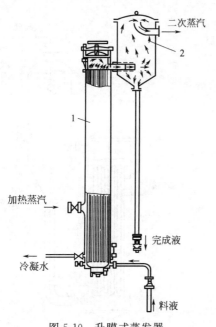

图 5-10　升膜式蒸发器

1—蒸发器；2—分离器

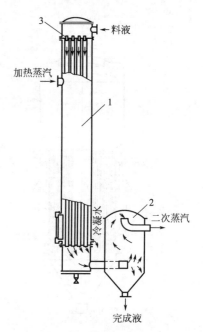

图 5-11　降膜式蒸发器

1—蒸发器；2—分离器；3—液体分布器

由分离器底部排出，二次蒸汽由顶部逸出。在该蒸发器中，每根加热管的顶部必须装有降膜式分布器，以保证每根管子的内壁都能为料液所润湿，并不断有液体缓缓流过，否则，一部分管壁出现干壁现象，不能达到最大生产能力，甚至不能保证产品质量。

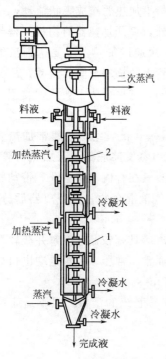

图 5-12　刮板式薄膜蒸发器

1—夹套；2—刮板

设计和操作这种蒸发器的要点是：尽力使料液在加热管内壁形成均匀液膜，并且不能让二次蒸汽由管上端窜出。降膜式蒸发器可用于蒸发黏度较大（0.05～0.45Pa·s）、浓度较高的溶液，但不适于处理易结晶和易结垢的溶液，这是因为这种溶液形成均匀液膜较困难，传热系数也不高。

3. 刮板式蒸发器

刮板式薄膜蒸发器如图 5-12 所示，它是一种适应性很强的新型蒸发器，例如对高黏度、热敏性和易结晶、结垢的物料都适用。它主要由加热夹套和刮板组成，夹套内通加热蒸汽，刮板装在可旋转的轴上，刮板和加热夹套内壁保持很小间隙，通常为 0.5～1.5mm。料液经预热后由蒸发器上部沿切线方向加入，在重力和旋转刮板的作用下，分布在内壁形成下旋薄膜，并在下降过程中不断被蒸发浓缩，完成液由底部排出，二次蒸汽由顶部逸出。在某些场合下，这种蒸发器可将溶液蒸干，在底部直接得到固体产品。

这类蒸发器的缺点是结构复杂（制造、安装和维修工作量大），加热面积不大，且动力消耗大。

三、蒸发装置的附属设备和机械

蒸发装置的附属设备和机械主要有除沫器、冷凝器和真空装置。

1. 除沫器（汽液分离器）

蒸发操作时产生的二次蒸汽，在分离室与液体分离后，仍夹带大量液滴，尤其是处理易产生泡沫的液体，夹带更为严重。为了防止产品损失或冷却水被污染，常在蒸发器内（或外）设除沫器。图 5-13 所示为几种除沫器的结构示意图。图 5-13(a)～(d) 直接安装在蒸发器顶部，图 5-13(e)～(g) 安装在蒸发器外部。

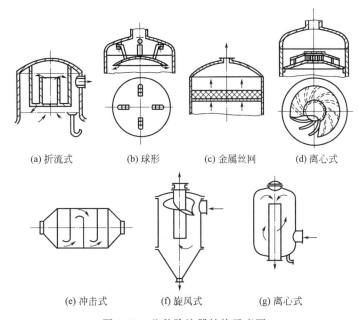

|(a) 折流式|(b) 球形|(c) 金属丝网|(d) 离心式|

|(e) 冲击式|(f) 旋风式|(g) 离心式|

图 5-13　几种除沫器结构示意图

2. 冷凝器

冷凝器的作用是冷凝二次蒸汽。冷凝器有间壁式和直接接触式两种，倘若二次蒸汽为需回收的有价值物料或会严重污染水源，则应采用间壁式冷凝器，否则通常采用直接接触式冷凝器。后一种冷凝器一般均在负压下操作，这时为将混合冷凝后的水排出，冷凝器必须设置得足够高，冷凝器底部的长管称为大气腿。

3. 真空装置

当蒸发器在负压下操作时，无论采用哪一种冷凝器，均需在冷凝器后安装真空装置。需要指出的是，蒸发器中的负压主要是由于二次蒸汽冷凝所致，而真空装置仅是抽吸蒸发系统泄漏的空气、物料及冷却水中溶解的不凝性气体和冷却水饱和温度下的水蒸气等，冷凝器后必须安真空装置才能维持蒸发操作的真空度。常用的真空装置有喷射泵、水环式真空泵、往复式或旋转式真空泵等。

【技能训练】蒸发器的开停车操作

一、实训目的

(1) 掌握蒸发生产过程中的开、停车操作。

(2) 了解蒸发器操作中常见故障和处理方法。

二、实训项目

1. 开车前准备工作

① 接调度开车通知后，检查流程是否正确、畅通，关闭各放料阀、设备仪表及控制回路完好，并通知有关岗位做好开车准备并回话。联系电工检查电气设备绝缘。

② 检查仪表是否正常，给各种泵加入轴封水，并保证冷却水压力。

③ 检查各种泵润滑的油质及油位。检查排净所有热工管线及设备内存积的冷却水。

④ 将现场所有设备的控制开关转到"遥控"位置。

⑤ 做好各效液位的设定，Ⅰ效0.8～1.0m，Ⅱ效、Ⅲ效、Ⅳ效、Ⅴ效2.0～2.5m，Ⅵ效1.8～2.0m，自蒸发器液位设定1.5～1.8m，冷凝水罐液位设定0.4m。适当调整各种阀门的开度确保原液槽存在60％以上。

⑥ 确认准备工作就绪后，岗位人员准备开车，并联系调度和锅炉房准备送新蒸汽。

2. 开车顺序

（1）降膜蒸发器开车程序

① 启动原液泵向蒸发器进料，Ⅳ效、Ⅵ效各50％流量；Ⅳ效、Ⅵ效分离器液位30％，液位1.2m左右，启动循环泵液位55％。液位1.8m左右时，启动过料泵，同时将过料泵投入自动。

② 往真空泵内注水，有溢流后，启动真空泵，打开水冷器循环水，提真空，通知循环水泵岗位开启水泵送水，缓慢打开循环上水闸门，保持真空度−0.08MPa。

③ Ⅲ效，Ⅱ效操作方法同②，Ⅰ效分离器液位在目镜0.8～1.0时，启动循环泵，并将液位控制阀门投入自动。溶液通过压差依次进入Ⅰ、Ⅱ、Ⅲ、Ⅳ、微闪蒸器，液位达到70％左右时出料到原液槽循环。

④ 慢慢打开新蒸汽主控制阀，缓慢提蒸汽量，幅度5t/h左右，每半小时提压一次。

⑤ 当各效冷凝水罐内水位达到设定水位时，启动冷凝水泵，并将液位控制投入自动。

⑥ 当四闪出料密度合格或浓度合格时，将四闪出料改往蒸发母液调配槽和强制效，强制效密度合格或浓度合格时，出料到排盐沉降槽和强碱槽。

（2）强制效开车程序

① 确认流程畅通，强制循环泵具备开车条件，启动强制效进料泵进料。

② 强制效液位在第2目镜时，启动强制循环泵。

③ 缓慢打开强制效加热蒸汽阀门，逐步按降膜蒸发器开车程序④中步骤提压。

④ 强制效出料密度符合要求后，出料到排盐沉降槽。

3. 正常作业

① 联系调度保持新蒸汽压力0.55～0.60MPa。

② 保持蒸发器各效液面在正常控制范围内。

③ 稳定蒸汽流量，稳定真空，确保蒸发系统真空度−0.085MPa，使三闪出料浓度符合技术要求。

④ 稳定蒸发器进料量，联系原液供应和母液外送，平衡各贮槽液量。

⑤ 注意各效液位，设备运行情况，以及各参数调整，做好记录。

⑥ 及时向分析站要分析结果进行适当调整，以保证各项指标控制在正常范围内。

⑦ 认真分析计算机报警并及时加以处理。

⑧ 控制回水含碱量在要求范围内。

4．停车步骤

（1）正常停车

① 联系调度，锅炉，压汽，缓慢将蒸汽减少，然后彻底压汽。

② 缓慢降低减少原液进料量，直至断料。

③ 以上两个步骤交替进行，每次调整需待上次调整平稳后方可进行。

各效蒸发器依次将料撤空后，向蒸发器进水安排蒸发水煮，水洗结束后，放料打到水洗槽。

（2）紧急停车

① 联系调度，压汽，停止进料。

② 停各效过料泵，循环泵和出料泵，根据情况决定是否需要放料。

③ 停真空泵，并破坏系统真空。

④ 根据情况组织人员检修。

（3）强制效停车程序

① 缓慢减少蒸发汽量（或压汽）最终为0。

② 停出料泵，根据情况决定是否放料。

③ 关闭二次蒸汽阀门，打开排空阀。

④ 根据情况决定是否水煮，如水煮，完毕后，水打到水洗槽。

5．蒸发器常见故障和处理方法

蒸发器常见故障和处理方法见表5-3。

表 5-3　蒸发器常见故障和处理方法

故　障	原　因	处　理　方　法
突然停电	供电系统出现问题	立即将回水改入不合格槽，打开排启阀门向调度汇报，压汽，停车联系电工处理
蒸发器振动	气室结水	加大排水量
	加热管漏	打压堵漏
	进料温度与蒸发器内物料或汽量温差太大	做到"六"稳定：压力，相对密度，进出料，真空，浓度，液位
过料管振动	过料控制阀失灵或开度小或过料管堵塞	联系计控人员检查，加大阀门开度或停车处理
真空度波动	系统漏真空	组织人员检查处理
	真空泵进水少或水量不足	加大循环水流量或联系降低进水温度
	真空泵跳停，转子结疤，排气管不畅	联系电工检查处理，钳工清理转子排气管
	使用气压升高或总压波动	联系稳定蒸汽压力
	凝结水排出不畅	查冷凝水泵或阀门
	末效气室水抽空水封破坏	控制冷凝水泵或阀门
分离器液位异常升高	管道内结疤，杂物，过料不畅	停车清理
	泵不打料	停车处理
	气压或真空波动	调整稳定气压或真空
	液位计有问题	请计控室检查处理
冷凝水	加热管漏	根据情况打压处理
	分离器液位升高或波动造成	稳定液位及蒸发器运行
打垫子	蒸发器振动，压力波动	采取一切措施保护电气设备，并按停车步骤停车，换好垫子再开车

情境测评

一、填空题

1. 蒸发操作所用的设备称为_____。

2. 蒸发操作中，加热溶液用的蒸汽称为_____，蒸发出的蒸汽称为_____。

3. 按二次蒸汽是否被利用，蒸发分为_____和_____；按操作压强大小，蒸发分为_____、_____和_____；按蒸发方式不同，蒸发分为_____和_____。

4. 蒸发过程中，溶剂的汽化速率由_____速率控制。

5. 蒸发溶液时的温度差损失在数值上恰等于_____的值。

6. 蒸发操作时，引起温度差损失的原因有_____、_____和_____。

7. 单效蒸发的计算利用_____、_____和_____三种关系。

8. 单位蒸汽消耗量是指_____，它是衡量_____的指标，单位蒸汽消耗量愈_____，蒸发装置的经济效益愈好。

9. 蒸发器的传热速率愈大，则生产能力愈_____。

10. 多效蒸发的操作流程有_____、_____和_____。多效蒸发中，效数愈多，则单位蒸汽消耗量愈_____。

11. 多效并流蒸发流程适于处理_____的溶液，多效逆流蒸发流程适于处理_____的溶液，多效平流蒸发流程适于处理_____的溶液。

12. 加热蒸汽提供的热量用于_____、_____、_____和_____。

13. 溶液的流向与蒸汽相同的多效蒸发流程称为_____。

二、选择题

1. 以下蒸发器属于自然循环型蒸发器的是（   ）蒸发器。

A. 强制循环型　　　　　　B. 升膜　　　　　　C. 浸没燃烧　　　　　　D. 外热式

2. 蒸发操作能持续进行的必要条件是（   ）。

A. 热能的不断供应，冷凝水的及时排出　　　　　　B. 热能的不断供应，生成蒸汽的不断排出

C. 把二次蒸汽通入下一效作为热源蒸汽　　　　　　D. 采用多效操作，通常使用2～3效

3. 蒸发操作通常采用（   ）加热。

A. 电加热法　　　　　　B. 烟道气加热　　　　　　C. 直接水蒸气加热　　　　D. 间接饱和水蒸气加热

4. 以下哪一条不是减压蒸发的优点（   ）。

A. 可以利用低压蒸汽或废汽作为加热剂　　　　　　B. 可用以浓缩不耐高温的溶液

C. 可减少蒸发器的热损失　　　　　　D. 可以自动地使溶液流到下一效，不需泵输送

5. 多效蒸发流程通常有三种方式，以下哪一种是错误的（   ）。

A. 顺流　　　　　　B. 逆流　　　　　　C. 错流　　　　　　D. 平流

6. 中央循环管式蒸发器中液体的流动称为（   ）。

A. 自然循环　　　　　　B. 强制循环　　　　　　C. 自然沸腾　　　　　　D. 强制沸腾

7. 蒸发操作中，二次蒸汽的冷凝通常采用（   ）。

A. 间壁式冷凝　　　　　　B. 混合式冷凝　　　　　　C. 蓄热式冷凝　　　　　　D. 自然冷凝

8. 单效蒸发器计算中 D/W 称为单位蒸汽消耗量，如原料液的沸点为 393K，下列哪种情况 D/W 最大？（　　）。

A. 原料液在 293K 时加入蒸发器　　　　　B. 原料液在 390K 时加入蒸发器

C. 原料液在 393K 时加入蒸发器　　　　　D. 原料液在 395K 时加入蒸发器

9. 蒸发过程温度差损失之一是由于溶质存在，使溶液（　　）所致。

A. 沸点升高　　　　　B. 沸点降低　　　　　C. 蒸气压升高　　　　　D. 蒸气压降低

10. 属于单程型的蒸发器是（　　）。

A. 中央循环管式蒸发器　　　　　B. 外热式蒸发器

C. 降膜蒸发器　　　　　D. 悬筐式蒸发器

三、计算题

1. 常压单效蒸发中，每小时将 10000kg 的某水溶液从 5％浓缩到 25％。原料液温度为 40℃，分离室的真空度为 60kPa，加热蒸汽压强为 120kPa，蒸发器的管外总传热系数为 2000W/(m²·℃)，溶液的平均比热容为 3.6kJ/(kg·℃)，操作条件下溶液的各种温度差损失为 15℃，忽略热损失。试求：

（1）水分蒸发量；

（2）加热蒸汽消耗量；

（3）蒸发器的传热面积。

2. 进料量为 9000kg/h，浓度为 1％（质量分数）的盐溶液在 40℃下进入单效蒸发器并被浓缩到 1.5％。蒸发器传热面积为 39.1m²，蒸发室绝对压强为 0.04MPa（该压力下水的蒸发潜热 $r'=2318.6$kJ/kg），加热蒸汽温度为 110℃（该饱和温度下水的蒸发潜热 $r=2232$kJ/kg）。由于溶液很稀，假设溶液的沸点和水的沸点相同，0.04MPa 下水的沸点为 75.4℃，料液的比热容近似于水的比热容，$c_p=4.174$kJ/(kg·℃)。试求：

（1）蒸发量、浓缩液量、加热蒸汽量和加热室的传热系数 K。

（2）进料量增加为 12000kg/h，传热系数、加热蒸汽压强、蒸发室压强、进料温度和浓度均不变的情况下，蒸发量、浓缩液量和浓缩液浓度又为多少？均不考虑热损失。

3. 在标准蒸发器中，蒸发 20％的 $CaCl_2$ 水溶液，也测得二次蒸汽的压力为 40kPa，蒸发器内溶液的液面高度为 2m，溶液的平均密度为 1180kg/m³，已知操作压力下因溶液沸点升高引起的温度损失为 4.24℃。试求由于溶液静压力引起的温度差损失及溶液的沸点。

情境六

精馏过程及设备

情境学习目标

知识目标

◆ 了解蒸馏的有关概念、方式、特点与应用。

◆ 了解常用板式塔的类型、工艺尺寸的确定、负荷性能图和板式塔的不正常操作。

◆ 理解双组分理想物系的气液相平衡关系及其相图表述。

◆ 掌握精馏原理及过程分析。

◆ 掌握双组分连续精馏塔的物料衡算、操作线方程、q 线方程、进料热状况参数 q 的计算及其对理论塔板数的影响、理论塔板数确定、最小回流比的计算和回流比的选择及其对精馏的影响。

能力目标

◆ 熟悉精馏装置管路系统中的各种设备。

◆ 能熟练进行精馏过程中常见事故的判断和处理。

◆ 熟悉精馏的操作流程。

【案例】 某酒厂精馏制酒工艺流程

某酒厂要将发酵后的酿酒原料制成一定纯度的白酒，发酵后的酿酒原料中乙醇含量为

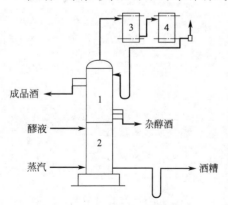

图 6-1 单塔蒸馏工艺流程图

10%左右，要求将其浓度进一步提高。工厂采用如图 6-1 所示的工艺流程来实现这一目的。如图 6-1 所示，乙醇含量为 10%左右的成熟醪液送入粗馏段上部，塔底部用直接蒸汽加热，成熟醪液受热后酒精蒸气被初步蒸出，然后酒精蒸气直接进入精馏段。在精馏段，酒精蒸气中酒精含量进一步提高，上升到第一冷凝器、第二冷凝器被冷凝，冷凝下来的液体乙醇含量在 70%左右，部分返回塔内。从精馏段上部可得到成品酒，精馏段下部取出一些沸点高的杂质，称为杂醇油。被蒸尽酒精的成熟醪称酒糟，由塔底部排糟器自动排出。

案例分析

　　乙醇含量为 10% 的醪液经蒸馏后浓度会得到提高，是因为乙醇和水的混合液，相比较而言，挥发性较强的乙醇称为易挥发组分或轻组分，挥发性比较弱的水称为难挥发组分或重组分。生产过程中通过将乙醇与水的混合液送入精馏塔可以将两者分离。在精馏塔底部设置有加热装置，以促使混合液汽化，通过精馏塔的"精馏"作用，可使塔内上升蒸气中乙醇含量不断提高，至塔顶乙醇含量达到最大，将塔顶蒸气引至冷凝器冷凝，冷凝后的液体，部分作为塔顶产品，部分引回塔内称为"回流"，回流液在塔内向下流动的过程中与上升蒸气接触，通过"精馏"作用，液体中水含量不断增大，到塔底水含量达到最大，从塔底引出液相，可得到以水为主要成分的塔底产品。

精馏原理及流程

任务一　认识蒸馏

　　在化工生产过程中，常常需要将原料、中间产物或粗产物进行分离，以获得符合工艺要求的化工产品或中间产品。化工上常见的分离过程包括蒸馏、吸收、萃取、干燥及结晶等，其中蒸馏是分离液体混合物的典型单元操作，应用最为广泛。例如将原油蒸馏可得到汽油、煤油、柴油及重油等；将混合芳烃蒸馏可得到苯、甲苯及二甲苯等；将液态空气蒸馏可得到纯态的液氧和液氮等。

一、蒸馏原理及分离依据

　　蒸馏是分离液体混合物重要单元操作之一。其原理是利用混合液中各组分在热能驱动下，具有不同的挥发能力，使得各组分在气液两相中的组成之比发生改变，即易挥发组分（轻组分）在气相中增浓，难挥发组分（重组分）在液相中得到浓缩。

　　蒸馏分离的依据是，根据溶液中各组分挥发度（或沸点）的差异，使各组分得以分离。其中较易挥发的称为易挥发组分（或轻组分）；较难挥发的称为难挥发组分（或重组分）。例如在容器中将苯和甲苯的溶液加热使之部分汽化，形成气液两相。当气液两相趋于平衡时，由于苯的挥发性能比甲苯强（即苯的沸点较甲苯低），气相中苯的含量必然较原来溶液高，将蒸气引出并冷凝后，即可得到含苯较高的液体。而残留在容器中的液体，苯的含量比原来溶液的低，也即甲苯的含量比原来溶液的高。这样，溶液就得到了初步的分离。若多次进行上述分离过程，即可获得较纯的苯和甲苯。

二、蒸馏过程的特点

　　蒸馏是目前应用最广的一类液体混合物分离方法，具有如下特点。

　　① 通过蒸馏分离可以直接获得所需要的产品，而吸收、萃取等分离方法，由于有外加

的溶剂，需进一步使所提取的组分与外加组分再行分离，因而蒸馏操作流程通常较为简单。

② 蒸馏分离的适用范围广，它不仅可以分离液体混合物，而且可用于气态或固态混合物的分离。例如，可将空气加压液化，再用精馏方法获得氧、氮等产品；再如，脂肪酸的混合物，可用加热使其熔化，并在减压下建立气液两相系统，用蒸馏方法进行分离。

③ 蒸馏过程适用于各种浓度混合物的分离，而吸收、萃取等操作，只有当被提取组分浓度较低时才比较经济。

④ 蒸馏操作是通过对混合液加热建立气液两相体系的，所得到的气相还需要再冷凝液化。因此，蒸馏操作耗能较大。蒸馏过程中的节能是个值得重视的问题。

三、蒸馏过程的分类

工业上，蒸馏操作常按以下方法进行分类。

① 按操作流程可分为间歇蒸馏和连续蒸馏。前者属于非定态操作，多用于小规模生产或某些特殊要求的场合；后者属于定态操作，用于大规模生产。

② 按操作压强可分为常压、减压和加压蒸馏。工业生产中多采用常压蒸馏，常压蒸馏用于常压下沸点为室温到150℃左右的混合物；减压蒸馏用于常压下沸点较高或者热敏性混合物；加压蒸馏用于常压下为气态、沸点为室温的混合物。

③ 按被分离混合物中组分的数目可分为双组分蒸馏和多组分蒸馏。工业生产中多组分蒸馏最为常见。

④ 按蒸馏方式可分为简单蒸馏、平衡蒸馏（闪蒸）、精馏和特殊精馏。简单蒸馏和平衡蒸馏适用于容易分离的物系或对分离要求不高的场合；精馏适用于难分离的物系或对分离要求较高的场合；特殊精馏适用于普通精馏难于分离或无法分离的物系。

本项目主要讨论常压双组分连续精馏。

任务二　双组分理想溶液的气液相平衡关系

蒸馏是气液两相间的传质过程，气液两相达到相平衡状态是传质过程的极限。因此，溶液的气液相平衡关系是分析精馏原理和进行精馏设备计算的基础。

一、理想物系的气液相平衡关系

所谓理想物系是指液相和气相应符合以下条件。

① 液相为理想溶液，遵循拉乌尔定律。

② 气相为理想气体，遵循道尔顿分压定律。当总压不太高（一般不高于10^4kPa）时气相可视为理想气体。

理想物系的相平衡是相平衡关系中最简单的模型。严格地讲，理想溶液并不存在，但对于化学结构相似、性质极相近的组分组成的物系，如苯-甲苯、甲醇-乙醇、常压及150℃以下的各种轻烃的混合物，可近似按理想物系处理。

1. 气液相平衡的函数关系——拉乌尔定律

一定温度下气液相平衡时，理想溶液上方的平衡分压为

$$p_A = p_A^0 x_A \tag{6-1}$$

$$p_B = p_B^0 x_B = p_B^0 (1 - x_A) \tag{6-2}$$

式中　p——溶液上组分的平衡分压，Pa；

p^0——在溶液温度下纯组成的饱和蒸气压，Pa；

x——溶液中组成的摩尔分数。

下标 A 表示易挥发组分，B 表示难挥发组分。

为简单起见，常略去上式中的下标，习惯上以 x 表示液相中易挥发组分的摩尔分数，以 $(1-x)$ 表示难挥发组分的摩尔分数；以 y 表示气相中易挥发组分的摩尔分数，以 $(1-y)$ 表示气相中难挥发组分的摩尔分数。

2. 道尔顿分压定律

当外压不太高时，气相可视为理想气体，遵循道尔顿分压定律，即

$$p_A = p y_A \tag{6-3}$$
$$p_B = p y_B = p(1 - y_A) \tag{6-4}$$

式中　p——气相的总压，Pa；

p_A，p_B——A、B 组分在气相中的分压，Pa；

y_A，y_B——A、B 组分在气相中的摩尔分数。

3. 应用

当溶液沸腾时，溶液上方的总压等于各组分的蒸气压之和，即

$$p = p_A + p_B \tag{6-5}$$

联立式(6-1) 和式(6-2)，可得

$$x_A = \frac{p - p_B^0}{p_A^0 - p_B^0} \tag{6-6}$$

式(6-6) 表示气液平衡下液相组成与平衡温度间的关系。一定组成的液体混合物在总压恒定的情况下，加热至液体出现第一个气泡（即刚开始沸腾生成第二个相）时，对应的温度称为该液体在此总压下的泡点温度，简称泡点。式(6-6) 则称为泡点方程。

当外压不太高时，平衡的气相可视为理想气体，遵循道尔顿分压定律，即

$$y_A = \frac{p_A}{p} \tag{6-7}$$

于是

$$y_A = \frac{p_A^0}{p} x_A \tag{6-8}$$

将式(6-6) 代入式(6-8) 可得

$$y_A = \frac{p_A^0}{p} \times \frac{p - p_B^0}{p_A^0 - p_B^0} \tag{6-9}$$

式(6-9) 表示气液平衡时气相组成与平衡温度间的关系。在一定总压下，冷却气体混合物时，产生第一个液滴（即刚生成第二个相）时，对应的温度称为该混合物在此总压下的露点温度，简称露点。式(6-9) 则称为露点方程。

二、双组分理想溶液的气液平衡相图

双组分理想溶液的气液平衡关系用相图来表达比较直观、清晰，应用于双组分蒸馏中更为方便，而且影响蒸馏的因素可在相图上直接反映出来。蒸馏中常用的相图为恒压下的温度-组成（t-x-y）图和气相-液相组成（x-y）图。

1. 温度-组成（t-x-y）图

蒸馏操作通常在一定的外压下进行，溶液的平衡温度随组成而变。溶液的平衡温度-组成图是分析蒸馏原理的理论基础。

在总压为 101.33kPa 下，苯-甲苯混合液的平衡温度-组成图如图 6-2 所示。图中以 t 为纵坐标，以 x 或 y 为横坐标。图中有两条曲线，上曲线为 t-y 线，表示混合液的平衡温度 t 和气相组成 y 之间的关系。此曲线称为饱和蒸气线。下曲线为 t-x 线，表示混合液的平衡温度 t 和液相组成 x 之间的关系。此曲线称为饱和液体线。上述的两条曲线将 t-x-y 图分成三个区域。饱和液体线以下的区域代表未沸腾的液体，称为液相区；饱和蒸气线上方的区域代表过热蒸气，称为过热蒸气区；两曲线包围的区域表示气液两相同时存在，称为气液共存区。

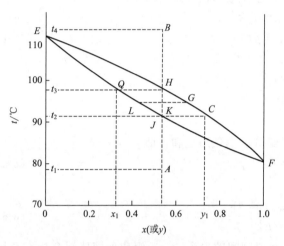

图 6-2　苯-甲苯混合液的 t-x-y 图

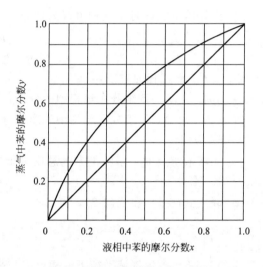

图 6-3　苯-甲苯混合液的 x-y 图

若将温度为 t_1、组成为 x_0（图中点 A 表示）的混合液加热，当温度升高到 t_2（点 J）时，溶液开始沸腾，此时产生第一个气泡，相应的温度称为泡点温度，因此饱和液体线又称泡点线。同样，若将温度为 t_4、组成为 y_0（点 B）的过热蒸气冷却，当温度降到 t_3（点 H）时，混合气开始冷凝产生第一滴液体，相应的温度称为露点温度，因此饱和蒸气线又称露点线。

由图 6-2 可见，气、液两相呈平衡状态时，气、液两相的温度相同，但气相组成大于液相组成。若气、液两相组成相同，则气相露点温度总是大于液相的泡点温度。

【例题 6-1】 已知在 100℃ 时，纯苯的饱和蒸气压力为 $p_A^0 = 179.2$kPa，纯甲苯的饱和蒸气压为 $p_B^0 = 73.86$kPa。试求总压力为 101.3kPa 下，苯-甲苯溶液在 100℃ 时的气、液相平衡组成。该溶液为理想溶液。

解 由式(6-6) 得

$$x_A = \frac{p - p_B^0}{p_A^0 - p_B^0} = \frac{101.3 - 73.86}{179.2 - 73.86} = 0.26$$

由式(6-8) 得

$$y_A = \frac{p_A^0}{p} x_A = \frac{179.2}{101.3} \times 0.26 = 0.46$$

2. 气相-液相组成（x-y）图

蒸馏计算中，经常应用一定外压下的 x-y 图。图 6-3 所示为苯-甲苯混合液在 $p = 101.33$kPa 下的 x-y 图。图中以 x 为横坐标，y 为纵坐标，曲线表示液相组成与之平衡的气相组成间的关系。例如，图中曲线上任意点表示组成为 x 的液相与组成为 y 的气相互成平衡，且表示点有一确定的状态。图中对角线 $x=y$ 的直线，作查图时参考用。对于大多数溶液，两相达到平衡时，y 总是大于 x，故平衡线位于对角线上方，平衡线偏离对角线愈远，表示该溶液愈易分离。

x-y 图可以通过 t-x-y 图作出。图 6-3 就是依据图 6-2 上相对应的 x 和 y 的数据标绘而成的。许多常见的两组分溶液在常压下实测出的 x-y 平衡数据，需要时可从物理化学或化工手册中查取。

应指出，上述的平衡曲线是在恒定压强下测得的。对同一物系而言，混合液的平衡温度愈高，各组分间挥发度差异愈小，分离变得愈难，反之亦然。但实验也表明，在总压变化范围为 $20\%\sim30\%$ 下，x-y 平衡曲线变动不超过 2%，因此在总压变化不大时，外压对平衡曲线的影响可忽略。

三、相对挥发度

表示气液平衡关系的方法，除了相图以外还可以用相对挥发度来表示。

1. 挥发度

挥发度：气相中某一组分的蒸气分压和与之平衡的液相中的该组分摩尔分数之比，以符号 ν 表示。

对于 A 和 B 组成的双组分混合液有

$$\nu_A = \frac{p_A}{x_A} \tag{6-10}$$

$$\nu_B = \frac{p_B}{x_B} \tag{6-11}$$

对于理想溶液，因符合拉乌尔定律，则

$$\nu_A = \frac{p_A^0 x_A}{x_A} = p_A^0 \tag{6-12}$$

$$\nu_B = \frac{p_B^0 x_B}{x_B} = p_B^0 \tag{6-13}$$

因为 p_A^0、p_B^0 随温度变化而变化，所以 ν_A、ν_B 随温度变化而变化，在使用时不方便，为此引入相对挥发度的概念。

2. 相对挥发度

相对挥发度：溶液中易挥发组分的挥发度与难挥发度之比，以符号 α 表示。

$$\alpha = \frac{\nu_A}{\nu_B} = \frac{\dfrac{p_A}{x_A}}{\dfrac{p_B}{x_B}} \tag{6-14}$$

或

$$\frac{y_A}{y_B} = \alpha \frac{x_A}{x_B} \tag{6-15}$$

对于理想溶液，则有

$$\alpha = \frac{\nu_A}{\nu_B} = \frac{p_A^0}{p_B^0} \tag{6-16}$$

式（6-16）表明，理想溶液中组分的相对挥发度等于同温度下两纯组分的饱和蒸气压之比。由于 p_A^0 及 p_B^0 随温度沿着相同方向变化，因而两者的比值变化不大。当操作温度不很大时，α 近似为一常数，其值可在该温度范围内任取一温度利用式(6-16)求得，或由操作温度的上、下限计算两个相对挥发度，然后取其算术或几何平均值，这样 α 即为已知。

对于双组分溶液，$x_B = 1 - x_A$，$y_B = 1 - y_A$，代入式(6-15)中

$$\frac{y_A}{1 - y_A} = \alpha \frac{x_A}{1 - x_A}$$

略去下标 A，整理得

$$y = \frac{\alpha x}{1 + (\alpha - 1)x} \tag{6-17}$$

根据相对挥发度 α 值的大小可判断某溶液是否能用一般蒸馏方法分离及分离的难易程度。

① 当 $\alpha > 1$ 时，$y > x$，说明该溶液可以用蒸馏方法来分离，α 越大，A 组分越易分离；

② 当 $\alpha = 1$ 时，则说明混合物的气相组分与液相组分相等，则普通蒸馏方式将无法分离此混合物。

【例题 6-2】 苯（A）和甲苯（B）的饱和蒸气压和温度关系如表，试计算在总压 101.33kPa 下，苯-甲苯混合液在各温度下的相对挥发度。再由两端温度时的值求平均相对挥发度并写出相平衡方程。

例题 6-2 附表

$t/℃$	80.1	82	86	90	94	98	102	106	110	110.6
p_A^0/kPa	101.3	107.4	121.1	136.1	152.6	170.5	189.6	211.2	234.2	237.8
p_B^0/kPa	39.0	41.6	47.6	54.2	61.6	69.8	78.8	88.7	99.5	101.3

解 苯-甲苯溶液为理想溶液。低压下苯对甲苯的相对挥发度可由式(6-16)计算

$$\alpha = \frac{\nu_A}{\nu_B} = \frac{p_A^0}{p_B^0}$$

根据附录表中各温度下的饱和蒸气压数据，可求得各温度下的相对挥发度如下表。

$t/℃$	80.1	82	86	90	94	98	102	106	110	110.6
α	2.60	2.58	2.54	2.51	2.47	2.44	2.41	2.38	2.35	2.35

由两端温度时的相对挥发度，按算术平均值，可求得平均挥发度为

$$\alpha = \frac{2.6 + 2.35}{2} = 2.48$$

相平衡方程式为

$$y = \frac{2.48x}{1 + 1.48x}$$

任务三 简单蒸馏和精馏

一、简单蒸馏

简单蒸馏是利用液体混合物中各组分挥发性的差异，使混合液在蒸馏釜中逐渐汽化，并不断将生成的蒸气移出，然后在冷凝器中冷凝，从而使混合液中各组分得以部分分离的操作

过程。简单蒸馏又称为微分蒸馏，是最简单的蒸馏方式，属间歇蒸馏，分离效率低，适用于产品的粗分离。

1. 简单蒸馏原理及操作流程

简单蒸馏流程如图 6-4 所示。加入蒸馏釜的原料液被加热蒸汽加热沸腾汽化，产生的蒸气由釜顶连续移出引入冷凝器得到馏出液产品。釜内任一时刻的气、液两相组成互相平衡，如图 6-5 所示 M 和 M' 点。可见，易挥发组分在移出的蒸气中的含量始终大于剩余在釜内的液相中的含量，其结果釜内易挥发组分含量由原料的初始组成 x_F 沿泡点线不断下降直至终止蒸馏时组成 x_E，釜内溶液的沸点温度不断升高，气相组成也随之沿露点线不断降低。因此，通常设置若干个槽分段收集馏出液产品。

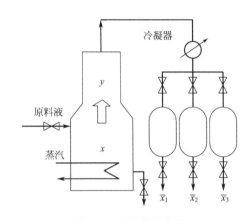

图 6-4　简单蒸馏流程

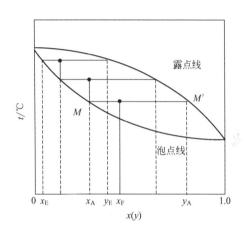

图 6-5　简单蒸馏原理

2. 简单蒸馏特点

① 间歇操作过程是一动态过程；

② 易挥发组分更多地传递到气相中去，釜液温度不断升高；

③ 产品与釜液组成随时间而改变（降低）；

④ 瞬时蒸气与釜中液体处于平衡状态。

二、精馏

由气液平衡关系可知，液体混合物一次部分汽化或混合物的蒸气一次部分冷凝，都能使混合物得到部分分离，但不能使混合物完全分离。液体混合物较为完全地分离需进行多次部分汽化和多次部分冷凝，即精馏。

1. 精馏原理

精馏原理可利图 6-6 所示物系的 t-y-x 图来说明。将组成为 x_F 的两组分混合液加热升温至 t_1 使其部分汽化，并将气相和液相分开，两相的组成分别为 x_1、y_1，此时 $y_1 > x_F > x_1$，气相量和液相量可由杠杆规则确定。若将组成为 x_1 的液相继续进行部分汽化，则可得到组成分别为 y_2'（图中未标出）和 x_2' 的气相和液相。继续将组成为 x_2' 的液相进行部分汽化，又可得到组成为 y_3' 的气相和 x_3' 的液相，显然 $x_1 > x_2' > x_3'$。如此将液体混合物进行多次部分汽化，在液相中可获得高纯度的难挥发组分。同时将组成为 y_1 的气相进行部分冷凝，则可得到组成为 y_2 的气相和组成为 x_2 的液相。继续将组成为 y_2 的气相进行部分冷凝，又可得到组成为 y_3 的气相和组成为 x_3 的液相，显然 $y_3 > y_2 > y_1$。由此可见，气相混合物经多次部分冷凝后，在气相中可获得高纯度的易挥发组分。由此可见，同时多次进行部分汽化和部分冷凝，就可将混合液分离为纯的或比较纯的组分。

化工生产中，多次部分汽化与部分冷凝过程是在精馏塔内有机耦合而进行操作的。现以板式塔为例，讨论精馏过程中气液传热、传质情况。

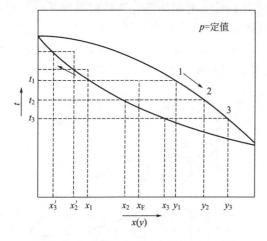

图 6-6　多次部分汽化和冷凝的 t-x-y 图

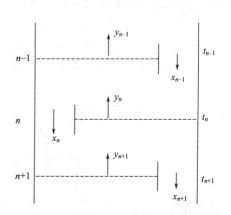

图 6-7　板式塔气液传质传热过程示意图

板式塔塔体为圆筒状，塔内装有若干层按一定间距放置的水平塔板，每块塔板上的温度都不同，从塔顶到塔底温度逐渐升高；气液两相在塔内作逆向流动，气体靠压强差自下而上穿过各层塔板及板上液层而流向塔顶，液体依靠重力作用，由上层塔板的降液管流到下层塔板上，然后横向流过塔板，从另一侧的降液管流至下一层塔板。塔板是板式塔的核心，气液相在塔板上密切接触，进行传热传质。

现以第 n 块板为例，介绍塔板上的气液传热传质情况，如图 6-7 所示。

在第 n 块塔板上，有由第 $n+1$ 块塔板上升的蒸气（组成为 y_{n+1}）以及第 $n-1$ 块塔板下降的液体（组成 x_{n-1}），蒸气和液体相互接触，由于它们是不平衡的两相，且 $t_{n+1}>t_n>t_{n-1}$，因此在第 n 块塔板上进行传质、传热，组成为 y_{n+1} 的气相部分冷凝，其中部分难挥发组分转入液相，而冷凝时放出的潜热供给组成为 x_{n-1} 的液相，使之部分汽化，其中部分易挥发组分转入气相，直至在第 n 块板上达到平衡离开。则有气相 $y_{n+1}<y_n$，液相 $x_{n-1}<x_n$。精馏塔内每层塔板上都进行着上述相似的过程，所以塔内只要有足够的塔板，就可使混合物达到所要求的分离程度。除此之外，还必须保证有源源不断的上升蒸气流和下降液体流（回流），因此，塔底蒸气回流和塔顶液体回流是精馏过程连续进行的必要条件，回流也是精馏与普通蒸馏的本质区别。

2. 精馏装置及精馏操作流程

(1) 精馏装置　主要由精馏塔、塔顶冷凝器、塔底再沸器构成，还配有原料预热器、回流液泵、产品冷却器等。精馏塔是精馏装置的核心，塔板的作用是提供气-液接触进行传热传质的场所。原料液进入的那层塔板称为加料板，加料板以上部分称为精馏段，加料板以下的部分称为提馏段。精馏段的作用是自下而上逐步增浓气相中的易挥发组分，以提高产品中易挥发组分的浓度；提馏段的作用是自上而下逐步增浓液相中的难挥发组分，以提高塔釜产品中难挥发组分的浓度。

（2）操作流程 原料液通过泵送入精馏塔，在加料板上原料液和精馏段下降的回流液汇合，逐板溢流下降，最后流入再沸器中。操作时，连续地从再沸器中取出部分液体作为塔底产品（釜残液），部分液体汽化，产生上升蒸气依次通过各层塔板，最后在塔顶冷凝器中全部冷凝。部分冷凝液利用重力作用或通过回流液泵流入塔内，其中部分经冷却器冷却后作为塔顶产品（馏出液）。

一个完整的精馏塔应包括精馏段和提馏段，才能达到较高程度的分离。

项目二

精馏计算

任务一　双组分连续精馏过程的物料衡算

化工生产中的蒸馏操作多数情况采用连续蒸馏，双组分连续精馏的工艺设计及计算主要内容有：①确定产品的流量和组成；②确定精馏塔的类型，选择板式塔或填料塔，根据塔型，求算理论板层数或填料层高度；③确定塔高和塔径；④对板式塔，进行塔板结构尺寸的计算及塔板流体力学验算；对填料塔，确定填料类型及尺寸，并计算填料塔的流动阻力；⑤计算冷凝器和再沸器的热负荷，并确定两者的类型和尺寸。本任务重点介绍前两项。

一、理论板的概念及恒摩尔流

1. 理论板的概念

理论板是指离开这种板的气液两相互成平衡，而且塔板上的液相组成也可视为均匀的。例如，对任意层理论板 n 而言，离开该板的液相组成 x_n 与气相组成 y_n 符合平衡关系。实际上，由于塔板上气液间接触面积和接触时间是有限的，因此在任何形式的塔板上气液两相都难以达到平衡状态，也就是说理论板是不存在的。理论板仅作为衡量实际板分离效率的依据和标准，它是一种理想板。通常，在设计中先求得理论板层数，然后用塔板效率予以校正，即可求得实际板层数。总之，引入理论板的概念，对精馏过程的分析和计算是十分有用的。

2. 恒摩尔流假设

(1) 恒摩尔气流　精馏操作时，在精馏塔的精馏段内，每层板的上升蒸气摩尔流量都是相等的，在提馏段内也是如此，但两段的上升蒸气摩尔流量却不一定相等。即

$$V_1=V_2=V_3=\cdots=V=常数$$
$$V'_1=V'_2=V'_3=\cdots=V'=常数$$

式中　V——精馏段中任一塔板上升蒸气摩尔流量，kmol/h；

$\quad\quad V'$——提馏段中任一塔板上升蒸气摩尔流量，kmol/h。

下标表示塔板序号（下同）。

(2) 恒摩尔液流　精馏操作时，在塔的精馏段内，每层板下降的液体摩尔流量都是相等的，在提馏段内也是如此，但两段的液体摩尔流量却不一定相等。即

$$L_1=L_2=\cdots=L_n=L=常数$$
$$L'_1=L'_2=\cdots=L'_m=L'=常数$$

式中　L——精馏段中任一塔板下降液体的摩尔流量，kmol/h；

$\quad\quad L'$——提馏段中任一塔板下降液体的摩尔流量，kmol/h。

若在精馏塔塔板上气、液两相接触时有 $n(\text{kmol})$ 的蒸气冷凝，相应就有 $n(\text{kmol})$ 的液体汽化，这样恒摩尔流的假定才能成立。为此，必须满足的条件是：①各组分的摩尔汽化热

相等；②气液接触时因温度不同而交换的显热可以忽略；③塔设备保温良好，热损失可以忽略。

精馏操作时，恒摩尔流虽是一项假设，但某些系统能基本上符合上述条件，因此，可将这些系统在精馏塔内的气液两相视为恒摩尔流动。

二、物料衡算和操作线方程

1. 全塔物料衡算

通过全塔物料衡算，可以求出精馏产品的流量、组成和进料流量、组成之间的关系。

对图 6-8 所示的连续精馏塔作全塔物料衡算，并以单位时间为基准，即

总物料　　　　$F=D+W$　　　　　　(6-18)

易挥发组分　$Fx_F=Dx_D+Wx_W$　　　　(6-19)

式中　F——原料液流量，kmol/h；

D——塔顶产品（馏出液）流量，kmol/h；

W——塔底产品（釜残液）流量，kmol/h；

x_F——原料液中易挥发组分的摩尔分数；

x_D——馏出液中易挥发组分的摩尔分数；

x_W——釜残液中易挥发组分的摩尔分数。

在精馏计算中，分离程度除用两产品的摩尔分数表示外，有时还用回收率 η 表示，即

塔顶易挥发组分回收率

$$\eta=\frac{Dx_D}{Fx_F}\times100\%　　　(6\text{-}20)$$

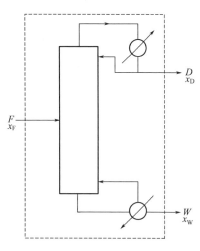

图 6-8　全塔物料衡算

塔底难挥发组分的回收率

$$\eta=\frac{W(1-x_W)}{F(1-x_F)}\times100\%　　　　　(6\text{-}21)$$

【**例题 6-3**】　将 1200kg/h 含苯 0.45（摩尔分数，下同）和甲苯 0.55 的混合液在连续精馏塔中分离，要求流出液含苯 0.95，釜残液含苯不高于 0.1，求馏出液、釜残液的流量以及塔顶易挥发组分的回收率。

解　苯和甲苯的摩尔质量分别为 78kg/kmol 和 92kg/kmol。

进料液的平均摩尔质量

$$M_F=0.45\times78+0.55\times92=85.7$$
$$F=1200/85=14.0\ (kmol/h)$$
$$F=D+W$$
$$Fx_F=Dx_D+Wx_W$$

联解得

$$D=\frac{F(x_F-x_W)}{x_D-x_W}=\frac{14.0\times(0.45-0.1)}{0.95-0.1}=5.76\ (kmol/h)$$
$$W=F-D=14.0-5.76=8.24\ (kmol/h)$$

塔顶易挥发组分回收率 η

$$\eta=\frac{Dx_D}{Fx_F}\times100\%=\frac{5.76\times0.95}{14.0\times0.45}\times100\%=86.9\%$$

2. 操作线方程

(1) 精馏段操作线方程 在连续精馏塔中,因原料液不断地进入塔内,故精馏段和提馏段的操作关系是不相同的,应分别予以讨论。

按图 6-9 所示虚线范围(包括精馏段的第 $n+1$ 层板以上塔段及冷凝器)作物料衡算,以单位时间为基准,即

总物料 $$V=L+D \tag{6-22}$$

易挥发组分 $$Vy_{n+1}=Lx_n+Dx_D \tag{6-23}$$

式中 x_n——精馏段中第 n 层板下降液体中易挥发组分的摩尔分数;

y_{n+1}——精馏段第 $n+1$ 层板上升蒸气中易挥发组分的摩尔分数。

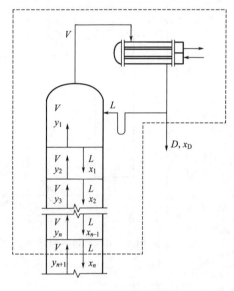

图 6-9 精馏段物料衡算

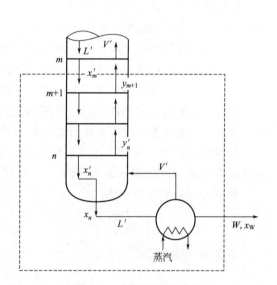

图 6-10 提馏段物料衡算

将式(6-22)代入式(6-23),并整理得

$$y_{n+1}=\frac{L}{L+D}x_n+\frac{D}{L+D}x_D \tag{6-24}$$

式(6-24)等号右边两项的分子及分母同时除以 D,则

$$y_{n+1}=\frac{L/D}{L/(D+1)}x_n+\frac{1}{L/(D+1)}x_D$$

令 $R=\dfrac{L}{D}$,代入上式得

$$y_{n+1}=\frac{R}{R+1}x_n+\frac{1}{R+1}x_D \tag{6-25}$$

式中,R 称为回流比。根据恒摩尔流假定,L 为定值,且在稳定操作时 D 及 x_D 为定值,故 R 也是常量,其值一般由设计者选定。R 值的确定将在后面讨论。

式(6-24)与式(6-25)均称为精馏段操作线方程式。此两式表示在一定操作条件下,精馏段内自任意第 n 层板下降的液相组成 x_n 与其相邻的下一层板(如第 $n+1$ 层板)上升蒸气气相组成 y_{n+1} 之间的关系。该式在 x-y 直角坐标图上为直线,其斜率为 $R/(R+1)$,截距为 $x_D/(R+1)$。

（2）提馏段操作线方程 按图6-10所示虚线范围（包括提馏段第 m 层板以下塔段及再沸器）作物料衡算，以单位时间为基准，即

总物料 $$L' = V' + W \tag{6-26}$$
易挥发组分 $$L'x'_m = V'y'_{m+1} + Wx_W \tag{6-27}$$

式中 x'_m——提馏段第 m 层板下降液体中易挥发组分的摩尔分数；

y'_{m+1}——提馏段第 $m+1$ 层板上升蒸气中易挥发组分的摩尔分数。

将式（6-26）代入式（6-27），并整理可得

$$y'_{m+1} = \frac{L'}{L'-W}x'_m - \frac{W}{L'-W}x_W \tag{6-28}$$

式（6-28）称为提馏段操作线方程式。此式表示在一定操作条件下，提馏段内自任意第 m 层板下降液体组成 x'_m 与其相邻的下层板（第 $m+1$ 层）上升蒸气组成 y'_{m+1} 之间的关系。根据恒摩尔流的假定，L' 为定值，且在定态操作时，W 和 x_W 也为定值。

应予指出，提馏段的液体流量 L' 不如精馏段的回流液流量 L 那样容易求得，因为 L' 除与 L 有关外，还受进料量及进料热状况的影响。

任务二 进料热状况的影响及 q 线方程

一、进料热状况的影响

在实际生产中，加入精馏塔中的原料液可能有五种热状况：①温度低于泡点的冷液体；②泡点下的饱和液体；③温度介于泡点和露点之间的气液混合物；④露点下的饱和蒸气；⑤温度高于露点的过热蒸气。

由于不同进料热状况的影响，使从进料板上升蒸气量及下降液体量发生变化，也即上升到精馏段的蒸气量及下降到提馏段的液体量发生了变化。图6-11所示定性地表示在不同的进料热状况下，由进料板上升的蒸气及由该板下降的液体的摩尔流量变化情况。

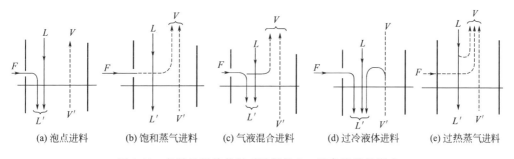

图 6-11 各种进料热状况对进料板上、下各流股的影响

（1）冷液进料 对于冷液进料，提馏段内回流液流量 L' 包括三部分：①精馏段的回流液流量 L；②原料液流量 F；③为将原料液加热到板上温度，必然会有一部分自提馏段上升的蒸气被冷凝下来，冷凝液量也成为 L' 的一部分。由于这部分蒸气的冷凝，故上升到精馏段的蒸气量 V 比提馏段的 V' 要少，其差额即为冷凝的蒸气量。

（2）泡点液体进料 对于泡点进料，由于原料液的温度与板上液体的温度相近，因此原料液全部进入提馏段，作为提馏段的回流液，而两段的上升蒸气流则相等，即

$$L' = L + F, \quad V' = V$$

（3）气液混合物进料 对于气液混合物进料，则进料中液相部分成为 L' 的一部分，而蒸气部分则成为 V 的一部分。

（4）饱和蒸气进料 对于饱和蒸气进料，整个进料变为 V 的一部分，而两段的液体流量则相等，即

$$L=L', \quad V=V'+F$$

（5）过热蒸气进料 对于过热蒸气进料，此种情况与冷液进料的恰好相反，精馏段上升蒸气流量 V 包括以下三部分饱和蒸气进料：提馏段上升蒸气流量 V'；原料液流量 F；为将进料温度降至板上温度，必然会有一部分来自精馏段的回流液体被汽化，汽化的蒸气量也成为 V 中的一部分。由于这部分液体的汽化，故下降到提馏段中的液体量 L' 将比精馏段的 L 少，其差额即为汽化的那部分液体量。

由上面分析可知，精馏塔中两段的气液摩尔流量之间的关系与进料的热状况有关，通用的定量关系可通过进料板上的物料衡算与热量衡算求得。

若对进料板分别作总物料衡算及热量衡算，即

$$F+V'+L=V+L' \tag{6-29}$$

$$FI_F+V'I_{V'}+LI_L=VI_V+L'I_{L'} \tag{6-30}$$

式中 I_F——原料液的焓，kJ/kmol；

I_V，$I_{V'}$——进料板上、下处饱和蒸气的焓，kJ/kmol；

I_L，$I_{L'}$——进料板上、下处饱和液体的焓，kJ/kmol。

由于塔中液体和蒸气都呈饱和状态，且进料板上、下处的温度及气液相组成各自都比较相近，故

$$I_V \approx I_{V'}, \quad I_L \approx I_{L'}$$

于是，式（6-30）可改写为

$$FI_F+V'I_V+LI_L=VI_V+L'I_L$$

整理得

$$(V-V')I_V=FI_F-(L'-L)I_L$$

将式（6-29）代入上式，可得

$$[F-(L'-L)]I_V=FI_F-(L'-L)I_L$$

或

$$\frac{I_V-I_F}{I_V-I_L}=\frac{L'-L}{F} \tag{6-31}$$

令

$$q=\frac{I_V-I_F}{I_V-I_L} \approx \frac{\text{将 1kmol 进料变为饱和蒸气所需热量}}{\text{1kmol 原料液的汽化潜热}} \tag{6-32}$$

q 值称为进料热状况参数。对各种进料热状况，均可用式（6-32）计算 q 值。

由式（6-31）可得

$$L'=L+qF \tag{6-33}$$

将式（6-29）代入上式，并整理得

$$V=V'-(q-1)F \tag{6-34}$$

q 值的另一个意义是：对于饱和液体、气液混合物以及饱和蒸气进料而言，q 值就等于进料中的液相分率。

根据 q 值的大小，可以判断五种进料热状况对精馏段 L、V 及提馏段 L'、V' 的影响，即

① 冷进料时，$q>1$，表示 $L'>L+F$，$V'>V$；

② 泡点液体进料时，$q=1$，表示 $L'=L+F$，$V'=V$；

③ 气液混合物进料时，$q=0\sim1$，表示 $L'>L$，$V'<V$；

④ 饱和蒸气进料时，$q=0$，表示 $L'=L$，$V'<V-F$；

⑤ 过热蒸气进料时，$q<0$，表示 $L'<L$，$V'<V-F$。

【**例题 6-4**】 在一连续精馏塔中分离苯-氯仿混合液，要求馏出液中轻组分含量为 0.96 （摩尔分数，下同）。进料量为 75kmol/h，进料中苯含量为 0.45，残液中苯含量为 0.1，回流比为 3.0，泡点进料。试求：①从冷凝器回流至塔顶的回流液量和自塔釜上升的蒸气摩尔流量；②写出精馏段、提馏段操作线方程。

解 物料衡算

$$F=D+W$$
$$Fx_F=Dx_D+Wx_W$$

则
$$75=D+W$$
$$75\times0.45=D\times0.96+W\times0.1$$

联解得
$$D=\frac{F(x_F-x_W)}{x_D-x_W}=\frac{75\times(0.45-0.1)}{0.96-0.1}=30.52\ (kmol/h)$$
$$W=F-D=75-30.52=44.48\ (kmol/h)$$

① 从冷凝器回流至塔顶的回流液量
$$L=RD=3\times30.52=91.56\ (kmol/h)$$

自塔釜上生蒸汽的摩尔流量
$$V'=V=(R+1)D=(3+1)\times30.52=122.1\ (kmol/h)$$

② 精馏段操作线方程
$$y_{n+1}=\frac{R}{R+1}x_n+\frac{x_D}{R+1}=\frac{3}{3+1}x_n+\frac{0.96}{3+1}=0.75x_n+0.24$$

提馏段下降液体组成
$$L'=L+F=91.56+75=166.56\ (kmol/h)$$

提馏段操作线方程
$$y_{m+1}=\frac{L'}{V'}x_m-\frac{W}{V'}x_W=\frac{166.56}{122.1}x_m-\frac{44.48\times0.1}{122.1}=1.36x_m-0.0364$$

二、q 线方程

q 线方程也称进料方程。由于进料板连接着精馏段和提馏段，所以将精馏段操作线方程与提馏段操作线方程联立即可得到 q 线方程。

由式(6-23)和式(6-27)并省略下标，得到
$$Vy=Lx+Dx_D$$
$$L'x=V'y+Wx_W$$

两式相减，可得
$$(V'-V)y=(L'-L)x-(Dx_D+Wx_W) \tag{6-35}$$

由式(6-19)、式(6-33)及式(6-34)可知
$$Dx_D+Wx_W=Fx_F，\quad L'-L=qF，\quad V'-V=(q-1)F$$

将上式代入式(6-35)中，并整理得

$$y = \frac{q}{q-1}x - \frac{x_F}{q-1}$$ (6-36)

式(6-36)称为 q 线方程，该式在 y-x 相图中是一条斜率为 $q/(q-1)$，截距为 $-x_F/(q-1)$，经过 (x_F, x_F) 点的直线。

任务三 理论塔板数的求法

通常，采用逐板计算法或图解法确定精馏塔的理论板层数。求算理论板层数时，必须已知原料液组成、进料热状况、操作回流比和分离程度，并利用：①气液平衡关系；②相邻两板之间气液两相组成的操作关系，即操作线方程。

一、逐板计算法

见图 6-12，若塔顶采用全凝器，从塔顶最上一层板（第 1 层板）上升的蒸气进入冷凝器

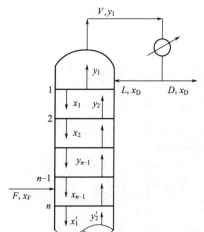

图 6-12 逐板计算法示意图

中被全部冷凝，因此塔顶馏出液组成及回流液组成均与第 1 层板的上升蒸气组成相同，即

$$y_1 = x_D = 已知值$$

由于离开每层理论板的气液两相是互成平衡的，故可由 y_1 用气液平衡方程求得 x_1。由于从下一层（第 2 层）板的上升蒸气组成 y_2 与 x_1 符合精馏段操作关系，故用精馏段操作线方程可由 x_1 求得 y_2，即

$$y_2 = \frac{R}{R+1}x_1 + \frac{x_D}{R+1}$$ (6-37)

同理，y_2 与 x_2 互成平衡，即可用平衡方程由 y_2 求得 x_2，以及再用精馏段操作线方程由 x_2 求得 y_3，如此重复计算，直至计算到 $x_n \leqslant x_F$（仅指饱和液体进料情况）时，说明第 n 层理论板是加料板，因此精馏段所需理论板层数为 $(n-1)$。应予注意，在计算过程中，每使用一次平衡关系，表示需要一层理论板。对其他进料状况，应计算到 $x_n \leqslant x_q$（x_q 为两操作线交点坐标）。

此后，可改用提馏段操作线方程，继续用与上述相同的方法求提馏段的理论板层数。因 $x'_1 = x_n =$ 已知值，故可用提馏段操作线方程求 y'_2，即

$$y'_2 = \frac{L+qF}{L+qF-W}x'_1 - \frac{W}{L+qF-W}x_W$$ (6-38)

然后利用平衡方程由 y'_2 求 x'_2，如此重复计算，直至计算到 $x'_m \leqslant x_W$ 为止。因一般再沸器内气液两相视为平衡，再沸器相当于一层理论板，故提馏段所需理论板层数为 $(m-1)$。

逐板计算法是求算理论板层数的基本方法，计算结果准确，且可同时求得各层板上的气液相组成。但该法比较烦琐，尤其当理论板层数较多时更甚，故一般在两组分精馏计算中较少采用。

二、图解法

图解法求理论板层数的基本原理与逐板计算法的完全相同，只不过是用平衡曲线和操作线分别代替平衡方程和操作线方程，用简便的图解法代替繁杂的计算而已。虽然图解法的准确性较差，但因其简便，目前在两组分精馏计算中仍被广泛采用。

1. 绘出 y-x 相图

根据该物系的相平衡关系绘出 y-x 相图。

2. 绘出精馏段操作线

若略去精馏段操作线方程式中变量的下标，则该式可写为

$$y = \frac{R}{R+1}x + \frac{1}{R+1}x_D \tag{6-39}$$

对角线方程为 $\qquad\qquad y = x$

上两式联立求解，可得到精馏段操作线与对角线的交点，即交点的坐标为 $x = x_D$、$y = x_D$，如图 6-13 中的点 a 所示。根据已知的 R 及 x_D，算出精馏段操作线的截距为 $x_D/(R+1)$，依此值定出该线在 y 轴的截距，如图 6-13 上点 c 所示。直线 ac 即为精馏段操作线。当然也可以从点 a 作斜率为 $R/(R+1)$ 的直线 ac，得到精馏段操作线。

3. 绘出 q 线

用 q 线方程 $y = \frac{q}{q-1}x - \frac{x_F}{q-1}$ 与对角线 $y = x$ 联立求解，可得到 q 线与对角线的交点，其交点坐标为 $x = x_F$，$y = x_F$，如图所示 6-13 中点 e 所示。根据 q 线方程斜率 $q/(q-1)$，可作出通过 e 点的直线，即为 q 线。该 q 线与精馏段操作线交与 d 点。

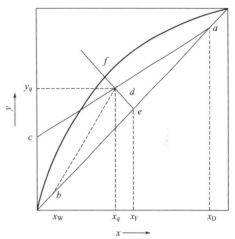

图 6-13　操作线的作法

4. 提馏段操作线的做法

若略去提馏段操作线方程中变量的上下标，则提馏段方程式可写为

$$y' = \frac{L'}{V'}x - \frac{W}{V'}x_W \tag{6-40}$$

式(6-40) 与对角线方程联解，得到提馏段操作线与对角线的交点坐标为 $x = x_W$、$y = x_W$，如图 6-13 上的点 b 所示。连接 cd 即为提馏段操作线。

5. 图解计算理论板层数

从点 a 开始，在精馏段操作线与平衡线之间绘由水平线和垂线构成的梯级。当梯级跨过两操作线交点 d 点时，则改在提馏段操作线与平衡线之间绘梯级，直至梯级的垂线达到或越过点 $b(x_W, x_W)$ 为止，如图 6-14 所示。每一个梯级代表一层理论板，梯级总数为 7，第 4 级跨过点 d，即第 4 级为加料板，故精馏段理论板层数 3；因再沸器相当于一层理论板，故提馏段理论板层数为 3。该过程共需 6 层理论板（不包括再沸器）。

应予指出，图解时也可从点 b 开始绘梯级，所得结果相同。

有时从塔顶出来的蒸气先在分凝器中部分冷凝，冷凝液作为回流，未冷凝的蒸气再用全凝器冷凝，凝液作为塔顶产品。因为离开分凝器的气相与液相可视为互相平衡，故分凝器也相当于一层理论板。此时精馏段的理论板层数应比相应的梯级数少一。

三、适宜的进料位置

如前所述，图解过程中当某梯级跨过两操作线交点时，应更换操作线。跨过交点的梯级

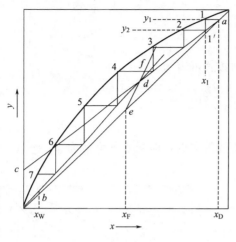

图 6-14　阶梯绘法

即代表适宜的加料板（逐板计算时也相同），这是因为对一定的分离任务而言，如此作图所需的理论板层数为最少。

如图 6-14 所示，若梯级已跨过两操作线的交点 d，而仍在精馏段操作线和平衡线之间绘梯级，由于交点 d 以后精馏段操作线与平衡线之间的距离更为接近，故所需理论板层数增多。反之，如没有跨过交点而过早更换操作线，也同样会使理论板层数增加，由此可见，当梯级跨过两操作线交点后便更换操作线作图，所定出的加料板为适宜的加料位置。

应予指出，上述求理论板层数的方法，都是基于塔内恒摩尔流的假设。这个假设能够成立的主要条件是混合液中各组分的摩尔汽化热相等或相近。对偏离这个条件较远的物系就不能采用上述方法，而应采用焓浓图等其他方法求理论板层数。

【例题 6-5】 采用常压精馏塔分离某理想混合液。进料中含轻组分 0.815（摩尔分数，下同），饱和液体进料，塔顶为全凝器，塔釜间接蒸汽加热。要求塔顶产品含轻组分 0.95，塔釜产品含轻组分 0.05，此物系的相对挥发度为 2.0，回流比为 4.0。试用：①逐板计算法；②图解法分别求出所需的理论塔板数和加料板位置。

解　物料衡算

$$F = D + W$$

$$Fx_F = Dx_D + Wx_W$$

则

$$F = D + W$$

$$F \times 0.815 = D \times 0.95 + W \times 0.05$$

联解得

$$D = \frac{F(x_F - x_W)}{x_D - x_W} = \frac{F \times (0.815 - 0.05)}{0.95 - 0.05} = 0.85F \ (\text{kmol/h})$$

$$W = F - D = 0.15F \ (\text{kmol/h})$$

提馏段下降液体组成

$$L' = L + F = RD + F = 4 \times 0.85F + F = 4.4F$$

自塔釜上生成蒸气的摩尔流量

$$V' = V = (R + 1)D = (4 + 1) \times 0.85F = 4.25F$$

精馏段操作线方程

$$y_{n+1} = \frac{R}{R+1}x_n + \frac{x_D}{R+1} = \frac{4}{4+1}x_n + \frac{0.95}{4+1} = 0.8x_n + 0.19$$

提馏段操作线方程

$$y_{m+1} = \frac{L'}{V'}x_m - \frac{W}{V'}x_W = \frac{4.4F}{4.25F}x_m - \frac{0.15F \times 0.05}{4.25F} = 1.04x_m - 0.0018$$

相平衡方程

$$y = \frac{2.0x}{1+x} \Rightarrow x = \frac{y}{2-y}$$

① 逐板计算法。因为

$$y_1 = x_D = 0.95$$

由相平衡方程得

$$x_1 = \frac{y_1}{2-y_1} = \frac{0.95}{2-0.95} = 0.905$$

由精馏段操作线方程

$$y_2 = 0.8x_1 + 0.19 = 0.8 \times 0.905 + 0.19 = 0.914$$

例题 6-5 附表　各板上的气液相组成数据

项目	1	2	3	4	5	6	7	8	9	10
y	0.95	0.914	0.863	0.788	0.674	0.527	0.370	0.234	0.136	0.074
x	0.905	0.841	0.759	0.650	0.508	0.357	0.227	0.133	0.073	0.039

交替使用相平衡方程和精馏段操作线方程至 $x < x_F$ 后，交替使用相平衡方程和提馏段操作线方程至 $x < x_W$。

第三块板为进料板，理论板数为 10 块。

② 图解法。交替在相平衡方程和精馏段操作线方程之间作梯级，至 $x < x_F$ 后，交替在相平衡方程和提馏段操作线方程作梯级至 $x < x_W$。

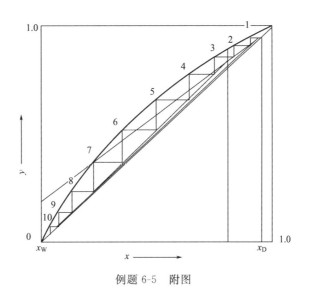

例题 6-5　附图

四、塔板效率和实际塔板数

实际塔板数偏离理论板的程度用塔板效率表示。塔板效率有多种表示方法，这里介绍常用的单板效率和全塔效率。

1. 单板效率

塔板效率有各种表示方法，这里介绍常用的默弗里板效率，或称为单板效率。它是以气相（或液相）经过实际塔板的组成变化值与经过理论塔板时的组成变化值之比表示的。如图

6-15 所示。对任意的第 n 层塔板，单板效率可分别按气相组成及液相组成的变化来表示，即

$$E_{MV} = \frac{y_n - y_{n+1}}{y_n^* - y_{n+1}} \tag{6-41}$$

$$E_{ML} = \frac{x_{n-1} - x_n}{x_{n-1} - x_n^*} \tag{6-42}$$

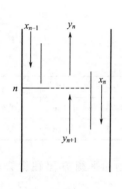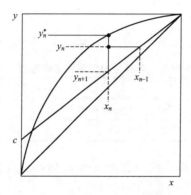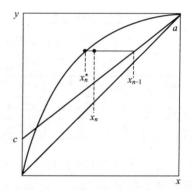

图 6-15 单板效率

式中　y_n^* ——与 x_n 成平衡的气相中易挥发组分的摩尔分数；

　　　x_n^* ——与 y_n 成平衡的液相中易挥发组分的摩尔分数；

　E_{MV} ——气相默弗里效率；

　E_{ML} ——液相默弗里效率。

单板效率通常由实验测定。

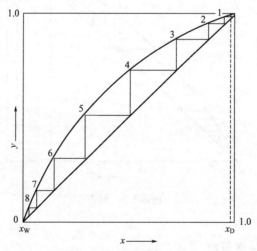

图 6-16 全回流时理论板数

2. 全塔效率

理论板层数与实际板层数之比称为全塔效率。

$$E = \frac{N_T}{N_P} \times 100\% \tag{6-43}$$

式中　E——全塔效率；

　　　N_T——理论板层数；

　　　N_P——实际板层数。

全塔效率之值恒小于 1。若已知一定结构的板式塔在一定操作条件下的全塔效率，便可按上式求实际板数。

全塔效率反映了全塔的平均传质效果，但它并不等于所有单板效率的某种简单的平均值。影响塔板效率的因素很复杂，有系统的物性、塔板的结构、操作条件、液沫夹带、漏液、返混等。目前尚未得到一个较为满意的求全塔效率的关联式。比较可靠的数据来自生产及中间试验的测定。对两组分混合液，全塔效率多在 0.5～0.7。

任务四　回流比的影响及选择

精馏过程区别于简单蒸馏就在于它有回流，回流对精馏塔的操作与设计都有重要影响。增大回流比，精馏段操作线的截距减小，操作线离平衡线越远，每一梯级的垂直线段及水平线段都增大，说明每层理论板的分离程度加大，为完成一定分离任务所需的理论板数就会减少。但是增大回流比又导致冷凝器、再沸器负荷增大，操作费用增加，因而回流比的大小涉及经济问题。既应考虑工艺上的要求，又应考虑设备费用（板数多少及冷凝器、再沸器传热面积大小）和操作费用，来选择适宜回流比。

以下所论的回流是指塔顶蒸气冷凝为泡点下的液体回流至塔内，常称为泡点回流。泡点回流时由冷凝器到精馏塔的外回流与塔内的内回流是相等的。

一、全回流与最少理论板数

若塔顶上升之蒸气冷凝后全部回流至塔内称为全回流。

全回流时塔顶产品 $D=0$，不向塔内进料，$F=0$，也不取出塔底产品，$W=0$。因而无精馏段和提馏段之分了。

全回流时回流比，$R=L/D=L/0=\infty$ 是回流比的最大值。

精馏段操作线（亦即全塔操作线）的斜率 $R=1$，在 y 轴上的截距 $\dfrac{x_D}{R+1}=0$，操作线与 $y\text{-}x$ 图上的对角线重合。即

$$y_{n+1}=x_n$$

在操作线与平衡线间绘直角梯级，其跨度最大，所需的理论板数最少，以 N_{min} 表示，如图 6-16 所示。

N_{min} 可在 $y\text{-}x$ 图上的平衡线与对角线之间直接作阶梯图解，也可用平衡方程与对角线方程逐板计算得到。

全回流操作生产能力为零，因此对正常生产无实际意义。但在精馏操作的开工阶段或在实验研究中，多采用全回流操作，这样便于过程的稳定和精馏设备性能的评价。

二、最小回流比

回流比减小，两操作线向平衡线移动，达到指定分离程度（x_D，x_W）所需的理论板数增多。当回流比减到某一数值时，两操作线交点 d［图 6-17(a)］点落在平衡线上，在平衡线与操作线间绘梯级，需要无穷多的梯级才能达到 d 点。相应的回流比称为最小回流比，以 R_{min} 表示。对于一定的分离要求，R_{min} 是回流比的最小值。

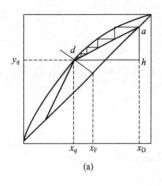 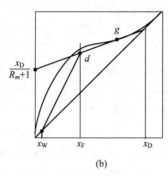 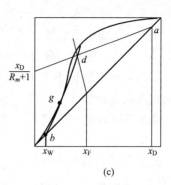

(a)	(b)	(c)

图 6-17　最小回流比

在 d 点上下各板（进料板上下区域）气液两相组成基本不变化，即无增浓作用，点 d 称为夹紧点。这个区域称为恒浓区（或称为夹紧区）。

最小回流比 $R_{\min}$ 可用作图法或解析法求得。

（1）作图法　设 d 点的坐标为 $(x_q，y_q)$，最小回流比可依图 6-17（a）中三角形 ahd 的几何关系求算。ad 线的斜率为

$$\frac{R_{\min}}{R_{\min}+1}=\frac{y_1-y_q}{x_D-x_q}$$

而
$$y_1=y_D$$
整理得

$$R_{\min}=\frac{x_D-y_q}{y_q-x_q} \tag{6-44}$$

最小回流比 $R_{\min}$ 与平衡线的形状有关。如乙醇水溶液的平衡线如图 6-17（b）所示，当精馏段操作线与下凹部分曲线相切于 g 点时，在 g 点处已出现恒浓区，相应的回流比即为最小回流比 $R_{\min}$。用式（6-44）计算 $R_{\min}$ 时，d 点不在平衡线上，是切线与 q 线的交点，x_q、y_q 不是气液两相的平衡浓度，其值由 y-x 图读得；也可由切线的截距 $\dfrac{x_D}{R_{\min}+1}$ 来确定 $R_{\min}$。

（2）解析法　当平衡曲线为正常情况，相对挥发度可取为常数（或取平均值）的理想溶液，则

$$y_q=\frac{\alpha x_q}{1+(\alpha-1)x_q}$$

代入式（6-44）整理得

$$R_{\min}=\frac{1}{\alpha-1}\left[\frac{x_D}{x_q}-\frac{\alpha(1-\alpha_D)}{1-x_q}\right] \tag{6-45}$$

对某些进料热状态，上式可进一步化简。

泡点液体进料时，$x_q=x_F$，故

$$R_{\min}=\frac{1}{\alpha-1}\left[\frac{x_D}{x_F}-\frac{\alpha(1-\alpha_D)}{1-x_F}\right] \tag{6-46}$$

饱和蒸气进料时，$y_q=y_F$，得

$$R_{\min}=\frac{1}{\alpha-1}\left(\frac{\alpha x_D}{y_F}-\frac{1-x_D}{1-y_F}\right)-1 \tag{6-47}$$

三、适宜回流比

前面介绍了全回流时的回流比（$R=\infty$）是回流比的最大值，最小回流比 R_{min} 为回流比的最小值。那么，在实际设计时，回流比 R 在 R_{min} 与 $R=\infty$ 之间取多大为适宜呢？这要从精馏过程的设备费用与操作费用两方面考虑来确定。设备费用与操作费用之和为最低时的回流比，称为适宜回流比。

精馏过程的设备主要有精馏塔、再沸器和冷凝器。

当回流比最小时，塔板数为无穷大，故设备费为无穷大。当 R 稍大于 R_{min} 时，塔板数便从无穷多锐减到某一值，塔的设备费随之锐减。当 R 继续增加时，塔板数固然仍随之减少，但已较缓慢。另一方面，由于 R 的增加，上升蒸气量随之增加，从而使塔径、蒸馏釜、冷凝器等尺寸相应增大，故 R 增加到某一数值以后，设备费用又回升，如图 6-18 中曲线 1 所示。

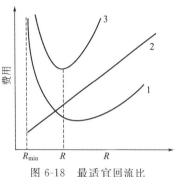

图 6-18　最适宜回流比
1—设备费用；2—操作费用；3—总费用

精馏过程的操作费用主要包括再沸器加热介质和冷凝器冷却介质的费用。当回流比增加时，加热介质和冷却介质消耗量随之增加，使操作费用相应增加，如图 6-18 中曲线 2 所示。

总费用是设备费用与操作费用之和，它与 R 的大致关系如图 6-18 中曲线 3 所示。曲线 3 的最低点对应的 R，即为适宜回流比。

在精馏设计中，通常采用由实践总结出来的适宜回流比范围为：

$$R=(1.2\sim2.0)R_{min}$$

对于难分离的物系，R 应取得更大些。

以上分析主要是从设计角度考虑的。生产中却是另一种情况，设备都已安装好，即理论塔板数固定。若原料的组成、热状态均为定值，倘若加大回流比操作，这时操作线更接近对角线，所需理论板数减少，而塔内理论板数显得比需要的多了，因而产品纯度会有所提高。反之，减少回流比操作，情形正好与上述相反，产品纯度会有所降低。所以在生产中把调节回流比当作保持产品纯度的一种手段。

【例题 6-6】 用一连续操作的精馏塔分离内烯-丙烷混合液，进料含丙烯 0.8（摩尔分数，下同），常压操作，泡点进料，要使塔顶产品含丙烯 0.95，塔釜产品含丙烷 0.95，物系的相对挥发度为 1.16，试计算：最小回流比。

解 泡点进料，$q=1$　则 $x_q=x_F=0.8$

$$y_q=\frac{\alpha x_q}{1+(\alpha-1)x_q}=\frac{1.16\times0.8}{1+(1.16-1)\times0.8}=0.823$$

所以

$$R_{min}=\frac{x_D-y_q}{y_q-x_q}=\frac{0.95-0.823}{0.823-0.8}=5.52$$

任务五　连续精馏装置的热量衡算

对连续精馏装置进行热量衡算（图 6-19），可以求得再沸器和冷凝器的热负荷以及加热剂和冷却剂的用量。

一、冷凝器的热负荷与冷却水用量的计算

精馏塔顶排出的蒸气 $V=D(R+1)$，在冷凝器（为全凝器）中冷凝为液体，放出热量，

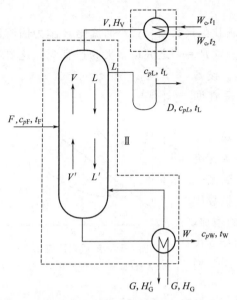

图 6-19 精馏装置的热量衡算

使冷却剂由温度 t_1 升为 t_2。若忽略热损失，则冷凝器的热负荷可用式(6-48) 计算

$$Q_c = D(R+1)(H_V - h_R) \quad (6\text{-}48)$$

式中　　Q_c——冷凝器的热负荷，kJ/h；

H_V——塔顶上升蒸气的摩尔焓，kJ/kmol；

h_R——回流液的摩尔焓，kJ/kmol。

冷却剂用量为

$$G_c = \frac{Q_c}{c_p(t_2 - t_1)} \quad (6\text{-}49)$$

式中　　G_c——冷却剂用量，kg/h；

c_p——冷却剂的平均比热容，kJ/(kg·℃)；

t_1，t_2——冷却剂进、出口温度，℃。

二、再沸器的热负荷与加热剂用量的计算

若忽略热损失，再沸器的热负荷 Q_B 可用全塔热量衡算式计算。即

$$Q_B = Q_D + Q_W + Q_c - Q_F \quad (6\text{-}50)$$

式中　　Q_D——塔顶产品带出去的热量，kJ/h；

Q_W——塔底产品带出去的热量，kJ/h；

Q_c——冷凝器中冷却剂带出的热量，kJ/h；

Q_F——进料带入的热量，kJ/h。

加热剂用量为

$$G_B = \frac{Q_B}{H_1 - H_2} \quad (6\text{-}51)$$

式中　　H_1，H_2——加热剂进、出再沸器的比焓，kJ/kg。

一般常用饱和水蒸气作为加热剂，若冷凝水在饱和温度下排出，则 $H_1 - H_2 = r$，r 为饱和水蒸气的比汽化焓，kJ/kg。

板式塔

精馏塔有板式塔和填料塔两类,在板式塔和填料塔中都可实现气液传质过程。填料塔将在吸收章中作介绍,本项目将讨论板式塔的结构和塔板的流体力学状况。

一、塔板结构

板式塔是由一个圆筒形壳体及其中装置若干块水平塔板所构成的。相邻塔板间有一定距离,称为板间距。液相在重力作用下自上而下最后由塔底排出,气相在压差推动下经塔板上的开孔由下而上穿过塔板上液层最后由塔顶排出。呈错流流动的气相和液相在塔板上进行传质过程。显然,塔板的功能应使气液两相保持密切而又充分的接触,为传质过程提供足够大且不断更新的相际接触表面,减少传质阻力,因而塔板应由下述部分构成。

1. 气相通道

塔板上均匀地开有一定数量供气相自下而上流动的通道。气相通道的形式很多,对塔板性能的影响极大,各种形式的塔板主要区别就在于气相通道的形式不同。

结构最简单的气相通道为筛孔(图 6-20)。筛孔的直径通常是 $3\sim 8mm$。目前大孔径($12\sim25mm$)筛板也得到相当普遍的应用。其他形式的气相通道请参阅有关《化学工程手册》。

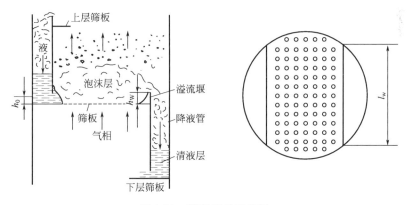

图 6-20 筛板塔板示意图

2. 溢流堰

在每层塔板的出口端通常装有溢流堰(weir),板上的液层高度主要由溢流堰决定。最常见的溢流堰为弓形平直堰,其高度为 h_w,长度为 l_w(图 6-20)。

3. 降液管

降液管(downcomer)是液体自上层塔板流到本层塔板的通道。液体经上层板的降液管流下,横向经过塔板,翻越溢流堰,进入本层塔板的降液管再流向下层塔板。

为充分利用塔板的面积，降液管一般为弓形。降液管的下端离下层塔板应有一定高度（图中所示 h_0），使液体能通畅流出。为防止气相窜入降液管中，h_0 应小于堰高 h_w。

只有一个降液管的塔板称为单流型塔板［图 6-21(a)］。当塔径或液体量很大时降液管将不止一个。双流型是将液体分成两半，设有两条溢流堰［图 6-21(b)］，来自上一塔板的液体分别从左右两降液管进入塔板。流经大约半径的距离后两股液体进入同一个中间降液管。下一塔板上的液体流向则正好相反，即从中间流向左右两降液管。对特别大的塔径或液体流量特别大的塔，当双流型不能满足要求时，可采用四程流型或阶梯流型。四程流型的塔板［图 6-21(c)］设有四个溢流堰，液体只流经约 1/4 塔径的距离。阶梯流型塔板［图 6-21(d)］是做成梯级式的，在梯级之间增设溢流堰，以缩短液流长度。

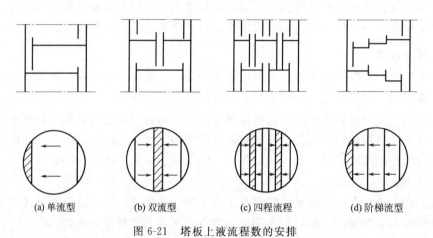

(a) 单流型　　　(b) 双流型　　　(c) 四程流程　　　(d) 阶梯流型

图 6-21 塔板上液流程数的安排

二、塔板的流体力学状况

尽管塔板的形式很多，但它们之间有许多共性，例如，在塔内气液流动方式、气流对液沫的夹带、降液管内的液流流动、漏液、液泛等都遵循相同的流体力学规律。通过对塔板流体力学共性的分析，可以全面了解塔板设计原理以及塔设备在操作中可能出现的一些现象。下面以筛板塔为例进行讨论。其他塔板在原理上与筛板有许多相同之处，就不再一一重复了。

1. 气液接触状态

气相经过筛孔时的速度（简称孔速）不同，可使气液两相在塔板上的接触状态不同。当孔速很低时，气相穿过孔口以鼓泡形式通过液层，板上气液两相呈鼓泡接触状态（图 6-22）。两相接触的传质面积为气泡表面。由于气泡数量不多，气泡表面的湍动程度不强，鼓泡接触状态的传质阻力较大。

气相负荷较大，孔速增加时，气泡数量急剧增加，气泡表面连成一片并不断发生合并与破裂，板上液体大部分以高度活动的泡沫形式存在于气泡之中，仅在靠近塔板表面处才有少

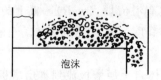

鼓泡　　　　　　泡沫　　　　　　喷射

图 6-22 塔板上气液接触状态

量清液。这种操作状态称为泡沫接触状态。这时液体仍为连续相，而气相仍为分散相。这种高度湍动的泡沫层为两相传质创造了良好的流体力学条件。

当气相负荷更高孔速继续增加时，动能很大的气相从孔口喷射穿过液层，将板上液体破碎成许多大小不等的液滴抛到塔板上方空间，当液滴落到板上又汇集成很薄的液层并再次被破碎成液滴抛出。气液两相的这种接触状态称为喷射接触状态。此时就整体而言，板上由气相在连续液相中分散，变成液体在连续气相中分散，即发生相转变。喷射接触为两相传质创造了良好的流体力学条件。

工业上实际使用的筛板，两相接触不是泡沫状态就是喷射状态，很少采用鼓泡接触的。

2. 漏液

气相通过筛孔的气速较小时，板上部分液体就会从孔口直接落下，这种现象称为漏液。上层板上的液体未与气相进行传质就落到浓度较低的下层板上，降低了传质效果。严重的漏液将使塔板上不能积液而无法操作。故正常操作时漏液量一般不允许超过某一规定值。

3. 液沫夹带

气相穿过板上液层时，无论是喷射型还是泡沫型操作，都会产生数量其多、大小不一的液滴，这些液滴中的一部分被上升气流夹带至上层塔板，这种现象称为液沫夹带。浓度较低的下层板上的液体被气流带到上层塔板，使塔板的提浓作用变差，对传质是一不利因素。

液沫夹带量与气速和板间距有关，板间距越小，夹带量就越大。同样的板间距若气速过大，夹带量也会增加，为保证传质达到一定效果，夹带量不允许超过 0.1kg 液体/kg 干蒸气。

4. 气相通过塔板的阻力损失

气相通过筛孔及板上液层时必然产生阻力损失，称为塔板压降。通常采用加和性模型来确定塔板压降。气相通过一块塔板的压降 h_f 为

$$h_f = h_d + h_1 \tag{6-52}$$

式中 h_d——气相通过一块干塔板（即板上没有液体）的压降，m 液柱；

h_1——气相通过液层的压降，m 液柱。

筛板塔的干板压降主要由气相通过筛孔时的突然缩小和突然扩大的局部阻力引起的。气相通过干板与通过孔板的流动情况极为相似。即

$$h_d = \zeta \frac{u_0^2 \rho_G}{2g\rho_L} \tag{6-53}$$

式中 ζ——阻力系数；

u_0——气体在开孔处的速度，m/s；

ρ_G，ρ_L——气相和液相的密度，kg/m^3。

气相通过液层的阻力损失有克服板上泡沫层的静压、克服液体表面张力的压降，其中以泡沫层静压所造成的阻力损失占主要部分。板上泡沫层既含气又含液，常忽略其中气相造成的静压。因此对于一定的泡沫层，相应的有一个清液层，如以液柱高表示泡沫层静压的阻力损失，其值为该清液层高度 h_1，如图 6-23 所示。因而液体量大，板上液层愈厚，气相通过液层的阻力损失也愈大。同时，还与气速有关，气速增大时，泡沫层高度不会有很大变化，相应的清液层高度随之减小。因此，气相通过泡沫层的压头损失反而有所降低。当然，总压头损失还是随气速增加而增大的。

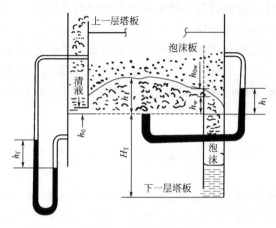

图 6-23   塔板压头损失

5. 液泛

气相通过塔板的压降一方面随气速的增加而增大，因而降液管内的液面亦随气速的增加而升高；另一方面，当液体流经降液管时，降液管对液流有各种局部阻力，流量大则阻力增大，降液管内液面随之升高。故气液流量增加都使降液管内液面升高，严重时可将泡沫层升举到降液管的顶部，使板上液体无法顺利流下，导致液流阻塞，造成液泛。液泛是气液两相作逆向流动时的操作极限。因此，在板式塔操作中要避免发生液泛现象。

6. 塔板上液体的返混

液体在塔板的主流方向是自入口端横向流至出口端，因气相搅动，液体在塔板上会发生反向流动，这些与主流方向相反的流动即所谓返混。只有当返混极为严重时，板上液体才能混合均匀。假若塔板上液体完全混合，这时板上各点的液体浓度都相同，有浓度均匀的气相与塔板上各点的液体接触传质，离开各点的气相浓度也相同。假若塔板上液体完全没有返混，液体在塔板上呈活塞流流动，这时塔板上液体沿液流方向上浓度梯度最大，塔板进口处液体浓度大于出口浓度，当浓度均匀的气相与塔板上各点液体接触传质后，离开塔板各点的气相浓度也不相同，液体进口处的气相浓度比出口处的浓度高。理论与实践都证明了这种情况的塔板效率比液体完全混合时的高。塔板上液体完全不混合是一种理想情况，而实际塔板上液体处于部分混合状态。

7. 塔板上的液面落差

液体在板上从入口端流向出口端时必须克服阻力，故板上液面将出现坡度，塔板进、出口侧的液面高度差称为液面落差，或称为水力梯度。在液体入口侧因液层厚，故气速小。出口处液层薄，气速大，导致气流分布不均匀。在液体进口侧气相增浓程度大，而在液体出口侧气相增浓程度小，所以实际上气相的浓度分布并不是均匀一致的。为使气流分布均匀，减小液面落差，对大液流量或大塔径的情况，则需采用前述的双流型和多流型塔板。

精馏塔的操作

任务一　影响精馏塔操作的主要因素

一、物料平衡的影响和制约

根据精馏塔的总物料衡算可知，对于一定的原料液流量 F 和组成 x_F，只要确定了分离程度 x_D 和 x_W，馏出液流量 D 和釜残液流量 W 也就被确定了。

采出率 D/F：$D/F=(x_F-x_W)/(x_D-x_W)$

不能任意增减，否则进、出塔的两个组分的量不平衡，必然导致塔内组成变化，操作波动，使操作不能达到预期的分离要求。

在精馏塔的操作中，需维持塔顶和塔底产品的稳定，保持精馏装置的物料平衡是精馏塔稳态操作的必要条件。通常由塔底液位来控制精馏塔的物料平衡。

二、塔顶回流的影响

回流比是影响精馏塔分离效果的主要因素，生产中经常用回流比来调节、控制产品的质量。当回流比增大时，精馏产品质量提高；当回流比减小时，x_D 减小而 x_W 增大，使分离效果变差。回流比增加，使塔内上升蒸气量及下降液体量均增加，若塔内气液负荷超过允许值，则可能引起塔板效率下降，此时应减小原料液流量。调节回流比的方法可有如下几种。

① 减少塔顶采出量以增大回流比。

② 塔顶冷凝器为分凝器时，可增加塔顶冷剂的用量，以提高凝液量、增大回流比。

③ 有回流液中间贮槽的强制回流，可暂时加大回流量，以提高回流比，但不得将回流贮槽抽空。

必须注意，在馏出液采出率 D/F 规定的条件下，借增加回流比 R 以提高 x_D 的方法并非总是有效的。加大操作回流比意味着加大蒸发量与冷凝量，这些数值还将受到塔釜及冷凝器的传热面的限制。

三、进料热状况的影响

当进料状况（x_F 和 q）发生变化时，应适当改变进料位置，并及时调节回流比 R。一般精馏塔常设几个进料位置，以适应生产中进料状况，保证在精馏塔的适宜位置进料。如进料状况改变而进料位置不变，必然引起馏出液和釜残液组成的变化。

进料情况对精馏操作有着重要意义。常见的进料状况有五种，不同的进料状况，都显著地直接影响提馏段的回流量和塔内的气液平衡。

精馏塔较为理想的进料状况是泡点进料，它较为经济和最为常用。对特定的精馏塔，若 x_F 减小，则将使 x_D 和 x_W 均减小，欲保持 x_D 不变，则应增大回流比。

四、塔釜温度的影响

釜温是由釜压和物料组成决定的。精馏过程中，只有保持规定的釜温，才能确保产品质量。因此釜温是精馏操作中重要的控制指标之一。

提高塔釜温度时，则使塔内液相中易挥发组分减少，同时，并使上升蒸气的速度增大，有利于提高传质效率。如果由塔顶得到产品，则塔釜排出难挥发物中，易挥发组分减少，损失减少；如果塔釜排出物为产品，则可提高产品质量，但塔顶排出的易挥发组分中夹带的难挥发组分增多，从而增大损失。

在提高温度的时候，既要考虑到产品的质量，又要考虑到工艺损失。一般情况下，操作习惯于用温度来提高产品质量，降低工艺损失。当釜温变化时，通常是用改变蒸发釜的加热蒸汽量，将釜温调节至正常。当釜温低于规定值时，应加大蒸汽用量，以提高釜液的汽化量，使釜液中重组分的含量相对增加，泡点提高，釜温提高。当釜温高于规定值时，应减少蒸汽用量，以减少釜液的汽化量，使釜液中轻组分的含量相对增加，泡点降低，釜温降低。此外还有与液位串级调节的方法等。

五、操作压力的影响

塔的压力是精馏塔主要的控制指标之一。在精馏操作中，常常规定了操作压力的调节范围。塔压波动过大，就会破坏全塔的气液平衡和物料平衡，使产品达不到所要求的质量。提高操作压力，可以相应地提高塔的生产能力，操作稳定。但在塔釜难挥发产品中，易挥发组分含量增加。如果从塔顶得到产品，则可提高产品的质量和易挥发组分的浓度。

影响塔压变化的因素：塔顶温度、塔釜温度、进料组成、进料流量、回流量、冷剂量、冷剂压力等的变化以及仪表故障、设备和管道的冻堵等，对于常压塔的压力控制，主要有以下三种方法。

① 对塔顶压力在稳定性要求不高的情况下，无需安装压力控制系统，应当在精馏设备（冷凝器或回流罐）上设置一个通大气的管道，以保证塔内压力接近于大气压。

② 对塔顶压力的稳定性要求较高或被分离的物料不能和空气接触时，若塔顶冷凝器为全凝器时，塔压多是靠冷却剂量的大小来调节。

③ 用调节塔釜加热蒸汽量的方法来调节塔釜的气相压力。

在生产中，当塔压变化时，控制塔压的调节机构就会自动动作，使塔压恢复正常。当塔压发生变化时，首先要判断引起变化的原因，而不要简单地只从调节上使塔压恢复正常，要从根本上消除变化的原因，才能不破坏塔的正常操作。

任务二　精馏塔的开停车操作

开车是生产中十分重要的环节，目标是缩短开车时间，节省费用，避免可能发生的事故，尽快取得合格产品。停车也是生产中十分重要的环节，当装置运转一定周期后，设备和仪表将发生各种各样的问题，继续维持生产在生产能力和原材料消耗等方面已经达不到经济合理的要求，还蕴含着发生事故的潜在危险，于是需停车进行检修，要实现装置完全停车，尽快转入检修阶段，必须做好停车准备工作，制定合理的停车步骤，预防各种可能出现的问题。下面介绍精馏塔开停车操作的一般步骤。

一、精馏塔的开车步骤

1. 原始开车

精馏塔系统安装或大修结束后，必须对其设备和管路进行检查、清洗、试压、试漏、置换及设备的单机试车、联动试车和系统试车等工作，这些准备工作和处理工作的好坏，对正常开车有直接的影响。

原始开车的程序一般按六个阶段进行。

① 检查。按安装工艺流程图逐一进行核对检查。

② 吹除和清扫。一般采用空气或氮气把设备、管路内的灰尘、污垢等杂物吹扫干净，以免设备内的铁锈、焊渣等堵塞管道、设备等。

③ 试压、试漏。多采用具有一定压力的水进行静液压实验，以检查系统设备、管路的强度和气密性。

④ 单机试车和联动试车。

⑤ 设备的清洗和填料的处理。

⑥ 系统的置换和开车。一般采用氮气对精馏系统进行置换，使系统内的含氧量达到安全规定（0.2%）以下，以免系统内的空气与有机物形成爆炸性混合物。

2. 正常开车

① 准备工作。检查仪器、仪表、阀门等是否齐全、正确、灵活，做好开车前的准备。

② 预进料。先打开空阀，充氮，置换系统中的空气，以防在进料时出现事故，当压力达到规定的指标后停止，再打开进料阀，打入指定液位高度的料液后停止。

③ 再沸器投入使用。打开塔顶冷凝器的冷却水（或其他冷却介质），再沸器通蒸汽加热。

④ 建立回流。在全回流情况下继续加热，直到塔温、塔压均达到规定指标，产品质量符合要求。

⑤ 进料与出产品。打开进料阀进料，同时从塔顶和塔釜采出产品，调节到指定的回流比。

⑥ 控制调节。对塔的操作条件和参数逐步调整，使塔的负荷、产品质量逐步且尽快地达到正常操作值，转入正常操作。

二、精馏塔的停车步骤

化工生产中停车方法与停车前的状态有关，不同的状态，停车的方法及停车后的处理方法不同。

1. 正常停车

生产进行一段时间后，设备需进行检查或检修而有计划地停车，叫作正常停车。这种停车是逐步减少物料的加入，直到完全停止加入。待物料蒸完后，停止供汽加热，降温并卸掉系统压力；停止供水，将系统中的溶液排干净（排到溶液贮槽）。打开系统放阀，并对设备进行清洗。若原料中含有易燃、易爆的气体，要用惰性气体对系统进行置换，当置换气中含氧量小于0.5%，易燃气总含量小于5%时合格。最后用鼓风机向系统送入空气，置换气中氧含量大于20%即为合格。

停车后，对某些需要进行整修的设备，要用盲板切断设备上的物料管线，以免可燃物漏出而造成事故。

2. 紧急停车

生产中由于一些意想不到的特殊情况而造成的停车，称为紧急停车。如一些设备的损坏、电气设备的电源发生故障、仪表失灵等，都会造成生产装置的紧急停车。

发生紧急停车时，首先应停止加料，调节塔釜加热蒸汽和凝液采出量，使操作处于待生产的状态，此时，应紧急抢修，排除故障，待故障排除后，按开车程序恢复生产。

3. 全面紧急停车

当生产过程突然停电、停水、停蒸汽或其他重大事故时，则要全面紧急停车。

对于自动化程度较高的生产装置，为防止全面紧急停车的发生，一般化工厂均有备用电源，当生产断电时，备用电源立即送电。

三、全回流操作

全回流操作在精馏塔开车中常被采用，在塔短期停料时，往往也用全回流操作来保持塔的良好操作状况，全回流操作还是脱除塔中水分的一种方法。全回流开车一般既简单又有效，因为塔不受上游设备操作干扰，有比较充裕的时间对塔的操作进行调整，全回流下塔中容易建立起浓度分布，达到产品组成的规定值，并能节省料液用量和减少不合格产品量。全回流操作时可应用料液，也可用塔合格的或不合格的产品，这种塔中建立的状况与正常操作时的较接近，一旦正式加料运转，容易调整得到合格产品。

对回流比大的高纯度塔，全回流开车有很大吸引力，文献中建议乙烯精馏塔和丙烯精馏塔采取此开车办法，因为这类塔从开车到操作稳定需较长时间，全回流时塔中状况与操作状况比较接近。对于回流比小或很易开车的塔，则往往无必要采取全回流开车办法。

全回流操作开车办法对于下属两种情况不大合适，或需采取一些措施。

① 物料在较长时期的全回流操作中，特别是在塔釜较高温度区内可能发生不希望的反应（除非能选出合适的物料在全回流操作中不发生上述反应，否则应避免在这种场合应用全回流操作）。

② 物料中含有微量危险物质，例如丁二烯精馏塔中的微量乙烯基乙炔，丙烯精馏塔中的微量丙二烯和甲基乙炔。它们在正常操作中不会引出麻烦，但在长期全回流操作中又遇到塔顶馏出物管线的阀门渗漏时，此时实际上相当于一个间歇精馏，这些有害物质随时间的延长在塔中逐渐达到浓集，从而导致爆炸或其他一些事故。丁二烯精馏塔在全回流操作中，由于乙烯基乙炔浓集而发生爆炸的事故已有报道。选用物料中不含这些微量物质，例如通过加氢操作清除丙烯-丙烷物料中的甲基乙炔和丙二烯，才能采用全回流操作的开车办法，否则应避免采用。

【技能训练】精馏塔的操作实训

一、实训目的

（1）了解筛板塔的基本结构及精馏流程。

（2）学会塔效率的测定方法。

（3）掌握精馏操作的基本方法。

二、基本原理

1. 塔效率

在实际操作中，由于接触时间有限以及其他一些因素的影响，气液两相在塔板上不可能达到理想状态，即一块实际塔板的分离作用达不到一块理论塔板的理想分离效果，故实际所需的塔板数总比理论塔板数要多，这种差别可用塔板效率来衡量。

塔板效率包括了全部传质动力学因素，主要有物系的性质、塔板结构、操作条件等因素。塔板效率有不同的表示方法，常用的有全塔板效率（简称全塔效率或塔效率）、单板效率（又称默弗里板效率）等。

理论板层数与实际板层数之比称为全塔效率。

$$E = \frac{N_T}{N_P} \times 100\%$$

式中　　E——全塔效率；

　　　　N_T——理论板层数；

　　　　N_P——实际板层数。

当塔板结构和所处理的物系确定后，塔效率只和操作条件有关。由于操作条件的因素较多，为简化影响因素，在实验中测定塔效率时通常采用在全回流操作条件下进行测定。

2. 精馏操作

对于一个设计合理的精馏塔，操作好坏的标准是操作稳定，塔顶、塔底产品的质量和数量均能达到一定要求，能耗少。

在精馏操作中，一般可人为调节和控制的因素有回流比，回流液的温度，再沸器的加热量，塔顶冷凝器的冷却水用量及温度，进料的温度，进料及塔顶产品、塔底釜液的流量等。在本实验中主要是根据物料衡算控制进料、塔顶产品、塔底釜液的流量，通过调节回流比和再沸器的加热量来完成实验任务。

① 物料平衡与精馏塔的稳定操作关系密切。对于二元物系，其全塔的物料平衡关系为

$$F = D + W$$
$$Fx_F = Dx_D + Wx_W$$

式中　　　　F——进料流量；

　　　　　　D——塔顶产品流量；

　　　　　　W——塔底釜液流量；

x_F，x_D，x_W——进料、产品、釜液中易挥发组分的含量。

利用上两式联立求解，可在已知 4 个因素的时候求得另两个因素。例如通常由生产任务给出 F、x_F、x_D、x_W，则可按物料平衡关系求得 D、W，从而可指导精馏操作时对塔顶产品和塔底釜液流量的控制。

② 回流比在精馏操作中是一个对产品的质量和产量有重大影响而又便于调节的参数。回流比的定义是

$$R = L/D$$

式中　　R——回流比；

　　　　L——回流液流量；

　　　　D——塔顶产品流量。

当 R 增大时，由精馏段操作线的变化可知，达到原分离要求所需的理论塔板数会减少，产品纯度 x_D 将提高，但是在进料状况和塔釜加热状况不变的情况下，塔顶产品量 D 将减少；当 R 减小时，情况则正好相反。

③ 再沸器的加热量（本实验装置是在塔釜中直接加热）在精馏操作中也是一个很重要的影响因素，它与塔内蒸气量 V 密切相关。由于 $V = L + D$，而回流比 $R = L/D$，所以 V 对 R 有影响。例如上面所说的增大回流比可提高塔顶产品纯度，但塔顶产品量将减少，这时可加大塔釜加热量，使塔内蒸气量增加，从而在塔顶产品量不变的情况下提高回流比，但这样也将加大塔釜和塔顶冷凝器的负荷。同时 V 也与塔的水力学性能有密切关系，V 过大时会发生液沫夹带，甚至造成液泛，V 过小时会产生漏液，所以塔釜加热量的调节范围也是有一定限度的。

上面三个精馏操作的调控因素中，再沸器的加热量亦即塔釜加热状况是最主要的。而对塔釜加热状况进行调控的依据有塔顶温度、塔釜压力、塔顶产品流量、最优回流比等，其中主要依据是塔顶温度，即随塔顶产品浓度而变化的塔顶第一层塔板上的气相温度，因为它反映了塔顶产品的质量情况。对于乙醇-水物系，灵敏区温度是调节塔釜加热状况的主要依据。

塔釜压力是精馏操作中的另一个重要依据参数。塔釜压力与塔板压力降有关。塔板压力降由气体通过板上孔口或通道时为克服局部阻力和通过板上液层时为克服该液层的静压力而引起，因而塔板压力降与气体流量（即塔内蒸气量）有很大关系。气体流量过大时，会造成过量液沫夹带以致产生液泛，这时塔板压力降会急剧加大，塔釜压力随之升高，因此本实验中塔釜压力可作为调节塔釜加热状况的重要参考依据。

塔顶产品流量是根据物料衡算得到的，是保持精馏操作稳定进行所必须达到的指标，而根据最优回流比得到的回流量是保证产品质量的基本条件，由前述已知，它们之和就是塔内蒸气量，因而与塔釜加热状况有着直接关系，因此它们也是进行塔釜加热状况调节的重要参考依据。

精馏塔从下到上建立起一个与给定操作条件对应的逐板递升的浓度梯度和逐板递降的温度梯度是不容易的，但它是精馏塔保持稳定高效操作所必需的。操作开始时要设法尽快建立这个梯度，操作正常后要努力维持这个梯度，要领是当要调整操作因素时，应注意采用渐变方法，让全塔的浓度梯度和温度梯度按需要渐变而不混乱。因此，精馏塔开车时，通常先采用全回流操作，待塔内情况基本稳定后再开始进料，且应逐渐增大进料流量，同时逐渐减小回流量，并根据物料衡算的结果控制和调节塔顶、塔底产品的流量和回流比，直到达到规定的要求为止；在调整塔釜加热状况时也应逐渐调节，切忌忽大忽小。

三、实验步骤

（1）首先熟悉整个实验装置的结构和流程（如图 6-24 所示），了解控制柜的操作规程，

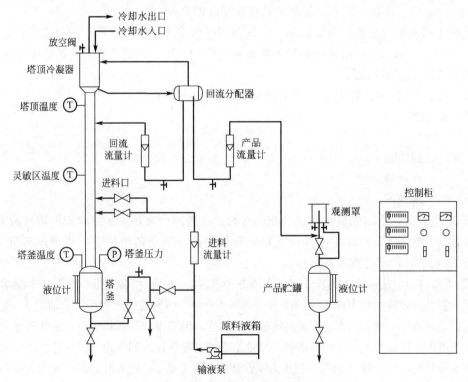

图 6-24　精馏实验装置流程图

并检查塔釜中的料液量是否适当（釜中液面必须浸没电加热器，在液位计上有一标线指示）。塔釜中料液的乙醇浓度为5％左右（已由实验室预先配好，浓度为体积分数，下同）。

（2）进行全回流操作 通电加热釜液（按控制柜的操作规程进行）。开始时可快些，用两支电加热器一起加热，并将其电压调到略低于最大值处。在等待升温的过程中进行下面工作。

① 按照全回流操作的要求（不出产品、不进料、不排釜液、馏出物全部返回塔内）检查各相关阀门的开闭状态是否适当。

② 从原料液箱中取样150mL左右，倒入量筒中测定其温度、浓度（为12％左右，已由实验室预先配好），并将所测得的浓度换算到20℃时的浓度。然后按进料流量为6L/h（浓度为刚才所测并换算到20℃时的浓度）、塔顶产品浓度为95％，釜液浓度为3％的要求，根据物料平衡关系算出塔顶产品流量，作为后面生产产品时的操作依据。

> **注意**
>
> 浓度的测定使用酒精计进行。使用时要依估计的溶液浓度选用不同量程的酒精计（有两支酒精计，一支量程为0～50％，一支量程为50％～100％）。在将酒精计放入溶液中时，要等酒精计上所估计的浓度刻度值接近或浸入液面时再松手（切记不要过早松手，以免酒精计冲到量筒底部而被碰碎），然后轻微旋转酒精计使其离开量筒壁，让其自由浮动，稳定后读数。若读数时酒精计靠到量筒壁上，可再次轻微旋转酒精计使其离开量筒壁，待稳定后读数。读数时以量筒中溶液的弯月面下缘所对应的刻度来读取。

当塔顶温度上升到50℃时，打开塔顶冷凝器的冷却水阀门，调节冷却水量不必很大，使蒸汽不从冷凝器的放空管逸出即可。通过调节塔釜加热量，控制灵敏区温度不要超过80℃，塔釜压力不要超过$20 \times 10^2 Pa$，回流流量在30mL/min左右。

> **注意**
>
> 塔釜加热量是通过调节电加热器的电压进行的，每次调节时改变量不要太大，采用微调、多次、渐变的方法，使塔内的浓度梯度和温度梯度平稳变化。

待灵敏区温度、塔釜压力、回流量这三个参数达到稳定后（即这三个参数的变化量在15min内分别不超过1℃、$2 \times 10^2 Pa$、4mL，可通过每5min记录一次各参数来观察），即可接取回流液和釜液样品进行温度、浓度测定，并记录取样时的各操作参数。

> **注意**
>
> 接取样品的数量一定要达到取样容器的标线处，否则将无法进行测定。另外接取釜液时要先排掉管路中积存的液体，以保证接到的是真正的釜内溶液。

对于温度高于换算表中给出的最高温度的样品，可放入凉水中进行冷却，待其温度降到换算表给出的温度范围内时，即可进行浓度测定。样品浓度测定完成并经老师检查合格后，再将样品倒入指定容器内（后同）。

（3）进行部分回流、生产产品的操作 在上面接取了回流液、釜液样品后，即可启动输液泵（按控制柜的操作规程进行），用原料液补充釜液（从塔底送入）到塔釜液位计的标线处。然后先继续进行全回流操作，待基本稳定5min后再开始进料。

进料时首先选定一个进料口（本实验选用下部进料口），并打开进料口处的阀门（另一个进料口的阀门关闭），关闭进料流量计的阀门（相当于泵出口阀），然后启动输液泵，再开启进料流量计阀门，先从小流量开始，逐渐过渡到实验规定的流量（6L/h）。此后通过调节塔釜排液阀门开度使釜内液面始终保持在液位计标线处，以保证物料平衡。

开始进料后，打开产品流量计阀门到最大，并逐渐关小回流流量计阀门，使回流量达到回流比为 2～3（以物料衡算所得到的产品流量为基准）的程度。

通过调节塔釜加热量，使产品流量达到物料衡算的计算值，并注意使灵敏区温度不超过 80℃，塔釜压力不超过 $20×10^2$ Pa。待操作稳定并积累了一定量的产品后，即可接取产品和釜液样品进行测定，并记录取样时的各操作参数。

（4）接取了样品后停止塔釜加热和进料（按控制柜的操作规程进行），关闭塔釜排液阀门。待塔板上不再鼓泡时，将塔顶冷凝器的冷却水阀门关闭。

四、数据记录及实验结果

（1）数据记录 自己设计表格，将实验数据填入表格中。表格中需填入的参数有：全回流操作时的塔顶、灵敏区、塔釜的温度，塔釜压力，回流液的温度、浓度、流量，釜液的温度、浓度；部分回流操作时的塔顶、灵敏区、塔釜的温度，塔釜压力，进料液的温度、浓度、流量，产品的温度、浓度、流量（包括计算值和实际值），釜液的温度、浓度，回流液的流量，回流比等。

> **注意**
>
> 上面所涉及的回流液、釜液、进料液、产品的温度指的是在测定其浓度时的实际温度，其浓度包括实测值和换算值。

（2）写出实验步骤（2）中进行物料衡算的计算过程。

（3）用图解法求出全回流时的理论塔板数，并计算全回流时的塔效率。写出将体积分数转换成摩尔分数的计算过程。

$=$ **情境测评** $=$

一、填空题

1. 简单蒸馏与精馏的主要区别是＿＿＿＿＿＿＿＿＿＿＿＿＿＿＿＿＿＿＿＿＿＿＿＿＿
＿＿。

2. 恒摩尔流假设成立的主要条件是＿＿＿＿＿＿＿＿＿＿＿＿。

3. 精馏塔的塔顶温度总低于塔底温度，其原因之一是＿＿＿＿＿＿＿，原因之二是＿＿＿＿＿＿。

4. 精馏操作中，当回流比加大时，表示所需理论板数＿＿＿＿＿＿，同时，蒸馏釜中所需的加热蒸汽消耗量＿＿＿＿＿＿，塔顶冷凝器中，冷却剂消耗量＿＿＿＿＿＿，所需塔径＿＿＿＿＿＿。

5. 精馏操作的依据是＿＿＿＿＿＿＿＿＿＿＿＿＿＿＿＿＿＿＿＿＿＿＿。实现精馏操作的必要条件是＿＿＿＿＿＿＿＿＿＿＿＿＿＿和＿＿＿＿＿＿＿＿＿＿＿＿＿。

6. 用相对挥发度 α 表达的气液平衡方程可写为＿＿＿＿＿＿＿＿＿＿＿。根据 α 的大小，可用来＿＿＿＿＿＿＿＿＿＿＿，若 $\alpha=1$，则表示＿＿＿＿＿＿＿＿＿＿＿。

7. 最小回流比的定义是＿＿＿＿＿＿＿＿＿＿，适宜回流比通常取为＿＿＿＿＿R_{min}。

8. 精馏塔进料可能有_____种不同的热状况，当进料为气液混合物且气液摩尔比为 $2:3$ 时，则进料热状况 q 值为_____。

9. 操作中的精馏塔保持 F、x_F、q、V 不变，若釜液量 W 增加，则 x_D _____，x_W _____，L/V _____。

10. 在精馏塔实验中，当准备工作完成之后，开始操作时的第一项工作应该是_____。

二、选择题

1. 当两组分液体混合物的相对挥发度为（　　）时，不能用普通精馏方法分离。

A. 3.0　　　　　B. 2.0　　　　　C. 1.0　　　　　D. 4.0

2. 在 t-x-y 相图中，液相与气相之间量的关系可按（　　）求出。

A. 拉乌尔定律　　B. 道尔顿定律　　C. 亨利定律　　　D. 杠杆规则

3. 精馏操作是用于分离（　　）。

A. 均相气体混合物　　　　　　　B. 均相液体混合物

C. 互不相溶的混合物　　　　　　D. 气-液混合物

4. 混合液两组分的相对挥发度愈小，则表明用蒸馏方法分离该混合液愈（　　）。

A. 容易　　　　　B. 困难　　　　　C. 完全　　　　　D. 不完全

5. 精馏是分离（　　）混合物的化工单元操作，其分离依据是利用混合物中各组分（　　）的差异。

A. 气体　　　　　B. 液体　　　　　C. 固体　　　　　D. 挥发度

E. 溶解度　　　　F. 温度

6. 精馏过程的恒摩尔流假设是指在精馏段每层塔板（　　）相等。

A. 上升蒸气的摩尔流量　　　　　B. 上升蒸气的质量流量

C. 上升蒸气的体积流量　　　　　D. 上升蒸气和下降液体的流量

7. 精馏过程中，当进料为饱和液体时，以下关系（　　）成立。

A. $q=0$，$L=L'$　　B. $q=1$，$V=V'$　　C. $q=0$，$L=V$　　D. $q=1$，$L=L'$

8. 精馏过程的理论板假设是指（　　）。

A. 进入该板的气液两相组成相等　　B. 进入该板的气液两相组成平衡

C. 离开该板的气液两相组成相等　　D. 离开该板的气液两相组成平衡

9. 某二元混合物，若液相组成 x_A 为 0.45，相应的泡点温度为 t_1；气相组成 y_A 为 0.45，相应的露点温度为 t_2，则（　　）。

A. $t_1 < t_2$　　　　B. $t_1 = t_2$　　　　C. $t_1 > t_2$　　　　D. 不能判断

10. 精馏塔的操作线是直线，其原因是（　　）。

A. 理论板假定　　B. 理想物系　　C. 塔顶泡点回流　　D. 恒摩尔流假定

11. 精馏塔中由塔顶往下的第 $n-1$、n、$n+1$ 层理论板，其气相组成关系为（　　）。

A. $y_{n+1} > y_n > y_{n-1}$　　　　　　B. $y_{n+1} < y_n < y_{n-1}$

C. $y_{n+1} \geqslant y_n = y_{n-1}$　　　　　　D. 不确定

12. 在精馏塔的图解计算中，若进料热状况变化，将使（　　）。

A. 平衡线发生变化　　　　　　　B. 操作线与 q 线变化

C. 平衡线和 q 线变化　　　　　　D. 平衡线和操作线变化

13. 用精馏塔完成分离任务所需的理论板数为 8（包括再沸器），若全塔效率为 50%，则塔内实际板数为（　　　）。

　　A. 16 层　　　　　　　B. 12 层　　　　　　　C. 14 层　　　　　　　D. 无法确定

14. 若连续精馏过程的进料热状况参数 $q=1/3$，则其中气相与液相的摩尔分数之比为（　　　）。

　　A. 1/2　　　　　　　B. 1/3　　　　　　　C. 2　　　　　　　D. 3

15. 某精馏塔内，进料热状况参数为 1.65，由此可判定物料以（　　　）方式进料。

　　A. 饱和蒸气　　　　B. 饱和液体　　　　C. 过热蒸气　　　　D. 冷流体

三、计算题

1. 含乙醇 20%（体积分数）的 20℃的水溶液，试求：

（1）乙醇溶液的质量分数；

（2）乙醇溶液的摩尔分数；

（3）乙醇溶液的平均摩尔质量。

2. 在 107.0kPa 的压力下，苯-甲苯混合液在 369K 下沸腾，试求在温度下的气液平衡组成。已知在 369K 时，$p^0_{苯}=161.0kPa$，$p^0_{甲苯}=65.5kPa$。

3. 苯-甲苯混合物在总压 $p=26.7kPa$ 下的泡点为 45℃，求气相各组分的分压、气液两相的组成和相对挥发度。已知蒸气压数据：$t=45.0℃$，$p^0_A=29.8kPa$，$p^0_B=9.88kPa$。

4. 101.3kPa 下对 $x_1=0.6$（摩尔分数）的甲醇-水溶液进行简单蒸馏，求馏出 1/3 时的釜液及馏出组成。

5. 用连续精馏的方法分离乙烯和乙烷的混合物。已知进料中含乙烯 0.88（摩尔分数，下同），进料量为 200kmol/h，今要求馏出液中乙烯的回收率为 99.5%，釜液中乙烷的回收率为 99.4%，试求：所得馏出液、残釜液的摩尔流量和组成。

6. 将组成为 0.24（易挥发组分摩尔分数，下同）的某混合液在泡点温度下送入连续精馏塔精馏。精馏以后，馏出液和残釜液的组成分别为 0.95 和 0.03。塔顶蒸气量为 850kmol/h，回流量为 670kmol/h。试求：

（1）每小时残釜液量；

（2）若回流比为 3，求精馏段操作线方程和提馏段操作线方程。

7. 以常压精馏塔分离甲醇-水物系，料液流量 $F=100kmol/h$，入塔温度 40℃、组成 $x_F=0.40$（摩尔分数，下同），要求 $x_D≥0.95$，$x_W≤0.02$，回流比 $R=2$。求：

（1）精馏、提馏两段蒸气及液体的流量（本物系可认为是恒摩尔流）；

（2）塔釜用间接水汽加热时，塔所需的理论板数和适宜的加料位置；

（3）当用直接水汽加热时，塔所需的理论板数。

情境七

吸收过程及设备

情境学习目标

知识目标

◆ 了解吸收操作在化工生产中的重要应用、吸收装置的结构和特点。

◆ 理解吸收单元操作基本概念、吸收传质机理、相平衡与吸收的关系。

◆ 掌握吸收操作计算，能根据生产任务确定合理吸收操作参数。

能力目标

◆ 能掌握吸收与解吸装置的操作与控制要点，能根据生产任务选择正确的吸收方案。

◆ 熟悉吸收与解吸过程中常用设备的结构、性能，能根据任务进行相关设备的选型。

◆ 能正确选择吸收操作的条件，对吸收过程进行正确的调节控制。

◆ 能进行吸收装置的正常开停车操作和事故处理。

项目一

认识吸收

工业生产中常常会遇到均相气体混合物的分离问题。为了分离混合气体中的各组分，通常将混合气体与选择的某种液体相接触，气体中的一种或几种组分便溶解于液体内而形成溶液，不能溶解的组分则保留在气相中，从而实现了气体混合物分离的目的。这种利用各组分溶解度不同而分离气体混合的操作称为吸收。吸收过程是溶质由气相转移到液相的相际传质过程，那么，溶质是如何在相际间转移的，转移的方向、速率如何；用什么设备实现吸收操作；影响吸收过程的因素有哪些；怎样对吸收设备进行正确的操作调节等，这些问题将在本情境中分别进行讨论。

【案例】 合成氨厂原料气脱二氧化碳方案的制定和实施

氨是重要的无机化工产品之一，在国民经济中占有重要地位，世界每年合成氨产量已达到 1 亿吨以上，其中约有 80％的氨用来生产化学肥料，20％作为硝酸等其他化工产品的原料。合成氨的原料是氮氢混合气。原料气中的氢气主要由天然气、石脑油、重质油、煤、焦炭、焦炉气等原料制取。由任何含碳原料制得的原料气，经变换后都含有相当数量的二氧化碳，在合成之前必须清除干净。同时二氧化碳是生产尿素、碳酸氢铵和纯碱的重要原料，还制成干冰用于食品等其他行业。因此二氧化碳可以回收利用。

某合成氨厂变换气经过初脱碳后，原料气中 CO_2 含量为 9％（体积分数，下同），其余主要成分为 N_2、H_2 和少量 CO，已知该厂年产量为 24 万吨合成氨［折算原料气量（标准状况）为 $100000m^3/h$］。现工艺要求必须将原料气中 CO_2 浓度降到 1％以下，分离出的二氧化碳气体可根据需要送往尿素工段作为原料或送往附近某特气厂生产干冰。请为该企业拟定一个从原料气中分离出二氧化碳的方案。

案例分析

这是一个典型的气体混合物的分离任务，要完成此任务，首先我们必须了解工程上常用的脱除合成氨原料气中二氧化碳的方法有哪些。

如前所述工程上脱除气体混合物中二氧化碳的方法也是吸附法和吸收法两种。吸附法中虽然二氧化碳脱除率高，但该方法处理能力较小，有效气体消耗较大并且能耗较高，是精细分离和纯化气体的操作方法。且这种方法操作压力低，所以不适宜用于处理量大且杂质组分浓度高的混合气体的分离。本任务中原料气的处理量大且 CO_2 的含量也高，因此，应选择目前合成氨厂普遍使用的吸收法来脱除原料气中二氧化碳。

吸收法脱除 CO_2 就是选取一种溶剂作为吸收剂，利用原料气中 CO_2 与其他组分在选取的溶剂中溶解度的差异（CO_2 在其中的溶解度大，而 N_2、H_2 在其中几乎不溶），将 CO_2 选择吸收，以达到脱除 CO_2 的目的。由于吸收法脱除 CO_2 的工艺方案有多种，要完成总的生产任务，实现脱除目标必须按顺序完成以下几个任务：

(1) 选择合理的吸收工艺方案；

(2) 在已有吸收方案中进一步选择合适的吸收剂并确定其用量；

(3) 确定性能好经济合理的吸收设备；

(4) 学会吸收装置的操作与运行。

一、吸收操作及工业应用

吸收操作是气体混合物的重要分离方法，它是将气体混合物与适当的液体接触，气体中的一种或多种组分溶解于溶液中，不能溶解的组分仍留在气相中，从而利用各组分在液体中的溶解度差异而使得气体中不同组分分离的操作。混合气体中，能够溶解于液体的组分称为吸收质或溶质；不被溶解的组分称为惰性气体或载体；吸收操作所用的溶剂称为吸收剂；溶有溶质的溶液称为吸收液，或简称溶液，其成分为吸收剂和溶质；排出的气体称为吸收尾气，其主要成分应是惰性气体，还含有部分残余的溶质。

吸收过程通常在吸收塔中进行。为了使气液两相充分接触，通常采用板式塔和填料塔。一个工业吸收过程一般包括吸收和解吸两个部分。解吸是吸收的逆过程，就是将溶质从吸收后的溶液中分离出来。通过解吸可以回收气体溶质，并实现吸收剂的再生循环使用。

二、吸收的分类

根据吸收过程的特点，对气体吸收进行如下分类。

1. **按过程有无化学反应发生分类**

（1）物理吸收　吸收过程中溶质与吸收剂之间不发生明显的化学反应，如水吸收 CO_2、SO_2 等。

（2）化学吸收　吸收过程中溶质与吸收剂之间有显著的化学反应，如用 NaOH 吸收 CO_2 等。

2. **按被吸收的组分数目分类**

（1）单组分吸收　混合气体中只有一个组分进入液相，其余组分皆可认为不溶解于吸收剂的吸收过程。

（2）多组分吸收　混合气体中有两个或更多组分进入液相的吸收过程。

3. **按吸收过程的操作压力分类**

（1）常压吸收　在常压下进行的吸收操作称为常压吸收。

（2）加压吸收　当操作压力增大时，溶质在吸收剂中的溶解度将随之增加。

4. **按吸收过程有无温度变化分类**

（1）非等温吸收　气体溶解于液体时，常常伴随着热效应，当有化学反应时，还会有反应热，其结果是随吸收过程的进行，溶液温度会逐渐变化，则此过程为非等温吸收。

（2）等温吸收　若吸收过程的热效应较小，或被吸收的组分在气相中浓度很低，而吸收剂用量相对较大时，温度升高不显著，则可认为是等温吸收。

本情境着重讨论常压下单组分等温物理吸收过程。

三、吸收在工业生产中的应用

吸收操作在化工生产中应用广泛，主要有以下几个方面。

（1）净化或精制气体　化工生产中，常需要将混合气体净化或从中精制某种气体组分。例如用水或碱液脱除合成氨原料气中的二氧化碳，用丙酮脱出石油裂解气中的乙炔，用乙醇胺将煤气中的 H_2S 除去等。

（2）制备某种气体的溶液作为产品　例如用水吸收二氧化氮制造硝酸，用水吸收氯化氢制取盐酸，用水吸收甲醛蒸气制备 40％甲醛溶液（福尔马林溶液）等。

（3）回收混合气体中的有用组分　例如用硫酸处理焦炉气以回收其中的氨，用洗油处理焦炉气以回收其中的苯、二甲苯等芳香烃，用液态烃处理石油裂解气以回收其中的乙烯、丙烯等。

（4）废气治理，保护环境　例如工业废气中含有 SO_2、NO、NO_2、H_2S 等有害气体，直接排入大气，对环境危害很大，可通过吸收操作使之净化，同时还可以制得有用的化工产品。所以吸收法处理大气污染物是环境保护中的常用方法之一。

影响吸收过程的因素除塔结构外，主要还有吸收质的性能、吸收剂的性能和工艺操作条件。由此可见，采用吸收操作实现气体混合物的分离必须解决以下问题：

① 选择合适的吸收剂，选择性的溶解某个（或某些）被分离组分；

② 选择适当的传质设备以实现气液两相接触，使溶质从气相转移至液相；

③ 吸收剂的再生和循环使用。

吸收过程分析

任务一　吸收过程相平衡关系

一、相组成的表示方法

前已述及，吸收是气液两相之间的传质过程，其进行的方向与极限必与相平衡有关，即与平衡关系——气液相平衡时溶质在两相中的浓度关系有关。在吸收过程中，气相与液相的总量均随吸收进行而改变，但通常认为惰性气体不溶于液相，因而在吸收塔的任一截面上惰性气体和吸收剂的量均不发生变化。因此，在吸收计算中，以惰性气体和溶剂的量为基准，采用比质量分数或比摩尔分数来表示相组成，则可简化吸收计算。

1. 比质量分数

混合物中某两个组分的质量之比，称为比质量分数，用 W_A 表示。如果混合物中 A 组分的质量分数是 w_A，B 组分的质量分数是 w_B，则 A 组分对 B 组分的比质量分数为

$$W_A = \frac{w_A}{w_B} = \frac{w_A}{1-w_A} \tag{7-1}$$

通常在吸收操作中，组分 A 是吸收质，组分 B 是吸收剂（或惰性气体）。

2. 比摩尔分数

混合物中某两个组分的摩尔分数之比，称为比摩尔分数，用符号 X（或 Y）表示。如果混合物中 A 组分的摩尔分数是 x_A，B 组分的摩尔分数是 x_B，则 A 组分对 B 组分的比摩尔分数为

$$X_A = \frac{x_A}{x_B} = \frac{x_A}{1-x_A} \tag{7-2a}$$

如果混合物是双组分气体混合物，则比摩尔分数为

$$Y_A = \frac{y_A}{y_B} = \frac{y_A}{1-y_A} \tag{7-2b}$$

式中　y_A，y_B——组分 A、B 的摩尔分数。

3. 比质量分数和比摩尔分数的换算关系为

$$W_A = \frac{w_A}{w_B} = \frac{m_A}{m_B} = \frac{n_A M_A}{n_B M_B} = X_A \frac{M_A}{M_B} \tag{7-3}$$

【例题 7-1】 设氨水中氨的质量分数为 25%，求氨对水的比质量分数和比摩尔分数。

解　已知：$w_A = 0.25$，$w_B = 1-0.25 = 0.75$，$M_A = 17$，$M_B = 18$。

比质量分数　$W_A = \dfrac{w_A}{1-w_A} = \dfrac{0.25}{1-0.25} = 0.333 \text{kg 氨/kg 水}$

比摩尔分数　$X_A = W_A \dfrac{M_B}{M_A} = 0.333 \times \dfrac{18}{17} = 0.353 \text{kmol 氨/kmol 水}$

【例题 7-2】 某吸收塔在常压、25℃下操作，已知原料混合气中含 CO_2 为 29％（体积分数），其余为 N_2、O_2 和 CO（可视为惰性组分），经吸收后，出塔气体中 CO_2 的含量为 1％（体积分数）。试分别计算原料气和出塔气中 CO_2 的比摩尔分数。

解 以 A、B 分别表示 CO_2 组分和惰性气体组分。

（1）原料气的比摩尔分数 因为理想气体的体积分数等于摩尔分数，所以 $y_A = 0.29$，

$$Y_A = \frac{y_A}{y_B} = \frac{y_A}{1 - y_A} = \frac{0.29}{1 - 0.29} = 0.408 \text{kmol} CO_2/\text{kmol 惰性气}$$

（2）出塔气的比摩尔分数 因为 $y_A = 0.01$，所以

$$Y_A = \frac{y_A}{y_B} = \frac{y_A}{1 - y_A} = \frac{0.01}{1 - 0.01} = 0.0101 \text{kmol} CO_2/\text{kmol 惰性气}$$

二、吸收相平衡关系

1. 气体在液体中的溶解度

在恒定温度与压力下，使某一定量混合气体与吸收剂接触，溶质便向液相中转移，当单位时间内进入液相的溶质分子数与从液相逸出的溶质分子数相等时，吸收达到了相平衡。此时液相中溶质达到饱和，气液两相中溶质浓度不再随时间改变。在宏观上过程就像停止了一样，这种状态称为相际动平衡，简称相平衡。平衡状态下，溶液上方气相中溶质上的分压称为平衡分压，用符号 p_A^* 表示；而液相中所含溶质气体的组成，称为气体在液体中的平衡溶解度，简称溶解度。习惯上，溶解度是用溶解在单位质量的液体溶剂中溶质气体的质量来表示的，单位为 kg 气体溶质/kg 液体溶剂。根据相率：$F = C - \Phi + 2$（式中，F 为自由度，C 为组分数，Φ 为相数），对于单组分物理吸收，$C = 3$（溶质、惰性气体、溶剂），$\Phi = 2$，则 $F = 3 - 2 + 2 = 3$。自由度为 3，即自变量有 3 个。即在温度、总压和气、液组成共四个变量中，有三个是自变量，另外一个则是它们的函数。在一定的操作温度和压力下，溶质在液相中的溶解度由其相中的组成决定。在总压不是很高的情况下，可以认为气体在液体中的溶解度只取决于该气体的分压 p_A，而与总压无关。于是，c_A^* 与 p_A 的函数可写作 $c_A^* = f(p_A)$。当然，也可以选择液相浓度 c_A 作为自变量，这时，在一定温度下的气相平衡分压 p_A^* 和 c_A 的函数：$p_A^* = f(c_A)$。

气液平衡关系一般通过实验方法对具体物系进行测定。图 7-1 所示是由实验得到的 SO_2 和 NH_3 在水中的溶解度与其气相平衡分压之间的关系（以温度为参数），即溶解度曲线，也称为相平衡曲线。由图中可知，在相同的温度和分压条件下，不同种类气体在同一溶剂中的溶解度是不同的。根据气体溶解度的大小（均指在水中的溶解度），可将气体分为三类：易溶气体，如 NH_3 等；中等溶解度气体，如 SO_2 等；难溶气体，如 O_2 等。

而溶解度的差异正是吸收分离气体混合物的基本依据。此外，气体的溶解度与温度和压力有关：同一个物系，在相同温度下，分压越高，则溶解度越大；而分压越低，温度越低，则溶解度越大。这表明较高的分压和较低的温度有利于吸收操作。在实际吸收操作过程中，溶质在气相中的组成是一定的，可以借助于提高操作压力 p 来提高分压 p_A；当吸收温度较高时，则需要采取降温措施，以增大其溶解度。由此可见，降低温度，提高压力对吸收有利。反之，升温和减压则有利于解吸。为此在吸收流程中，进塔液体管路上常常设置冷却器，以维持入塔吸收剂有较低的温度。

2. 亨利定律

（1）在低浓度吸收操作中，对应的气相中溶质浓度与液相中溶质浓度之间可用亨利定律

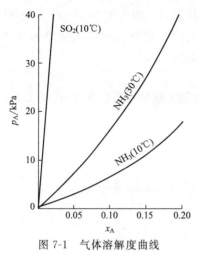

图 7-1 气体溶解度曲线

描述：当总压不高，在一定温度下气液两相达到平衡时，稀溶液上方气体溶质的平衡分压与溶质在液相中的摩尔分数成正比，即

$$p_A^* = Ex_A \qquad (7\text{-}4)$$

式中　p_A^*——溶质在气相中的平衡分压，kPa；

　　　E——亨利系数，kPa；

　　　x_A——溶质在液相中的摩尔分数。

亨利系数 E 的值随物系而变化。当物系一定时，温度升高，E 值增大。亨利系数由实验测定，一般易溶气体的 E 值小，难溶气体的 E 值大。

（2）由于气、液相组成表示方法不同，亨利定律可有多种形式。

① 溶解度系数 H　如溶质在液相中的浓度用物质的量浓度 c_A 表示，则亨利定律可表示为

$$p_A^* = \frac{c_A}{H} \qquad (7\text{-}5)$$

式中　c_A——液相中溶质物质的量浓度，kmol 溶质/m³ 溶液；

　　　H——溶解度系数，kmol 溶质/(Pa·m³ 溶液)。

溶解度系数 H 可视为在一定温度下，溶质气体分压为 1kPa 时液相的平衡浓度。故其值越大，则液相的平衡浓度就越大，即溶解度大。对于一定的吸收系统，其数值随温度升高而减小。

② 相平衡常数 m　若溶质在液相和气相中的浓度分别用摩尔分数 x 及 y 表示，则亨利定律如下

$$y_A^* = mx_A \qquad (7\text{-}6)$$

式中　y_A^*——相平衡时溶质在气相中的摩尔分数；

　　　m——相平衡常数，无量纲。

m 值不仅与温度有关，而且和压强有关。由式(7-6)可知，在一定的气相平衡摩尔分数下，m 值越小，液相中溶质的摩尔分数越大，即溶质的溶解度越大。故易溶气体的 m 值较小，难溶气体的 m 值较大，且 m 值随温度升高而增大。

若溶质在液相和气相中的浓度分别用比摩尔分数 X_A 和 Y_A 表示时，即

$$Y_A = \frac{\text{气相中溶质的物质的量(摩尔数)}}{\text{气相中惰性气体的物质的量(摩尔数)}} = \frac{y_A}{1 - y_A} \qquad (7\text{-}7)$$

$$X_A = \frac{\text{液相中溶质的物质的量(摩尔数)}}{\text{液相中溶剂的物质的量(摩尔数)}} = \frac{x_A}{1 - x_A} \qquad (7\text{-}8)$$

则式(7-6)又可以写为

$$Y_A^* = \frac{mX_A}{1 + (1-m)X_A} \qquad (7\text{-}9)$$

显然，X-Y 之间并不是直线关系。只有在稀溶液中，当溶质在气相、液相中的含量很少时，即 $Y \ll 1$，$X \ll 1$ 时，式(7-9)方可简化为

$$Y_A^* = mX_A \qquad (7\text{-}10)$$

将上述关系标绘在直角标系中，即为表明吸收中气液平衡关系的图线，称为吸收平衡线，它可能是通过原点的一条曲线或直线。

3. 相平衡关系在吸收过程中的应用

（1）判断过程的进行方向　对于一切未达到相际平衡的系统，组分将由一相向另一相传递，其结果是使系统趋于相平衡。所以，传质的方向是使系统向达到平衡的方向变化。根据气、液两相的实际组成与相应条件下平衡组成的比较，可判断过程进行的方向。若气相的实际组成 Y_A 大于与液相呈平衡关系的组成 Y_A^*（$=mX_A$），则为吸收过程；反之，若 $Y_A^* > Y_A$，则为解吸过程；若 $Y_A = Y_A^*$，系统则处于相际平衡状态。

（2）选择吸收剂和确定适宜的操作条件　性能优良的吸收剂和适宜的操作条件综合体现在相平衡常数 m 值上。溶剂对溶质的溶解度大，加压和降温均可使 m 值降低，有利于吸收操作。

（3）确定过程进行的极限　将溶质摩尔分数为 y_1 混合气体送入某吸收塔的底部，溶剂由塔顶进入作逆流吸收，如图 7-2 所示。相平衡状态即吸收过程进行的极限。对于逆流操作的吸收塔，当气、液两相流量和温度、压力一定情况下，假设吸收塔无限高，吸收利用量无限大，接触时间无限长，最终完成吸收的溶液中溶质的极限浓度最大值是与气相进口摩尔分数 y_1 相平衡的液相组成 x_1^*，即 $x_{1max} = x_1^* = \dfrac{y_1}{m}$。

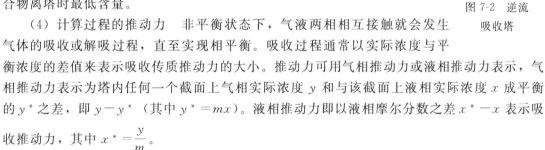

图 7-2　逆流吸收塔

同理，混合气体尾气溶质含量 y_2 最小值是进塔吸收剂的溶质摩尔分数 x_2 相平衡的气相组成 y_2^*，即 $y_{2min} = y_2^* = mx_2$。

由此可见，相平衡关系限制了吸收剂出塔时的溶质最高含量和气体混合物离塔时最低含量。

（4）计算过程的推动力　非平衡状态下，气液两相相互接触就会发生气体的吸收或解吸过程，直至实现相平衡。吸收过程通常以实际浓度与平衡浓度的差值来表示吸收传质推动力的大小。推动力可用气相推动力或液相推动力表示，气相推动力表示为塔内任何一个截面上气相实际浓度 y 和与该截面上液相实际浓度 x 成平衡的 y^* 之差，即 $y - y^*$（其中 $y^* = mx$）。液相推动力即以液相摩尔分数之差 $x^* - x$ 表示吸收推动力，其中 $x^* = \dfrac{y}{m}$。

【例题 7-3】　设在 101.3kPa、20℃下，稀氨水的相平衡方程为 $y^* = 0.94x$，现将含氨摩尔分数为 10% 的混合气体与 $x = 0.05$ 的氨水接触，试判断其传质方向。如果以含氨摩尔分数为 5% 的混合气体与 $x = 0.10$ 的氨水接触，传质方向又如何？

解　实际气相摩尔分数 $y = 0.10$。

根据相平衡关系，与实际 $x = 0.05$ 的溶液成平衡的气相摩尔分数 $y^* = 0.94 \times 0.05 = 0.047$。

由于 $y > y^*$，故两相接触时将有部分氨自气相转入液相，即发生吸收过程。

同样，若以含氨 $y = 0.05$ 的气相与 $x = 0.10$ 的氨水接触，则因 $y < y^*$ 或 $x^* < x$，部分氨将由液相转入气相，即发生解吸。

任务二　吸收过程模型

吸收操作是溶质从气相转移到液相的传质过程，其中包括溶质由气相主体向气液相界面的传递，和由相界面向液相主体的传递：

(1) 溶质由气相主体向相界面传递，即在单一相（气相）内传递物质；

(2) 溶质在气液相界面上的溶解，由气相转入液相，即在相界面上发生溶解过程；

(3) 溶质自气液相界面向液相主体传递，即在单一相（液相）内传递物质。

因此，讨论吸收过程的机理，首先要说明物质的传递规律。

一、传质的基本方式

吸收过程是溶质从气相转移到液相的传质过程。由于溶质从气相转移到液相是通过扩散进行的，因此传质过程也成为扩散过程。扩散的基本形式有两种：分子扩散和涡流扩散。

1. 分子扩散

物质通过静止流体或作层流流动的流体（且传质方向与流体的流动方向垂直）时的扩散只是由于分子热运动的结果，这种借分子热运动来传递物质的现象，称为分子扩散。习惯上常把分子扩散称为扩散。

分子扩散速率主要决定于扩散物质和流体的某些物理性质，如物性、浓度差、温度、总压等。分子扩散速率与其在扩散方向上的浓度梯度及扩散系数成正比。分子扩散系数 D 是物质性质之一。扩散系数大，表示分子扩散快。温度升高，压力降低，则扩散系数增加。同一物质在不同介质中扩散系数不同。对不太大的分子而言，在气相中的扩散系数值为 $0.1 \sim 1 cm^2/s$ 的量级；在液体中为在气体中的 $10^{-4} \sim 10^{-5}$。这主要是因为液体的密度比气体的密度大得多，其分子间距小，故而分子在液体中扩散速率要慢得多。扩散系数一般由实验方法求取，有时也可由物质的基础物性数据及状态参数估算。

分子扩散现象在日常生活中经常遇到。如将一勺砂糖放入一杯水之中，片刻后整杯的水就会变甜；如在密闭的室内，酒瓶盖被打开后，在其附近很快就可闻到酒味。

2. 涡流扩散

物质在湍流流体中扩散时，主要是依靠流体质点的无规则运动而产生的旋涡，引起各部分流体间的强烈混合，在有浓度差存在的条件下，物质便朝其浓度降低的方向进行扩散。这种借流体质点的湍动和旋涡来传递物质的现象，称为涡流扩散。涡流扩散速率远比单纯的分子扩散要大得多，但情况要复杂得多，尚难对其计算确定。

若将一勺砂糖放入一杯水之中，用勺搅动，则将甜得更快更匀，这就是涡流扩散的结果。

3. 对流扩散

分子扩散和涡流扩散的共同作用称为对流扩散。对流扩散时，扩散物质不仅靠分子本身的扩散作用，并且依靠湍流流体的携带作用而转移，而且后一种作用是主要的。

与传热过程中的对流传热相类似，对流扩散就是湍流主体与相界面之间的涡流扩散与分子扩散两种传质作用过程。由于对流扩散过程极为复杂，影响因素很多，所以对流扩散速率也采用类似对流传热的处理方法，依靠实验测定。对流扩散速率比分子扩散速率大得多，主要取决于流体的湍流程度。

二、吸收机理——双膜理论

气体吸收是把气体中的溶质传到液相的过程，即相际间的传质。它由气相与界面的对流传质、界面上溶质组分的溶解、界面与液相的对流传质三个步骤串联而成。为了从理论上说明这个机理，曾提过多种不同的理论，其中应有最广泛的是 1926 年由刘易斯和惠特曼提出的"双膜理论"。双膜理论的模型如图 7-3 所示。

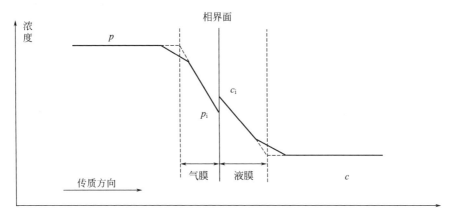

图 7-3　双膜理论示意图

双膜理论的基本论点如下。

① 在气液两流体相接触处，有一稳定的分界面，叫相界面。在相界面两侧附近各有一层稳定的气膜和液膜。这两层薄膜可以认为是由气液两流体的滞流层组成，即虚拟的层流膜层，吸收质以分子扩散方式通过这两个膜层。膜的厚度随流体的流速而变，流速越大膜层厚度越小。

② 在两膜层以外的气、液两相分别称为气相主体与液相主体。在气、液两相的主体中，由于流体的充分湍动，吸收质的浓度基本上是均匀的，即两相主体内浓度梯度皆为零，全部浓度变化集中在这两个膜层内，即阻力集中在两膜层之中。

③ 无论气、液两相主体中吸收质的组成是否达到相平衡，在相界面处，吸收质在气、液两相中的组成关系都假设已经达到平衡。物质通过界面由一相进入另一相时，界面本身对扩散无阻力。因此，在相界面上，液相组成 X_i 和气相组成 Y_i 是平衡的。

根据双膜理论，吸收质必须以分子扩散的方式从气相主体先后通过此两薄膜而进入液相主体。所以，尽管气、液两膜很薄，两个膜层仍为主要的传质阻力或扩散阻力所在。

根据双膜理论，在吸收过程中，吸收质从气相主体中以对流扩散的方式到达气膜边界，又以分子扩散的方式通过气膜到达气、液界面，在界面上吸收质不受任何阻力从气相进入液相，然后，在液相中以分子扩散的方式穿过液膜到达液膜边界，最后又以对流扩散的方式转移到液相主体。

对于具有稳定相界面的系统以及流动速度不高的两流体间的传质，双膜理论与实际情况是相当符合的，根据这一理论的基本概念所确定的吸收过程的传质速率关系，至今仍是吸收设备设计的主要依据，这一理论对生产实际具有重要的指导意义。但是对于具有自由相界面的系统，尤其是高度湍动的两流体间的传质，双膜理论表现出它的局限性。针对这一局限性，后来相继提出了一些新的理论，如溶质渗透理论、表面更新理论、界面动力状态理论等。这些理论对于相际传质过程的界面状态及流体力学因素的影响等方面的研究和描述都有所前进，但由于其数学模型太复杂，目前应用于传质设备的计算或解决实际问题较困难。

任务三　吸收速率方程

按照双膜理论，吸收过程类似于间壁式换热器中冷热流体之间的传热步骤和温度分布情况。所以可以依照间壁换热器两侧对流给热过程传热速率的分析思路，来分析对流传质过程的传质速率 N_A 的表达式及传质阻力的控制。

吸收速率即指单位气液接触表面积上单位时间内吸收的溶质物质的量。通常以 N_A 来表示，单位为 $kmol/(m^2 \cdot s)$，表明吸收速率与推动力之间关系的数学式即为吸收速率方程。对任何一个过程，其速率都可用下面这样一个关系式来归纳表示，即

过程速率＝过程推动力/过程阻力

对于吸收这一传质过程的速率关系，其过程推动力可以用浓度差来表示，而吸收阻力的倒数称为吸收系数。因此，吸收速率关系又可写为

吸收速率＝吸收系数×过程推动力

由于混合物的组成可以采用不同的单位，所以传质推动力有不同的表示方法，吸收速率也就有不同的表示形式。

一、气体吸收速率方程式

1. 气膜吸收速率方程式

吸收质从气相主体通过气膜传递到相界面时的吸收速率方程式可表示为

$$N_A = k_气 (Y_A - Y_i) \tag{7-11}$$

或

$$N_A = \frac{Y_A - Y_i}{\dfrac{1}{k_气}} \tag{7-12}$$

式中　N_A——单位时间内组分 A 扩散通过单位面积的物质的量，即传质速率，$kmol/(m^2 \cdot s)$；

　　　$k_气$——气膜吸收系数，$kmol/(m^2 \cdot s)$；

　Y_A，Y_i——气相主体与界面处吸收质的比摩尔分数。

2. 液膜吸收速率方程式

吸收质从相界面处通过液膜传递进入液相主体的吸收速率方程式可表示为

$$N_A = k_液 (X_i - X_A) \tag{7-13}$$

或

$$N_A = \frac{X_i - X_A}{\dfrac{1}{k_液}} \tag{7-14}$$

式中　X_A，X_i——溶质 A 在液相主体与界面处的比摩尔分数；

　　　$k_液$——液膜吸收系数，$kmol/(m^2 \cdot s)$。

以上传质速率用不同的推动力表达同一个传质速率，类似于传热中的牛顿冷却定律的形式，即传质速率正比于界面浓度与流体主体浓度之差，将其他所有影响对流传质的因素均包括在气相（或液相）传质系数之中。传质系数的数据只有根据具体操作条件由实验测取，它与流体流动状态和流体物性、扩散系数、密度、黏度、传质界面形状等因素有关，这类似于传热中对流给热系数的研究方法。

3. 吸收速率总方程式

在吸收过程中，因吸收质从气相溶入液相，而使相界面不断变化，这也使得计算变得复杂。由于相界面上的组成 Y_i、X_i 不易直接测定，因而在吸收计算中很少应用气、

液膜的吸收速率方程式，而采用包括气液相的相际传质速率方程来表示吸收的速率方程。

(1) 以 $Y_A - Y_A^*$ 表示总推动力的吸收速率方程式

$$N_A = K_气(Y_A - Y_A^*) \tag{7-15}$$

$$N_A = \frac{Y_A - Y_A^*}{\dfrac{1}{K_气}} \tag{7-16}$$

式中 Y_A^* ——与液相主体组成成平衡关系的浓度；

Y_A ——用比摩尔分数表示的气相主体的浓度；

$K_气$ ——气相吸收总系数，$kmol/(m^2 \cdot s)$。

(2) 以 $X_A^* - X_A$ 表示总推动力的吸收速率方程式

$$N_A = K_液(X_A^* - X_A) \tag{7-17}$$

或

$$N_A = \frac{X_A^* - X_A}{\dfrac{1}{K_液}} \tag{7-18}$$

式中 X_A^* ——与气相主体组成成平衡关系的浓度；

X_A ——用比摩尔分数表示的液相主体的浓度；

$K_液$ ——液相吸收总系数，$kmol/(m^2 \cdot s)$。

二、吸收总系数

1. 吸收系数的确定

吸收系数往往是通过实验直接测得的，也可以用经验公式或用特征数关联式的方法求算。实测数据是以生产设备或中间实验设备进行实验而测得的数据；或从手册及有关资料中查取相应的经验公式，计算出吸收膜系数后，再由公式求出吸收总系数。这类公式应用范围虽较窄，但计算较准确；特征数关联式求得的数据，误差较大，计算也较为烦琐。工程上多采用经验公式来确定，选用时应注意其使用范围及经验公式的局限性。

在吸收计算中，要得到每一个具体过程中的吸收总系数是极其困难的。与传热中从对流传热系数出发求出总传热系数 K，进而计算传热面积一样，在吸收计算中也可以从气膜和液膜吸收系数 $k_气$ 和 $k_液$ 求出总系数 $K_气$ 和 $K_液$，由上面的讨论可以知道：气相吸收总系数的倒数 $\dfrac{1}{K_气}$ 为两膜的总推力，此阻力由气膜阻力 $\dfrac{1}{k_气}$ 与液膜阻力 $\dfrac{m}{k_液}$ 组成，即

$$\frac{1}{K_气} = \frac{1}{k_气} + \frac{m}{k_液} \tag{7-19}$$

液相吸收总系数的倒数 $\dfrac{1}{K_液}$ 为两膜的总阻力，此阻力由气膜阻力 $1/(mk_气)$ 与液膜阻力 $1/k_液$ 组成。即

$$\frac{1}{K_液} = \frac{1}{mk_气} + \frac{1}{k_液} \tag{7-20}$$

由此可见，吸收过程的总阻力等于气膜阻力和液膜阻力之和，符合双膜理论当初的设想。

2. 气体溶解度对吸收系数的影响

(1) 对于溶解度较大的情况 当吸收质在液相中的溶解度较大时，其亨利系数 E 值很小，因此，当混合气体总压 p 一定时，相平衡常数 $m = E/p$ 也很小，由式(7-19)可知

$$\frac{1}{K_{气}} \approx \frac{1}{k_{气}} \text{或} K_{气} \approx k_{气} \tag{7-21}$$

即吸收总阻力 $\frac{1}{K_{气}}$ 主要由气膜吸收阻力 $\frac{1}{k_{气}}$ 所组成。这就是说，吸收质的吸收速率主要受气膜一方的吸收阻力所控制，故称为气膜阻力控制。在这种情况下，气膜阻力是构成吸收阻力的主要因素，液膜阻力可以忽略不计，而气相吸收总系数可用气膜吸收系数来代替。例如：用水吸收氨或氯化氢等过程。对于气膜控制的吸收过程，要强化传质过程，提高吸收速率，在选择设备型号及确定操作条件时，应特别注意减小气膜阻力。

(2) 对于溶解度较小的情况 当吸收质在液相中的溶解度较小时，其亨利系数 E 值很大，相平衡常数 $m = E/p$ 也很大，由式(7-20)可知，当 m 较大时，有

$$\frac{1}{K_{液}} \approx \frac{1}{k_{液}} \text{或} K_{液} \approx k_{液} \tag{7-22}$$

在这种情况下，液膜阻力构成了吸收阻力的主要因素，气膜阻力可以忽略不计，而液相吸收总系数可用液膜吸收系数来代替，这种情况称为液膜阻力控制。例如：用水吸收氧气、二氧化碳等过程。对于液膜控制的吸收过程，要强化传质过程，提高吸收速率，在选择设备型号及确定操作条件时，应特别注意减小液膜阻力。

(3) 溶解度适中的情况 在这种情况下，气、液两相阻力都较为显著，不容忽略。要提高吸收过程速率，必须兼顾气、液两膜阻力的降低，同时增大气体和液体流速。

在具体操作中，如果能够判断吸收过程是受哪一侧阻力所控制，则可以给强化吸收过程及选择适宜操作条件带来很大的方便。实际生产中大多数吸收过程既有气膜控制又有液膜控制。

【例题 7-4】 用清水吸收含低浓度溶质 A 的混合气体，平衡关系服从亨利定律。现已测得吸收塔某横截面上气相主体溶质 A 的分压为 5.1kPa，液相溶质 A 的摩尔分数为 0.01，相平衡常数 m 为 0.84，气膜吸收系数 $k_{气} = 2.776 \times 10^{-5} \text{kmol/(m}^2 \cdot \text{s)}$，液膜吸收系数为 $k_{液} = 3.86 \times 10^{-3} \text{kmol/(m}^2 \cdot \text{s)}$。塔的操作总压为 101.33kPa。试求：

(1) 气相总吸收系数 $K_{气}$，并分析该吸收过程的控制因素；

(2) 该塔横截面上的吸收速率 N_A。

解 (1) 气相总吸收系数 $K_{气}$ 将有关数据代入式(7-19)，便可求得气相总吸收系数，即

$$\frac{1}{K_{气}} = \frac{1}{k_{气}} + \frac{m}{k_{液}} = 1/(2.776 \times 10^{-5}) + 0.84/(3.86 \times 10^{-3})$$

$$= 3.624 \times 10^4 [(\text{m}^2 \cdot \text{s})/\text{kmol}]$$

$$K_{气} = 1/(3.624 \times 10^4) = 2.759 \times 10^{-5} [\text{kmol/(m}^2 \cdot \text{s)}]$$

由计算数据可知，气膜阻力 $\frac{1}{k_{气}} = 3.602 \times 10^4 (\text{m}^2 \cdot \text{s})/\text{kmol}$，而液膜阻力 $\frac{m}{k_{液}} = 2.176 \times 10^2 (\text{m}^2 \cdot \text{s})/\text{kmol}$，液膜阻力约占总阻力的 0.6%，故该吸收过程为气膜阻力控制。

（2）吸收速率 用前式计算该塔截面上的吸收速率，式中有关参数为

$$Y_A = \frac{p_A}{p - p_A} = \frac{5.1}{101.33 - 5.1} = 0.053$$

$$X_A = \frac{x_A}{1 - x_A} = \frac{0.01}{1 - 0.01} = 0.0101$$

$$Y_A^* = mX_A = 0.84 \times 0.0101 = 0.00848$$

$$N_A = K_气(Y_A - Y_A^*) = 2.759 \times 10^{-5} \times (0.053 - 0.00848)$$
$$= 1.228 \times 10^{-6} [\text{kmol}/(\text{m}^2 \cdot \text{s})]$$

◆ 项目三

吸收过程的计算

任务一 物料衡算与操作线方程

吸收过程既可采用板式塔又可采用填料塔。为了叙述方便，本项目将主要结合连续接触的填料塔进行分析和讨论。

在填料塔内，气液两相可作逆流流动也可作并流流动。在两相进出口组成相同的情况下，逆流的平均推动力大于并流。逆流时下降至塔底的液体与刚刚进塔的混合气体接触，有利于提高出塔液体的组成，可以减少吸收剂的用量；上升至塔顶的气体与刚刚进塔的新鲜吸收剂接触，有利于降低出塔气体的含量，可提高溶质的吸收率。因此，逆流操作在工业生产中较为多见。

一、物料衡算

如图 7-4 所示为一处于稳定操作状态下，气、液两相逆流接触的吸收塔，混合气体自下而上流动，吸收剂则自上而下流动。由于在吸收过程中，吸收质在气液两相中的浓度沿着吸收塔高不断地变化，导致气液两相的总量也随塔高而变化。由于通过吸收塔的惰性气体量和吸收剂量可认为不变，因而在进行吸收物料衡算时气、液两相组成用比摩尔分数表示就十分方便。

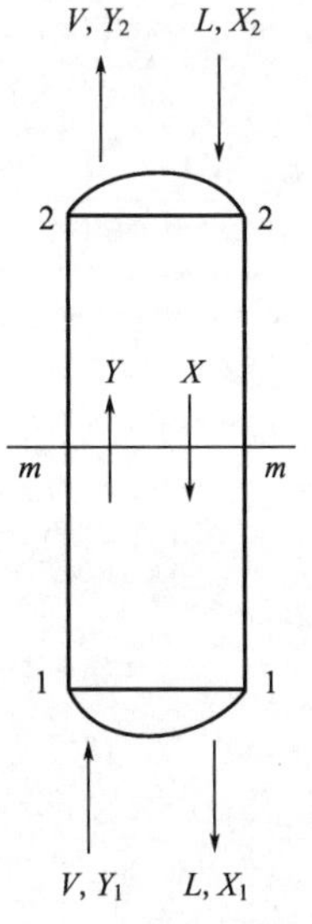

图 7-4 逆流吸收塔示意图

如图 7-4 所示，塔底截面用 1-1 表示，塔顶截面用 2-2 表示，塔中任一截面用 m-m 表示。图中各符号意义如下：

V——单位时间通过吸收塔的惰性气体量，kmol/s；

L——单位时间通过吸收塔的吸收剂量，kmol/s；

Y_1，Y_2——进塔和出塔气体中溶质组分的比摩尔分数，kmol/kmol；

X_1，X_2——出塔和进塔液体中溶质组分的比摩尔分数，kmol/kmol。

在稳定操作条件下，V 和 L 的量没有变化；气相从进塔到出塔，吸收质的浓度是逐渐减小；而液相从进塔到出塔，吸收质的浓度是逐渐增大的。若无物料损失，对单位时间内进、出塔的吸收质作物料衡算，可得下式

$$VY_1 + LX_2 = VY_2 + LX_1$$
$$V(Y_1 - Y_2) = L(X_1 - X_2) = G_A \tag{7-23}$$

式中 G_A——单位时间内全塔吸收的吸收质的量，kmol/s。

一般工程上，在吸收操作中进塔混合气的组成 Y_1 和惰性气体流量 V 是由吸收任务规定了的，而吸收剂初始浓度 X_2 和流量 L 往往根据生产工艺所确定，即 V、Y_1、L、X_2 皆为已知数。又根据吸收操作的分离指标吸收率 η，就可以得知气体在出塔时应有的浓度

Y_2 为

$$Y_2 = Y_1(1-\eta) \tag{7-24}$$

式中　η——表示混合气体中溶质被吸收的百分数，称为吸收率或回收率。

$$\eta = \frac{VY_1 - VY_2}{VY_1} = \frac{Y_1 - Y_2}{Y_1} = 1 - \frac{Y_2}{Y_1} \tag{7-25}$$

　　这样，通过全塔物料衡算式(7-23) 便可求得塔底排出吸收液的组成 X_1。于是在吸收塔底部与顶部两个端面上的气、液组成都成为已知数。在已知 L、V、X_2、X_1、Y_1 的情况下，也可由式(7-23) 求算出 Y_2，从而进一步求算吸收率，判断是否达到了分离要求。

二、吸收塔的操作线方程与操作线

　　为确定吸收塔内任一塔截面上相互接触的气、液组成间的关系，需在填料层中的任一截面与塔的任一断面之间作物料衡算，得到塔任意截面上气相组成 Y 和液相组成 X 之间关系的方程。从塔底截面与任意截面 m-m 间作溶质组分的物料衡算，得

$$VY_1 + LX = VY + LX_1$$

整理得

$$Y = \frac{L}{V}X + \left(Y_1 - \frac{L}{V}X_1\right) \tag{7-26}$$

　　同理，亦可在塔顶截面与任意截面 m-m 间作溶质组分的物料衡算，得

$$VY + LX_2 = VY_2 + LX$$

整理得

$$Y = \frac{L}{V}X + \left(Y_2 + \frac{L}{V}X_2\right) \tag{7-27}$$

　　式(7-26) 和式(7-27) 均表明塔内任一截面上气、液两相组成之间关系是一直线关系，都称为逆流吸收塔的操作线方程，它表明塔内任一截面上气相组成 Y 与液相组成 X 之间的关系。根据全塔物料衡算可以看出，两方程表示的是同一条直线，该直线斜率是 L/V，通过塔底 $B(X_1,Y_1)$ 及塔顶 $A(X_2,Y_2)$ 两点。图 7-5 所示为逆流吸收塔操作线和平衡线示意图。曲线 OE 为平衡线，AB 为操作线。操作线与平衡线之间的距离决定吸收操作推动力的大小，操作线离平衡线距离越远，则传质推动力越大。为加大推动力可从两方面着手：一是减小平衡线斜率，如降低操作温度；另一是增大操作线斜率，如增大液气比等。

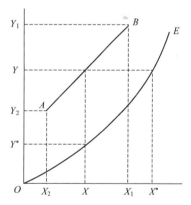

图 7-5　逆流吸收塔操作线和平衡线

　　操作线上任意一点代表塔内相应截面上的气、液相组成之间的对应关系；端点 B 则代表塔顶的气、液相组成 Y_1、X_1 的对应关系；端点 A 代表塔底的气、液相组成 Y_2、X_2 的对应关系。在进行吸收操作时，塔内任一截面上，吸收质在气相中的实际组成总是要大于与其接触的液相相平衡的气相组成，所以吸收过程操作线的位置在平衡线上方。反之，如果操作线位于平衡线的下方，则应当进行解吸过程。

　　若气液两相为并流，吸收塔的操作线方程及操作线，可用同样办法确定。且应指出，无论逆流或并流操作的吸收塔，其操作线方程及操作线都是由物料衡算得来的，与系统的平衡关系、操作温度和压力以及塔的结构形式均无关。

任务二 吸收剂用量

一、吸收剂用量对吸收操作的影响

吸收塔的计算中，需要处理的气体流量及气相的初浓度和终浓度均由生产任务所规定，吸收剂的入塔浓度则常由工艺条件决定或由设计者选定，而吸收剂的用量则需要确定。从能耗的角度考虑，希望流量要小，但限于气体在液体中的溶解度，流量小到一定程度则达不到吸收要求，故需合理选取。

由逆流吸收塔的物料衡算可知
$$\frac{L}{V}=\frac{Y_1-Y_2}{X_1-X_2} \tag{7-28}$$

L/V 是操作线的斜率，亦称液气比。它是重要的操作参数，其值不但决定塔设备的尺寸大小，而且还关系着操作费用的高低。

如图 7-6(a) 所示，当混合气体量 V、进口组成 Y_1、出口组成 Y_2 及液体进口浓度 X_2 一定的情况下，操作线 A 端固定，若吸收剂量 L 减少，操作线斜率 L/V 变小，端点 B 则沿水平线 $Y=Y_1$ 向右移动，其结果是使得出塔吸收液组成增大，但此时吸收推动力变小，完成同样吸收任务所需的塔设备尺寸增大，设备费用增大。若吸收剂用量减少到 B 点与平衡线 OE 相交时，即塔底流出液组成与刚进塔的混合气组成达到平衡。这是理论上吸收液所能达到的最高浓度，但此时吸收过程推动力为零，欲在此条件下完成给定的分离任务就需要"无穷大"的传质面积，亦即塔需要无限高，生产中无实际意义。这只能用来表示吸收达到一个极限的情况，此时吸收操作线的斜率称为最小液气比，以 $(L/V)_{min}$ 表示；相应的吸收剂用量即为最小吸收剂用量，以 L_{min} 表示。

反之，若增大吸收剂用量，则点 B 将沿水平线向左移动，使操作线远离平衡线，吸收过程推动力增大，有利于吸收操作。若在单位时间内吸收同样数量的溶质时，设备尺寸可以减小，设备费用降低；但是，吸收剂消耗量增加，出塔液体中溶质含量降低，吸收剂再生所需的设备费和操作费均增大。由此可见吸收剂用量不宜过大。

由以上分析可见，吸收剂用量的大小，从设备费用和操作费用两方面影响到吸收过程的经济性，应综合考虑，选择一适宜的液气比，使两项费用之和最小。根据生产实践经验，在实际操作中，为保证合理的吸收塔的生产能力，一般情况下取吸收剂用量为最小用量的 $1.1\sim2.0$ 倍是比较适宜的，即

$$\frac{L}{V}=(1.1\sim2.0)\left(\frac{L}{V}\right)_{min} \tag{7-29}$$

或
$$L=(1.1\sim2.0)L_{min} \tag{7-30}$$

必须指出，在吸收操作中由于吸收剂从塔顶向下流动时有径向集壁的趋向，下流液体并不一定能把填料所有的表面都润湿，填料表面未被润湿的部分，对吸收操作中的物质传递自然也起不了作用。为了充分发挥填料的效能，要求喷淋密度，即单位时间内单位塔截面上喷淋的液体量，不得小于某一最低允许值。

二、最小液气比 $(L/V)_{min}$ 的求法

求取适宜的液气比，关键在于求取最小液气比。

1. 最小液气比可用图解法求得

一般情况下，平衡曲线符合图 7-6(a) 所示的情况，则需找到水平线 $Y=Y_1$ 与平衡线的

交点 E，从而读出 X_1^* 的数值，然后用式(7-31) 计算最小液气比，即

$$\left(\frac{L}{V}\right)_{\min}=\frac{Y_1-Y_2}{X_1^*-X_2} \tag{7-31}$$

若平衡曲线如图 7-6(b) 所示的情况，最小液气比求取则应作相平衡曲线的切线交 $Y=Y_1$ 直线于点 D，读出 D 的横坐标 X_1^* 的值，代入式(7-31) 计算最小液气比。

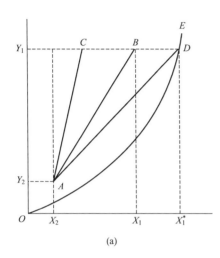

(a)

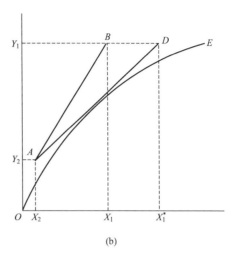

(b)

图 7-6 吸收塔的最小液气比

2. 最小液气比可用计算法求得

若相平衡关系符合亨利定律，且平衡曲线 OE 是直线，可用 $Y^*=mX$ 表示，则直接用下式计算最小液气比，即

$$\left(\frac{L}{V}\right)_{\min}=\frac{Y_1-Y_2}{\dfrac{Y_1}{m}-X_2} \tag{7-32}$$

若平衡关系符合亨利定律且用新鲜吸收剂吸收 $X_2=0$，则

$$\left(\frac{L}{V}\right)_{\min}=\frac{Y_1-Y_2}{\dfrac{Y_1}{m}}=m\eta \tag{7-33}$$

【例题 7-5】 在一填料塔中，用洗油逆流吸收混合气体中的苯。已知混合气体的流量为 $1600\text{m}^3/\text{h}$，进塔气体中含苯 0.05 (摩尔分数，下同)，要求吸收率为 90%，操作温度为 25℃，压力为 101.3kPa，洗油进塔浓度为 0.0015，相平衡关系为 $Y^*=26X$，操作液气比为最小液气比的 1.3 倍。试求吸收剂用量及出塔洗油中苯的含量。

解 先确定混合气体中惰性气体量和吸收质的比摩尔分数

$$y_1=0.05，\quad Y_1=\frac{y_1}{1-y_1}=\frac{0.05}{1-0.05}=0.0526$$

$$Y_2=Y_1(1-\eta)=0.0526\times(1-0.90)=0.00526$$

$$x_2=0.00015，\quad X_2=\frac{x_2}{1-x_2}=\frac{0.00015}{1-0.00015}=0.00015$$

混合气体中惰性气体量为

$$V = \frac{1600}{22.4} \times \frac{273}{273+25} \times (1-0.05) = 62.2 \quad (\text{kmol/h})$$

由于气液相平衡关系 $Y^* = 26X$，则

$$\left(\frac{L}{V}\right)_{\min} = \frac{Y_1 - Y_2}{\frac{Y_1}{m} - X_2} = \frac{0.0526 - 0.00526}{\frac{0.0526}{26} - 0.00015} = 25.3$$

实际液气比为

$$\frac{L}{V} = 1.3 \left(\frac{L}{V}\right)_{\min} = 1.3 \times 25.3 = 32.9, \ L = 32.9V = 32.9 \times 62.2 = 2.05 \times 10^3 \quad (\text{kmol/h})$$

出塔洗油中苯的含量为

$$X_1 = \frac{V(Y_1 - Y_2)}{L} + X_2 = \frac{62.2}{2.05 \times 10^3} \times (0.0526 - 0.00526) + 0.00015$$
$$= 1.59 \times 10^{-3}$$

任务三 填料层的工艺设计

一、填料塔直径的计算

吸收塔的塔径可根据圆形管路直径计算公式确定，即

$$D = \sqrt{\frac{4q_V}{\pi u}} \tag{7-34}$$

式中 D——吸收塔的内径，m；

q_V——操作条件下，塔内最大的气体体积流量，m^3/s；

u——空塔气速，即按空塔截面积计算的混合气速度，m/s。

塔径的大小主要取决于空塔气速。若选择较小的空塔气速，则气体通过塔时的阻力小，动力消耗小，但塔径增大使得设备投资大而生产能力低，且较低的气速不利于气液充分接触，传质效率较低。

若选择较高的空塔气速，则通过填料层的压降大，动力消耗大，且操作不平稳，难以控制，但此时塔径小，设备投资小。故塔径的确定应作多方案比较以求经济上优化。通常 $u = (0.5 \sim 0.85)u_{泛}$。

二、填料层高度的计算

1. 填料层高度的基本计算式

为了使填料吸收塔出口气体达到一定的工艺要求，就需要塔内装填一定高度的填料层能提供足够的气、液两相接触面积。若在塔径已经被确定的前提下，填料层高度则仅取决于完成规定生产任务所需的总吸收面积和每立方米填料层所能提供的气、液接触面。其关系如下

$$Z = \frac{填料层体积(V)}{塔截面积(S)} = \frac{总吸收面积(A)}{aS} \tag{7-35}$$

式中 Z——填料层高度，m；

a——单位体积填料层提供的有效比表面积，m^2/m^3。

总吸收面积 A 可表示为 $$A = \frac{吸收负荷(G_A)}{吸收速率(N_A)} \tag{7-36}$$

塔的吸收负荷可依据全塔物料衡算关系求出，而吸收速率则要依据全塔吸收速率方程求

得。在填料塔中任取一段高度的微元填料层，从以气相浓度差（或液相浓度差）表示的吸收总速率方程和物料衡算出发，可导出填料层高度的基本计算式为

$$Z=\frac{G_A}{N_A aS}=\frac{V(Y_1-Y_2)}{K_气 aS\Delta Y_m} \tag{7-37}$$

或

$$Z=\frac{G_A}{N_A aS}=\frac{L(X_1-X_2)}{K_液 aS\Delta X_m} \tag{7-38}$$

当吸收操作稳定时，式中 a、S、V、L 均为定值，a 值不仅与填料的形状、尺寸及充填状况有关，而且受流体物性及流体状况的影响。a 的数值很难直接测定。为了避开难以测得的有效比表面积 a，常将它与吸收系数 $K_气$ 或 $K_液$ 的乘积视为一体，作为一个完整的物理量来看待，这个乘积称为"体积吸收总系数"。譬如 $K_气 a$ 或 $K_液 a$ 分别称为气相体积吸收总系数及液相体积吸收总系数。这样，填料层高度的计算便取决于吸收过程平均推动力 ΔY_m 或 ΔX_m 的计算问题。

2. 对数平均推动力法

如前所述，计算填料层的高度关键是计算出吸收过程的平均推动力，求法有解析法、对数平均推动力法（适用于相平衡关系是直线关系的情况）、图解积分法等，其简繁随平衡线是否为直线而异。这里仅介绍对数平均推动力法，其他方法可查阅《化学工程手册》。

对数平均推动力法适用于相平衡关系是直线或至少在所涉及的范围内其平衡线为一直线的情况。若操作线和相平衡线均为直线，则吸收塔任意一截面上的推动力 $(Y-Y^*)$ 对 Y 必有直线关系，此时全塔的平均推动力可由数学方法推得为吸收塔填料层上、下两端推动力的对数平均值，其计算式如下。

对于气相

$$\Delta Y_m=\frac{\Delta Y_1-\Delta Y_2}{\ln\frac{\Delta Y_1}{\Delta Y_2}}=\frac{(Y_1-Y_1^*)-(Y_2-Y_2^*)}{\ln\frac{Y_1-Y_1^*}{Y_2-Y_2^*}} \tag{7-39}$$

对于液相

$$\Delta X_m=\frac{\Delta X_1-\Delta X_2}{\ln\frac{\Delta X_1}{\Delta X_2}}=\frac{(X_1^*-X_1)-(X_2^*-X_2)}{\ln\frac{(X_1^*-X_1)}{(X_2^*-X_2)}} \tag{7-40}$$

当 $\frac{\Delta Y_1}{\Delta Y_2}<2$ 时，$\Delta Y_m\approx\frac{\Delta Y_1+\Delta Y_2}{2}$；当 $\frac{\Delta X_1}{\Delta X_2}<2$ 时，$\Delta X_m\approx\frac{\Delta X_1+\Delta X_2}{2}$。

【例题 7-6】 已测得一逆流吸收操作入塔混合气中吸收质摩尔分数 0.015，其余为惰性气体，出塔气中含吸收质摩尔分数为 7.5×10^{-5}；入塔吸收剂为纯溶剂，出塔溶液中含吸收质摩尔分数为 0.0141。操作条件下相平衡关系为 $Y_A^*=0.75X$。试求气相平均推动力 ΔY_m。

解 先将摩尔分数换算为比摩尔分数

$$Y_1=\frac{y_1}{1-y_1}=\frac{0.015}{1-0.015}=0.0152$$

$$Y_2=\frac{y_2}{1-y_2}=\frac{7.5\times10^{-5}}{1-7.5\times10^{-5}}=7.5\times10^{-5}$$

$$X_1=\frac{x_1}{1-x_1}=\frac{0.0141}{1-0.0141}=0.0143$$

$$Y_1^*=mX_1=0.75\times0.0143=0.011$$

$$Y_2^* = mX_2 = 0$$

$$\Delta Y_m = \frac{(Y_1 - Y_1^*) - (Y_2 - Y_2^*)}{\ln\left(\dfrac{Y_1 - Y_1^*}{Y_2 - Y_2^*}\right)} = \frac{(0.0152 - 0.011) - (7.5 \times 10^{-5} - 0)}{\ln\left(\dfrac{0.0152 - 0.011}{7.5 \times 10^{-5} - 0}\right)}$$

$$= 1.025 \times 10^{-3}$$

【**例题 7-7**】 若例题 7-5 中所用的吸收塔内径为 1m，入塔混合气量为 $1500\text{m}^3/\text{h}$（101.3kPa，298K），气相体系吸收总系数 $K_气 a = 150\text{kmol}/(\text{m}^3 \cdot \text{h})$。试求达到指定的分离要求所需要的填料层高度。

解 $V = \dfrac{1500}{22.4} \times \dfrac{273}{298} \times (1 - 0.015) = 60.4$ （kmol/h）

塔截面积 $S = \dfrac{\pi}{4} D^2 = 0.785 \times 1^2 = 0.785$ （m^2）

$$Z = \frac{V(Y_1 - Y_2)}{K_气 a S \Delta Y_m} = \frac{60.4 \times (0.0152 - 7.5 \times 10^{-5})}{150 \times 0.785 \times 1.025 \times 10^{-3}} = 7.57 \text{ （m）}$$

❖ 项目四

填料塔

一、填料塔的结构

填料塔是化工生产中常用的一类气液传质设备。填料塔由塔体、填料、液体分布装置、填料压紧装置、填料支承装置、液体再分布装置等构成。塔体内充填有一定高度的填料层，填料层的下面为支承板，上面为填料压板及液体分布装置。必要时需要将填料层分段，在段与段之间设置液体再分布装置。

填料塔操作时，液体自塔上部进入，通过顶部液体分布器均匀喷洒在塔截面上并沿填料表面呈膜状流下。当塔较高时，由于液体有向塔壁面偏流的倾向，使液体分布逐渐变得不均匀，因此经过一定高度的填料层以后，需要液体再分布装置，将液体重新均匀分布到下段填料层的截面上，最后从塔底排出。

气体自塔下部经气体分布装置送入，通过填料支承装置在填料缝隙中的自由空间上升并与下降的液体作逆向接触，最后从塔顶排出。离开填料层的气体可能夹带少量雾状液滴，因此有时需要在塔顶安装除沫器。

二、填料塔的构件

1. 塔体

塔体除用金属材料制作外，还可用陶瓷、塑料等制作。金属或陶瓷塔体一般为圆柱形。

2. 填料

（1）填料的特性　填料是填料塔的核心部分，具有一定的几何形体结构。它提供了气液两相接触传质的界面，是决定填料塔性能的主要因素。各种填料性能的好坏是依靠填料特性参数反映的。

① 比表面积 a。单位体积填料层所具有的表面积称为填料的比表面积，以 a 表示，其单位为 m^2/m^3。显然，填料应具有较大的比表面积，以增大塔内传质面积。但由于填料堆积过程中的互相屏蔽，以及填料润湿并不完全，因此实际的气液接触面积必然小于填料的比表面积。同一种类的填料，尺寸越小，则其比表面积越大。

② 空隙率 ε。单位体积填料层所具有的空隙体积，称为填料的空隙率，以 ε 表示，其单位为 m^3/m^3。在操作时由于填料壁上附有一层液体，故实际的空隙率小于理论值。

③ 填料因子。气体通过干填料层的流动特性往往用干填料因子来关联。将 a 与 ε 组合成 a/ε^3 的形式称为干填料因子，单位为 $1/m$。填料因子表示填料的流体力学性能。当填料被喷淋的液体润湿后，填料表面覆盖了一层液膜，部分空隙被液体所占据，空隙率有所减小，比表面积也会发生变化，因而提出了一个相应的湿填料因子，简称填料因子用 $\varPhi$ 表示，用来关联对填料层内气液两相流动的影响。$\varPhi$ 值小则填料层阻力小，发生液泛时的气速提高，亦即流体力学性能好。

④ 单位堆积体积的填料数目 n。对于同一种填料，单位堆积体积内所含填料的个数是由填料尺寸决定的。填料尺寸减小，填料数目可以增加，填料层的比表面积也增大，而空隙率减小，气体阻力亦相应增加，填料造价提高。反之，若填料尺寸过大，在靠近塔壁处，填料层空隙很大，将有大量气体由此短路流过。对于乱堆填料来说 n 是一个统计数字，其值由实测方法求得。n 值越大，提供的表面积也越大，对吸收有利。

此外，从经济、实用及可靠的角度考虑，填料还应具有质量轻、造价低，坚固耐用，不易堵塞，耐腐蚀，有一定的机械强度等特性。实际应用时，应依具体情况加以选择。

(2) 填料的种类。填料的种类很多，按照装填方法大致可分为散装填料和整砌填料两大类。散装填料是一粒粒具有一定几何形状和尺寸的颗粒体，一般以散装方式堆积在塔内。散装填料分散随机堆放，装卸较方便，压降大，适用于直径 50mm 以下的填料。根据结构特点的不同，散装填料分为环形填料、鞍形填料、环鞍形填料及球形填料等。整砌填料是一种在塔内整齐的有规则排列的填料，根据其几何结构可以分为格栅填料、波纹填料、脉冲填料等。它的特点是压降小，适用于 50mm 以上的填料。

填料按其形状可以分为环形、鞍形、波纹形填料。环形填料主要有拉西环、鲍尔环、阶梯环等；鞍形环填料主要有矩鞍形、弧鞍形等；波纹形填料主要有板形波纹、网状波纹等。

填料的材质均可用陶瓷、金属和塑料制造。陶瓷填料应用最早，其润湿性能好，但因较厚，空隙小，阻力大，气液分布不均匀导致效率较低，而且易破碎，故仅用于高温、强腐蚀的场合。金属填料强度高，壁薄，空隙率和比表面积大，故性能良好。不锈钢较贵，碳钢便宜但耐腐蚀性差，在无腐蚀场合广泛采用。塑料填料价格低廉，不易破碎，质轻耐蚀，加工方便，但润湿性能差。表 7-1 中分别介绍了几种常见的填料。

表 7-1 常见的填料

类型	结 构	特点及应用
拉西环	外径与高度相等的圆环，如图 7-7(a)所示	拉西环形状简单，制造容易，操作时有严重的沟流和壁流现象，气液分布较差，传质效率低。填料层持液量大，气体通过填料层的阻力大，通量较低。拉西环是使用最早的一种填料，曾得到极为广泛的应用，目前拉西环工业应用日趋减少
鲍尔环	在拉西环的侧壁上开出两排长方形的窗孔，被切开的环壁一侧仍与壁面相连，另一侧向环内弯曲，形成内伸的舌叶，舌叶的侧边在环中心相搭，如图 7-7(b)所示	鲍尔环填料的比表面积和空隙率与拉西环基本相当，气体流动阻力降低，液体分布比较均匀。同一材质、同种规格的拉西环与鲍尔环填料相比，鲍尔环的气体通量比拉西环增大 50% 以上，传质效率增加 30% 左右。鲍尔环填料以其优良的性能得到了广泛的工业应用
阶梯环	对鲍尔环填料改进，其形状如图 7-7(c)所示。阶梯环圆筒部分的高度仅为直径的一半，圆筒一端有向外翻卷的锥形边，其高度为全高的 1/5	是目前环形填料中性能最为良好的一种。填料的空隙率大，填料个体之间呈点接触，使液膜不断更新，压力降小，传质效率高
鞍形填料	是敞开型填料，包括弧鞍与矩鞍，其形状如图 7-7(d)和(e)所示	弧鞍形填料是两面对称结构，有时在填料层中形成局部叠合或架空现象，且强度较差，容易破碎影响传质效率。矩鞍形填料在塔内不会相互叠合而是处于相互勾连的状态，有较好的稳定性，填充密度及液体分布都较均匀，空隙率也有所提高，阻力较低，不易堵塞，制造比较简单，性能较好，是取代拉西环的理想填料

续表

类型	结　构	特点及应用
金属鞍环	如图 7-7(f)所示,采用极薄的金属板轧制,既有类似开孔环形填料的圆环、开孔和内伸的叶片,也有类似矩鞍形填料的侧面	综合了环形填料通量大及鞍形填料的液体再分布性能好的优点而研制和发展起来的一种新型填料,敞开的侧壁有利于气体和液体通过,在填料层内极少产生滞留的死角,阻力减小,通量增大,传质效率提高,有良好的机械强度。金属鞍环填料性能优于目前常用的鲍尔环和矩鞍形填料
球形填料	一般采用塑料材质注塑而成,其结构有许多种,如图 7-7(g)和(h)所示	球体为空心,可以允许气体、液体从内部通过。填料装填密度均匀,不易产生空穴和架桥,气液分散性能好。球形填料一般适用于某些特定场合,工程上应用较少
波纹填料	由许多波纹薄板组成的圆盘状填料,波纹与水平方向成45°倾角,相邻两波纹板反向靠叠,使波纹倾斜方向相互垂直。各盘填料垂直叠放于塔内,相邻的两盘填料间交错90°排列。如图 7-7(i)、(j)所示	优点是结构紧凑,比表面积大,传质效率高。填料阻力小,处理能力提高。其缺点是不适于处理黏度大、易聚合或有悬浮物的物料,填料装卸、清理较困难,造价也较高。金属丝网波纹填料特别适用于精密精馏及真空精馏装置,为难分离物系、热敏性物系的精馏提供了有效的手段。金属孔板波纹填料特别适用于大直径蒸馏塔。金属压延孔板波纹填料主要用于分离要求高,物料不易堵塞的场合
脉冲填料	脉冲填料是由带缩颈的中空棱柱形单体,按一定方式拼装而成的一种整砌填料,如图 7-7(k)所示	流道收缩、扩大的交替重复,实现了"脉冲"传质过程。脉冲填料的特点是处理量大,压降小。是真空蒸馏的理想填料;因其优良的液体分布性能使放大效应减少,特别使用于大塔径的场合

(a) 拉西环填料　　(b) 鲍尔环填料　　(c) 阶梯环填料　　(d) 弧鞍填料

(e) 矩鞍填料　　(f) 金属环矩鞍填料　　(g) 多面球形填料　　(h) TRI球形填料

(i) 金属丝网波纹填料　　(j) 金属板波纹填料　　(k) 脉冲填料

图 7-7　几种常见填料

三、填料塔的附属设备

填料塔的附件主要有填料支承装置、填料压紧装置、液体分布装置、液体再分布装置和除沫装置等。合理地选择和设计填料塔的附件,对保证填料塔的正常操作及良好的传质性能十分重要,见表 7-2。

表 7-2   填料塔的附件

名　　称	作　　用	结　构　类　型
填料支承装置	支承塔内填料及其持有的液体重量。故支承装置要有足够的强度。同时为使气液顺利通过,支承装置的自由截面积应大于填料层的自由截面积,否则当气速增大时,填料塔的液泛将首先在支承装置发生	常用的填料支承装置有栅板型、孔管型、驼峰型等。根据塔径、使用的填料种类及型号、塔体及填料的材质、气液流速选择哪种支承装置
填料压紧装置	安装于填料上方,保持操作中填料床层高度恒定,防止在高压降、瞬时负荷波动等情况下填料床层发生松动和跳动	分为填料压板和床层限制板两大类,每类又有不同的形式。填料压板适用于陶瓷、石墨制的散装填料,自由旋转于填料层上端;床层限制板用于金属散装填料、塑料散装填料及所有规整填料,用螺钉或支耳于塔壁
液体分布装置	液体分布装置设在塔顶,为填料层提供足够数量并分布适当的喷淋点,以保证液体初始均匀地分布;否则部分填料得不到润湿,降低填料利用率	莲蓬式喷洒器一般适用于处理清洁液体,且直径小于 600mm 的小塔。盘式分布器常用于直径较大的塔。管式分布器适用于液量小而气量大的填料塔。槽式液体分布器多用于气液负荷大及含有固体悬浮物、黏度大的分离场合
液体再分布装置	壁流将导致填料层内气液分布不均,使传质效率下降。为减小壁流现象,可间隔一定高度在填料层内设置液体再分布装置	常用的液体再分布器有锥形及槽形两种形式。通常,锥形分布器下面隔一段距离再装填料,以便于分段卸出填料
除沫装置	在液体分布器的上方安装除沫装置,清除气体中夹带的液体雾沫	常用的有折板除沫器、丝网除沫器、填料除沫器

四、填料塔的流体力学性能

在逆流操作的填料塔内,液体从塔顶喷淋下来,依靠重力在填料表面作膜状流动,液膜与填料表面的摩擦及液膜与上升气体的摩擦构成了液膜流动的阻力。因此,液膜的膜厚取决于液体和气体的流量。液膜的厚度直接影响到气体通过填料层的压力降、液泛气速及塔内持液量等流体力学性能。

1. 气体通过填料层的压力降

填料塔内气液两相通常为逆流流动。液体从上而下流动过程中,在填料表面上形成膜状流动。液膜与填料表面的摩擦,以及液膜与上升气体的摩擦使液膜产生流动阻力,使部分液体停留在填料表面及空隙中。单位体积填料层中滞留的液体体积称为持液量。液体流量一定时,填料层压降与液体喷淋量及气速有关,液体喷淋量越大,压降越大;一定的液体喷淋量下气速越大,压降也越大。不同液体喷淋量下的单位填料层的压降 $\Delta p/Z$ 与空塔气速 u 的关系标绘在双对数坐标纸上,可得到如图 7-8 所示的曲线。

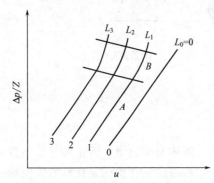

图 7-8   填料层的压降与空塔气速图

直线 L_0 表示无液体喷淋($L=0$)时干填料的 Δp 与 u 关系,称为干填料压降线。曲线 L_1、L_2、L_3 表示不同液体喷淋量下填料层的 Δp 与 u 的关系(喷淋量 $L_1 < L_2 < L_3$)。从图中可看出,在一定的喷

淋量下，压降随空塔气速的变化曲线大致可分为三段。

① 当气速低于 A 点时，气体流动对液膜的曳力很小，液体流动不受气流的影响，填料表面上覆盖的液膜厚度基本不变，因而填料层的持液量不变，该区域称为恒持液量区。此时在对数坐标图上 Δp 与 u 近似为一直线，且基本上与干填料压降线平行。

② 当气速超过 A 点时，气体对液膜的曳力较大，对液膜流动产生阻滞作用，使液膜增厚，填料层的持液量随气速的增加而增大，此现象称拦液。开始发生拦液现象时的空塔气速称为载点气速，曲线上的转折点 A，称为载点。

③ 若气速继续增大，到达图中 B 点时，由于液体不能顺利流下，使填料层的持液量不断增大，填料层内几乎充满液体。气速增加很小便会引起压降的剧增，此现象称为液泛。开始发生液泛现象时的空塔气速称为泛点气速。曲线上的点 B 称为泛点，从载点到泛点的区域称为载液区，泛点以上的区域称为液泛区。

在液泛情况下，因液体占据填料层空隙的程度较严重，气体通过时的阻力大增，顶端填料往往在液体的腾涌中翻上摔下被打碎，操作基本遭破坏。试验表明，当操作处在载液区时，流体湍动加剧，传质效果提高。作为填料塔，液泛时的气速也是最大的极限气速，经验认为实际气速通常应当取在泛点气速的 50%～80% 范围内。

2. 持液量

因填料与其空隙中所持的液体是堆积在填料支承板上的，故在进行填料支承板强度计算时，要考虑填料本身的重量与持液量。持液量小则气体流动阻力小，到载点以后，持液量随气速的增加而增加。

持液量是由静持液量与动持液量两部分组成的。静持液量指填料层停止接受喷淋液体并经过规定的滴液时间后，仍然滞留在填料层中的液体量，其大小决定于填料的类型、尺寸及液体的性质。动持液量指一定喷淋条件下持于填料层中的液体总量与静持液量之差，表示可以从填料上滴下的那部分液体，亦指操作时流动于填料表面的液体量，其大小不但与填料的类型、尺寸及液体的性质有关，而且与喷淋密度有关，可用经验公式或曲线图估算。

五、填料塔的特点

与板式塔相比，填料塔具有以下特点。

① 结构简单，便于安装，小直径的填料塔造价低。

② 压力降较小，适合减压操作，且能耗低。

③ 分离效率高，用于难分离的混合物，塔高较低。

④ 适于易起泡物系的分离，因为填料对泡沫有限制和破碎作用。

⑤ 适用于腐蚀性介质，因为可采用不同材质的耐腐蚀填料。

⑥ 适用于热敏性物料，因为填料塔持液量低，物料在塔内停留时间短。

⑦ 操作弹性较小，对液体负荷的变化特别敏感。当液体负荷较小时，填料表面不能很好地润湿，传质效果急剧下降；当液体负荷过大时，则易产生液泛。

⑧ 不宜处理易聚合或含有固体颗粒的物料。

项目五

吸收塔的操作

任务一　吸收操作的主要影响因素

吸收是气液两相之间的传质过程，影响吸收过程的因素除塔结构外，主要还有吸收质的性能、吸收剂的性能和工艺操作条件。

一、吸收质的性能

由双膜理论可知，气体吸收的阻力全部集中在气膜和液膜内，由于吸收质在吸收剂中的溶解度不同，因而起决定作用的阻力也就不一样。

（1）气膜控制　对于易溶气体，吸收质只要克服气膜的阻力，就很容易穿过液膜而进入液体，被吸收剂吸收，于是，气膜将起决定作用，加大气体流速，即可减小滞流层的气膜厚度，减小吸收阻力，提高吸收速率。在实际生产中，表现为气膜控制的操作有：水或氨水吸收氨气、浓硫酸吸收三氧化硫、水或稀盐酸吸收氯化氢以及氢氧化钠水溶液吸收硫化氢等。

（2）液膜控制　对于难溶气体，吸收质受到气膜的阻力小于液膜阻力，液膜阻力成为吸收过程的主要矛盾，显然，提高液膜控制下的吸收速率，其关键是提高液体流速，减小液体滞流层即液膜的厚度，降低液膜阻力。在实际生产中，表现为液膜控制的操作有：水吸收二氧化碳；水吸收氧气、氢气、氯气、二氧化硫或丙酮以及浓硝酸吸收二氧化氮等。

二、吸收剂的性能

吸收剂的性能好坏，将直接影响吸收操作的效果。因此，所选用的吸收剂应基本符合以下几项原则。

（1）选择性　吸收剂对吸收质要有较好的选择性。吸收剂对混合气体中的被吸收组分应有很好的吸收能力和较大的溶解性，对其他组分却能基本上不吸收或者吸收甚微，这样才可以有效分离混合气体。

（2）溶解度　吸收剂对于溶质组分应具有较大的溶解度，或者说，在一定温度与浓度下，溶质组分的气相平衡分压要低。这样从平衡的角度讲，处理一定量的混合气体所需的吸收剂数量较少，吸收尾气中溶质的极限残余浓度也可降低。就传质速率而言，溶解度越大、吸收速率越大，所需设备的尺寸就小。

（3）黏度　吸收剂黏度要小。黏度低的吸收剂不仅可以改善流体在塔内的流动状态，减少气体进入流体的阻力，提高吸收效率，而且可以减少对吸收剂输送时的动力消耗。

（4）化学稳定性　吸收剂要具备较好的化学稳定性。不易发生热分解或生成胶质，并且基本不含有杂质，以免影响产品质量。

（5）挥发度　在操作温度下吸收剂的挥发度要小，因为挥发度越大，则吸收剂损失量越大，分离后气体中含溶剂量也越大。

（6）再生性 吸收剂要易于再生。吸收质在吸收剂中的溶解度应对温度的变化比较敏感，即不仅低温下溶解度要大，而且随温度的升高，溶解度应迅速下降，这样才比较容易利用解吸操作使吸收剂再生。

（7）其他 吸收剂应具有较小的比热容和密度，同时，还应无毒、无腐蚀性。

工业上的气体吸收操作中，很多用水作吸收剂，只有对于难溶于水的吸收质，才采用特殊的吸收剂，如用清油吸收苯和二甲苯。在实际化工生产中，同时满足上述全部条件的吸收剂是极难找到的，往往需要对可供选择的吸收剂进行全面的评价以做出最佳选择。

三、工艺操作条件

在吸收操作中，影响到吸收效果的因素很多，主要有以下几个方面。

（1）温度（T） 温度越低，气体越容易溶解在液体中，吸收效率越高。由于吸收过程是放热反应，为了降低吸收温度，通常设置中间冷却器，从吸收塔中部取出吸收过程放出的热量。

（2）压力（p） 提高操作压力，可以提高混合气体中被吸收组分的分压，增大吸收的推动力，有利于气体的吸收。但是，压力过高，会加大操作难度和生产费用，因此，吸收操作一般在常压下进行，若吸收后气体需进行高压反应，则可采用高压下吸收操作，既有利于吸收，又增大吸收塔的生产能力。

（3）塔内气体流速（u） 在吸收剂稳定的操作条件下，当气体流速不大，作滞流运动时，流体的阻力较小，吸收速率很低；当气体流速增大呈湍流状态时，气膜变薄，气膜阻力减小，气液相接触时间增大，吸收速率大大增大；当气体流速增大至某一值（液泛速度）时，液体便不能向下流动，造成夹带雾沫，气液接触不良，甚至造成液泛现象，无法进行操作。因此，稳定合适的操作流速，以保证吸收操作高效率的平稳生产。

（4）吸收剂流量（L） 吸收剂流量越大，塔内喷淋量越大，气液的接触面越大，吸收效率越高。但是，吸收剂用量不宜过大，否则吸收液的质量达不到要求；若用量过小，混合气体中的被吸收组分不能完全被吸收，使吸收后的气体纯度降低。

总之，吸收操作要综合考虑多方面因素，得到最经济合理的方案。

任务二 吸收开停车操作

吸收塔开车时应先进吸收剂，待其流量稳定后，再将混合气体送入塔中；停车时应先停混合气体，再停吸收剂，长期不操作时应将塔内液体卸空。操作过程中注意维持塔内的温度、压力、气液流量稳定，维持塔釜恒定的液封高度。

一、操作要领

① 指出吸收流程与控制点（包括水、空气、氨气的流程）；

② 开车前的准备（包括检查电源、水源是否处于正常供给状态；打开电源及仪器仪表并检查；查看管道、设备是否有泄漏等）；

③ 开车与稳定操作（包括依次打开水、空气及氨气系统，并稳定流量，维持塔内温度、压力稳定，记录数据，计算吸收率和总体积吸收系数）；

④ 不正常操作与调整（人为造成气阻液泛和溢流淹塔事故，再调节到正常）；

⑤ 正常停车（依次停氨气、水、空气系统，关电源）。

二、操作步骤

1. 开车前的准备工作

（1）装填料　安装完备的吸收塔体经空气吹扫后，即可向塔内装入用清水洗净的填料。塔内填料装完后，再进行系统的气密性试验。

（2）塔设备的清洗　在运转设备进行联动试车的同时，还要用清水清洗设备，以除去固体杂质。在生产中，有些设备经清水清洗后即可满足生产要求，有些设备则要求清洗后，还要用稀碱溶液洗去其中的油污和铁锈。方法是向溶液槽内加入 5% 的碳酸钠溶液，启动溶液泵，使碱溶液在系统内连续循环 18~24h，然后放掉碱液，再用软水清洗，直至水中含碱量小于 0.01% 为止。

2. 系统开车

① 向填料塔内充压至操作压力；

② 启动吸收剂循环泵，使循环液按生产流程运转；

③ 调节塔顶喷淋量至生产要求；

④ 启动填料塔的液面调节器，使塔底液面保持规定的高度；

⑤ 系统运转稳定后，即可连续导入原料混合气，并用放空阀调节系统压力；

⑥ 当塔内的原料气成分符合生产要求时，即可投入正常生产。

3. 系统停车

填料塔的停车也包括短期停车、紧急停车和长期停车。

短期停车（临时停车）操作：

① 通告系统前后工序或岗位；

② 停止向系统送气，同时关闭系统的出口阀；

③ 停止向系统送循环液，关闭泵的出口阀，停泵后，关闭其进口阀；

④ 关闭其他设备的进出口阀门。

紧急停车操作：

① 迅速关闭原料混合气阀门；

② 迅速关闭系统的出口阀；

③ 按短期停车方法处理。

长期停车操作：

① 按短期停车操作停车，然后开启系统放空阀，卸掉系统压力；

② 将系统中的溶液排放到溶液贮槽或地沟，然后用清水洗净；

③ 若原料气中含有易燃易爆物，则应用惰性气体对系统进行置换，当置换气中易燃物含量小于 5%，含氧量小于 0.5% 时为合格；

④ 用鼓风机向系统送入空气，进行空气置换，当置换气中含氧量大于 20% 为合格。

【技能训练】吸收操作的实训练习

一、实训目的及要求

（1）熟悉所用吸收装置的流程及吸收设备的结构；

（2）能独立地进行吸收系统的工艺操作及开车、停车（包括开车前的准备、电源的接通、风机的使用、吸收剂的选择、进气量和水量的控制、压力的控制等）；

（3）能进行生产操作，并达到规定的工艺要求和质量指标；

（4）能及时发现、报告并处理系统的异常现象与事故，能进行紧急停车。

二、影响吸收效果的因素

获得较大吸收率是操作的主要目标，选择气、液两相流量大小是获得较大吸收率的主要因素。在一定的气体流量和浓度时，增大吸收剂的流量，出口气体的组成减小，吸收的平均推动力增大，获得的吸收率较大。但是塔径是一定的，通过吸收剂的流量是有限的。如果吸收剂的流量超过塔的液相最大负荷限度则会发生液泛，吸收率明显降低。因此选择合适的吸收剂流量是获得较大吸收率的关键，而塔内气、液两相良好的接触状态则是获得较大吸收率的保证。气、液两相良好的接触状态是通过正确地操作实现的。

三、实训装置流程

如图7-9所示为吸收实训设备流程图。空气由风机1供给，阀2用于调节空气流量（放空法）。在气管中空气与氨气混合入塔，经吸收后排出，出口处有尾气调压阀9，这个阀在不同的流量下能自动维持一定的尾气压力，作为尾气通过分析器的推动力。

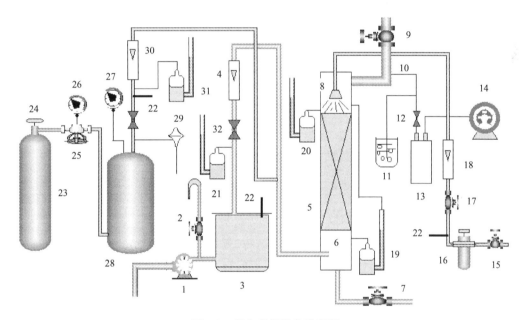

图 7-9　吸收实训设备流程图

1—风机；2—空气调节阀；3—油分离器；4—空气流量计；5—填料塔；6—栅板；7—排液管；8—莲蓬头；
9—尾气调节阀；10—尾气取样管；11—稳压瓶；12—旋塞；13—吸收盒；14—湿式气体流量计；
15—总阀；16—水过滤减压阀；17—水调节阀；18—水流量计；19—压差计；20—塔顶表压计；
21—表压计；22—温度计；23—氨瓶；24—氨瓶阀；25—氨自动减压阀；26,27—氨压力表；
28—缓冲罐；29—膜式安全阀；30—转子流量计；31—表压计；32—空气进口阀

水经总阀15进入水过滤减压器16，经调节阀17及流量计18入塔。氨气由氨瓶23供给，开启氨瓶阀24，氨气即进入自动减压阀25中，这法能自动将输出氨气压力稳定在0.5～1kgf/cm² 范围内，氨压力表26指示氨瓶内部压力，而氨压力表27则指示减压后的压力。为了确保安全，缓冲罐上还装有膜式安全阀29，以保证进入实验系统的氨压不超过安全允许规定值（1.2kgf/cm²），安全阀的排出口用塑料管引到室外。

为了测量塔内压力和填料层压力降，装有塔顶表压计20和压差计19。此外，还有大气压力计测量大气压力。

四、实训操作步骤要领

（1）指出吸收流程与控制点（包括水、空气、氨气的流程）；

（2）开车前的准备（包括检查电源、水源是否处于正常供给状态；打开电源及仪器仪表并检查；查看管道、设备是否有泄漏等）；

（3）开车与稳定操作（包括依次打开水、空气及氨气系统，并稳定流量，维持塔内温度、压力稳定，记录数据。计算吸收率和总体积吸收系数）；

（4）不正常操作与调整（人为造成气阻液泛和溢流淹塔事故，再调节到正常）；

（5）正常停车（依次停氨气、水、空气系统，关电源）。

==================== 情境测评 ====================

一、填空题

1. 吸收操作的依据是_____，以达到分离气体混合物的目的。

2. 由于吸收过程中气相吸收质分压总是_____溶质的平衡分压，因此，吸收操作线总是在平衡线的_____。

3. 水吸收氨-空气混合气中的氨，它是属于_____控制的吸收过程。

4. 吸收操作中增加吸收剂用量，操作线的斜率_____，吸收过程推动力_____。

5. 当吸收剂用量为最小用量时，则所需填料层高度将为_____。

二、选择题

1. 在吸收操作中，吸收剂（如水）用量突然下降，处理的方法有（   ）。

A. 补充溶液   B. 启动备用水泵或停车检修

C. 使用备用水源或停车   D. 以上三种方法

2. 在吸收操作中，塔内液面波动，处理的方法有（   ）。

A. 调节温度和原料气压力   B. 调节液面调节器

C. 稳定吸收剂用量   D. 以上三种方法

3. 吸收时，气体进气管管端向下切成 45°倾斜角，其目的是防止（   ）。

A. 气体被液体夹带出塔   B. 塔内下流液体进入管内

C. 气液传质不充分   D. 液泛

4. 吸收塔操作时，应（   ）。

A. 先通入气体后进入喷淋液体   B. 先进入喷淋液体后通入气体

C. 增大喷淋量总是有利于吸收操作的   D. 先进气体或液体都可以

5. 从解吸塔出来的半贫液一般进入吸收塔的（   ），以便循环使用。

A. 中部   B. 上部

C. 底部   D. 上述均可

6. 吸收塔尾气超标，可能的原因是（   ）。

A. 塔压增大   B. 吸收剂降温

C. 吸收剂用量增大   D. 循环吸收剂浓度较高

7. 在吸收操作中，吸收剂（如水）用量突然下降，产生的原因可能是（   ）。

A. 溶液槽液位低   B. 水泵坏

C. 水压低或停水　　　　　　　　D. 以上三种原因

三、简答题

1. 在单元操作实训中画出填料层的压力降与空塔气速的关系图。

2. 该装置中，塔底为什么要有液封？液封高度如何计算，操作中是如何控制液封高度的？

3. 塔液泛应如何处理？

4. 当气体温度和液体温度不同时，应用什么温度计算亨利系数？

5. 温度和压力对吸收塔操作的影响是什么？

6. 在操作中为何要控制尾气放空阀的开度？

7. 测定吸收率在实际生产中有何意义？

8. 什么是气膜控制和液膜控制？

9. 温度和压力对吸收塔操作的影响是什么？

10. 影响填料性质的因素有哪些？

11. 吸收分离的依据是什么？

12. 何为平衡分压和溶解度？对一定的物系，气体溶解度与哪些因素有关，它们之间有什么样的关系？

13. 化工生产中常用的填料有哪些形式，其特点如何？

四、计算题

1. 空气和氨的混合气总压为 101.3kPa，其中含氨的体积分数为 5%，试求以比摩尔分数和比质量分数表示的混合气组成。

2. 某逆流吸收塔用纯溶剂吸收混合气体中的可溶组分，气体入塔组成为 0.06（摩尔分数），要求吸收率为 90%，操作液气比 2，求出塔溶液的组成。

3. 吸收塔中用清水吸收空气中含氨的混合气体，为逆流操作，气体流量为 5000m³（标准）/h，其中氨含量 10%（体积分数）。回收率 95%，操作温度 293K，压力 101.33kPa。已知操作液气比为最小液气比的 1.5 倍，操作范围内 $Y=26.7X$，求水的用量。

4. 在 93K 和 101.3kPa 下用清水分离氨和空气的混合气体。混合气体中氨的分压是 13.3kPa，经吸收后氨的分压下降到 0.0068kPa。混合气的流量是 1020kg/h，操作条件下的平衡关系是 $Y=0.755X$。试计算吸收剂最小用量；如果适宜吸收剂用量是最小用量的 1.5 倍，试求吸收剂实际用量。

5. 流率为 1.26kg/s 的空气中含氨 0.02（摩尔分数，下同），拟用塔径 1m 的吸收塔回收其中 90% 的氨。塔顶淋入摩尔分数为 $4×10^{-4}$ 的稀氨水。已知操作液气比为最小液气比的 1.5 倍，操作范围内 $Y=1.2X$，$K_气a=0.052kmol/(m^3·s)$，求所需的填料层高度。

6. 在文丘里管内用清水洗去含 SO_2 的混合气体中的尘粒，气体与洗涤水在气液分离器中分离，出口气体含 10%（体积分数）的 SO_2，操作压力为常压。求在以下两种情况下每排出 1kg 水所能造成 SO_2 的最大损失量。（1）操作温度为 20℃；（2）操作温度为 40℃。

7. 在一逆流吸收塔中，用清水吸收混合气体中的 CO_2。惰性气体处理量为 300m³/h（标准），进塔气体中含 $CO_2$8%（体积分数），要求吸收率 95%，操作条件下 $Y=1600X$，操作液气比为最小液气比的 1.5 倍。求（1）水用量和出塔液体组成；（2）写出操作线方程式。

8. 某填料吸收塔用含溶质 $x_2=0.0002$ 的溶剂逆流吸收混合气中的可溶组分，采用液气比为 3，气体入口摩尔分数 $y_1=0.01$，回收率可达 90%，已知物系的平衡关系为 $y=2x$。今因解吸不良，使吸收剂入口摩尔分数 x_2 升至 0.00035，求（1）可溶组分的回收率下降至多少？（2）液相出塔摩尔分数升至多少？

9. 在常压填料吸收塔中，以清水吸收焦炉气中的氨气。在标准状况下，焦炉气中氨的浓度为 $0.01kg/m^3$，流量为 $5000m^3/h$。要求回收率不低于 99%，吸收剂用量为最小用量的 1.5 倍。混合气体进塔的温度为 30℃，塔径为 1.4m，操作条件下平衡关系为 $Y=1.2X$，气相体积吸收总系数 $K_Y a=200kmol/(m^3 \cdot h)$。试求该塔填料层高度。

10. 已知苯在气相中的最初浓度为 4%（体积分数），并在塔中吸收 80% 苯，离开吸收塔的油类中苯的浓度为 0.02kmol 苯/kmol 油，吸收平衡线方程式为 $Y=0.126X$。试求油类吸收苯的气相吸收平均推动力。

情境八

干燥过程及设备

情境学习目标

知识目标

◆ 了解干燥操作在化工生产中的应用、干燥设备的工作原理和结构特点。

◆ 理解固体物料干燥过程的相平衡及干燥机理。

◆ 掌握干燥过程物料衡算、热量衡算和干燥时间的计算。

能力目标

◆ 能掌握典型干燥器的基本操作与控制要领，能进行简单故障的分析处理。

◆ 能根据生产任务进行相关干燥设备的选择。

◆◆ 项目一

认识干燥

干燥是利用热能除去固体物料中湿分（水分或其他液体）的单元操作。在化工、食品、制药、纺织、采矿、农产品加工等行业，常常需要将湿固体物料中的湿分除去，以便于运输、贮藏或达到生产规定的含湿量要求。例如，聚氯乙烯的含水量须低于0.2%，否则在以后的成型加工中会产生气泡，影响塑料制品的品质；药品的含水量太高会影响保质期等。因为干燥是利用热能去湿的操作，能量消耗较多，所以工业生产中湿物料一般都采用先沉降、过滤或离心分离等机械方法去湿，然后再用干燥法去湿而制得合格的产品。

【案例】 物料干燥方案的制定和实施

现一化工企业有一物料需要干燥，该物料经离心分离后，其滤饼含水量为50%，其产品分解温度为150℃，干燥后因还要进行粉碎，所以对产品颗粒物形状不作要求。要求每小时出产品60kg，含水量小于2.0%。请为该企业拟定一个产品干燥的方案。

案例分析

这是一个典型的干燥任务，要完成此任务，首先要确定干燥器的类型。

选择干燥器，要考虑以下因素。

(1) 被干燥物料的性质   选择干燥器的最初方式是以被干燥物料的性质为基础的。选择干燥时，首先应考虑被干燥物料的形态，物料的形态不同，处理这些物料的干燥器也不同。

(2) 湿物料的干燥特性   湿物料不同，其干燥特性曲线或临界含水量也不同，所需的干燥时间可能相差悬殊，应选择不同类型的干燥器。故应针对湿物料的以下主要性质进行选择：

① 湿分的类型（结合水、非结合水或两者皆有）；

② 初始和最终湿含量；

③ 允许的最高干燥温度；

④ 产品的粒度分布；

⑤ 产品的形态、色、光泽、味等的不同而选择不同类型的干燥器。

(3) 处理量   被干燥湿物料的量也是选择干燥器时需要考虑的主要问题之一。

综合多种因素，我们最终选用XSG系列旋转闪蒸干燥机。

原因：我们所需干燥机的物料是滤饼，而XSG系列旋转闪蒸干燥机符合要求。

优点：

① 多种加料装置供选择，加料连续稳定，不会产生架桥现象；

② 干燥机底部设置特殊的冷却装置，避免了物料在底部高温区产生变质现象；

③ 特殊的气压密封装置和轴承冷却装置，有效延长传动部分使用寿命；

④ 特殊的分风装置，降低了设备阻力，同时使塔内风速趋于平衡。

一、固体物料的去湿方法

除去固体物料中湿分的方法称为去湿。除湿的方法很多，化工生产中常用的方法有如下几种。

(1) 机械分离法   即通过压榨、过滤和离心分离等方法去湿。这是一种耗能较少、较为经济的去湿方法，但湿分的除去不完全，多用于处理含液量大的物料，适于初步去湿。

(2) 吸附脱水法   即用干燥剂（如无水氯化钙、硅胶）等吸去湿物料中所含的水分，该方法去除的水分量很少，且成本较高，多适于实验室使用。

(3) 干燥法   即利用热能使湿物料中的湿分汽化而去湿的方法。该方法能除去湿物料中的大部分湿分，除湿彻底。

干燥法耗能较大，工业上往往将机械分离法与干燥法联合起来除湿，即先用机械方法尽可能除去湿物料中的大部分湿分，然后再利用干燥方法继续除湿而制得湿分符合规定的产品。干燥法在工业生产中应用最为广泛，如原料的干燥、中间产品的去湿及产品的去湿等。

二、干燥操作方法的分类

1. 按操作压强分

（1）常压干燥 指在常压下进行的干燥操作。

（2）真空干燥 真空干燥主要用于处理热敏性、易氧化或要求产品中湿分含量很低的场合。

2. 按操作方式分

（1）连续干燥 优点：生产能力大、热效率高、劳动条件好、产品均匀。

（2）间歇干燥 适用于小批量、多品种或要求干燥时间很长的特殊场合。

3. 按湿物料的加热方式不同分

（1）热传导干燥 将热能通过传热壁面以传导方式传给物料，产生的湿分蒸汽被气相（又称干燥介质）带走，或用真空泵排走。例如纸制品可以铺在热滚筒上进行干燥。这类方法热能利用率高，但与传热面接触的物料易过热变质，物料温度不易控制。

（2）对流传热干燥 利用热空气、烟道气等作干燥介质直接与湿物料接触，热能以对流方式传给物料，产生的蒸气被干燥介质带走。干燥介质在这里是载热体又是载湿体。操作中温度易调节，湿物料不易被过热。但是干燥介质离开干燥器时要带出大量的热量，因此对流干燥热损失大，能量消耗高。

（3）辐射干燥 由辐射器产生的辐射能以电磁波形式达到固体物料的表面，被物料吸收而转变为热能，从而使湿分汽化。例如用红外线干燥法将自行车表面油漆烘干。该法生产强度大，干燥均匀且产品洁净，但能量消耗大。

（4）介电加热干燥 将需要干燥电解质物料置于高频电场中，电能在潮湿的电介质中变为热能，可以使液体很快升温汽化。根据所使用的频率不同又可分为：

① 频率<300MHz 的称为高频加热。

② 频率=300MHz～300GHz 的超高频加热，称为微波加热。通常所用的微波频率是915MHz 和 2450MHz。这种加热过程发生在物料内部，干燥速率较快，干燥均匀。

（5）冷冻干燥 物料冷冻后，把干燥器抽成真空，使载热体循环，对物料提供必要的升华热，使冰升华为水汽，水汽用真空泵排出。冷冻干燥法常用于医药品、生物制品及食品的干燥。

三、对流干燥方法

1. 对流干燥原理

在对流干燥过程中，干燥介质（如热空气）将热量以对流方式从气相主体传递到固体表面，物料表面上的湿分即进行汽化，水汽由固体表面向气相扩散；与此同时，由于物料表面上湿分汽化，使得物料内部和表面间产生湿分差，因此物料内部的湿分以气态或液态的形式向表面扩散。可见对流干燥过程是传质和传热同时进行的过程。干燥介质既是载热体又是载湿体。

2. 对流干燥的条件

干燥进行的必要条件是物料表面的水汽的压强必须大于干燥介质中水汽的分压，在其他条件相同的情况下，两者差别越大，干燥操作进行得越快。所以干燥介质应及时地将产生的水汽带走，以维持一定的传质推动力。若压差为零，则无水分传递，干燥操作即停止进行。由此可见，干燥速率由传热速率和传质速率所支配。

3. 对流干燥流程

如图 8-1 所示为典型空气对流干燥器的工作流程示意图。空气经预热器加热到适当温度后，进入干燥器，与进入干燥器的湿物料相接触，干燥介质将热量以对流的方式传递给湿物料，湿物料中湿分被加热汽化为蒸汽进入干燥介质中，使得干燥介质中湿分含量增加，最后以废气的形式排出。湿物料与干燥介质的接触可以是逆流、并流或其他方式。

工业上应用最多的是对流加热干燥法，干燥介质可以是不饱和热空气、惰性气体及烟道气，要除的湿分为水或其他化学溶剂。本项目重点介绍以不饱和热空气为干燥介质，湿分为水分的对流干燥过程。

图 8-1　空气对流干燥器工艺流程示意图

项目二

对流干燥的基础知识

任务一　湿空气的性质及焓湿图的应用

一、湿空气的性质

湿空气是绝干空汽和水汽的混合物。对流干燥操作中，常采用一定温度的不饱和空气作为介质。因此首先讨论湿空气的性质。由于在干燥过程中，湿空气中水汽的含量不断增加，而绝干空气仅仅作为载体（载热体和载湿体）其质量是不变的，因此湿空气的许多相关性质常以单位质量的绝干空气为基准。

1. 湿度（湿含量）H

湿度 H 是湿空气中所含水蒸气的质量与绝干空气质量之比。

湿空气中所含的水蒸气的质量与绝干空气的质量之比，称为空气的湿度，又称湿含量或绝对湿度，简称湿度，即

$$H = \frac{\text{湿空气中水蒸气的质量}}{\text{湿空气中绝干空气的质量}} = \frac{M_水 \, n_水}{M_空 \, n_空} = \frac{18 n_水}{29 n_空} \tag{8-1}$$

式中　H——湿空气的湿度，kg 水气/kg 绝干空气；

$M_水$——水汽的摩尔质量，kg/kmol；

$M_空$——绝干空气的摩尔质量，kg/kmol；

$n_空$——绝干空气的物质的量，kmol；

$n_水$——水汽的物质的量，kmol。

常压下湿空气可视为理想气体混合物，根据道尔顿分压定律，理想气体混合物中各组分的摩尔比等于分压比，则式（8-1）可表示为

$$H = \frac{18 p_水}{29 p_空} = 0.622 \frac{p_水}{p - p_水} \tag{8-2}$$

式中　$p_水$——水蒸气的分压，Pa；

p——湿空气的总压，Pa。

由式（8-2）可知湿度是总压和水汽分压的函数。当总压一定时，则湿度仅由水蒸气分压所决定，湿度随水汽分压的增加而增大。

当湿空气的水蒸气分压等于同温度下水的饱和蒸气压时，表明湿空气呈饱和状态，此时空气的湿度称为饱和湿度 $H_饱$，即

$$H_饱 = 0.622 \frac{p_饱}{p - p_饱} \tag{8-3}$$

式中　$H_饱$——湿空气的饱和湿度，kg 水汽/kg 绝干空气。

由于水的饱和蒸气压只与温度有关，故饱和湿度是湿空气总压和温度的函数。

2. 相对湿度 φ

在一定总压下，湿空气中的水汽分压与同温度下水的饱和蒸气压 $p_{饱}$ 之比的百分数，称为相对湿度百分数，简称相对湿度，符号为 φ，即

$$\varphi = \frac{p_{水}}{p_{饱}} \times 100\% \tag{8-4}$$

相对湿度表明了湿空气的不饱和程度，反映湿空气吸收水汽的能力。$\varphi = 100\%$ 时，湿空气中水汽分压等于同温度下水的饱和蒸气压，湿空气的水蒸气已达到饱和表示空气已被水蒸气饱和不能再吸收水汽，已无干燥能力；$\varphi < 100\%$ 的湿空气能作为干燥介质。

φ 值越小，表明湿空气偏离饱和程度越远，吸收水汽的能力越强。由此可见空气的湿度 H 仅表示空气中水汽含量，而相对湿度 φ 值能反映出湿空气吸收水汽的能力。

若将式（8-4）代入式（8-2），可得

$$H = 0.622 \frac{\varphi p_s}{p - \varphi p_s} \tag{8-5}$$

由式(8-5)可知，在一定的总压下 $\varphi = f(H, p_s)$，而 $p_s = f(t)$，因此 $\varphi = f(H, t)$，只要知道湿空气的温度和湿度，就可以计算出相对湿度。

以上介绍的是表示湿空气中水分含量的两个性质，下面介绍与热量衡算有关的性质。

3. 湿空气的比体积 $\upsilon_{湿}$

1kg 绝干空气中所具有的空气及水蒸气的总体积称为湿空气的比体积，即

$$\upsilon_{湿} = \frac{湿空气的体积}{湿空气中干气的质量} \left(\frac{m^3\ 湿空气}{kg\ 干气}\right) \tag{8-6}$$

在标准状态下，气体的标准摩尔体积为 22.4m³/kmol。因此，在总压力为 p、温度为 t、湿度为 H 的湿空气的比体积为

$$\upsilon_{湿} = 22.4 \left(\frac{1}{M_{空}} + \frac{H}{M_{水}}\right) \times \frac{273+t}{273} \times \frac{101.3}{p} \tag{8-7}$$

式中　$\upsilon_{湿}$——湿空气的比体积，m³/kg 绝干气；

　　　H——湿空气的湿度，kg 水/kg 绝干气；

　　　t——温度，℃。

将 $M_{空} = 29$kg/kmol，$M_{水} = 18$kg/kmol，代入式(8-7)，得

$$\upsilon_{湿} = (0.773 + 1.244H) \times \frac{273+t}{273} \times \frac{101.3}{p} \tag{8-8}$$

由式(8-8)可知，在常压下，湿空气的比体积 $\upsilon_{湿}$ 随湿度 H 和温度 t 的增大而增大。

4. 湿空气的比热容

常压下，将每单位质量绝干空气和其中的 H（kg）水蒸气的温度升高（或降低）1℃所需要的热量，称为湿空气的比热容，简称湿热，即

$$c_{湿} = c_{空} + c_{水} H \tag{8-9}$$

式中　$c_{湿}$——湿空气的比热容，kJ/（kg 绝干空气·℃）；

　　　$c_{空}$——绝干空气的比热容，通常取作 1.01kJ/（kg 绝干空气·℃）；

　　　$c_{水}$——水蒸气的比热容，通常取作 1.88kJ/（kg 水汽·℃）。

在通常的干燥条件下，干气的比热容和水蒸气的比热容随温度的变化很小，在工程计算中通常取常数。将这些数值代入式(8-9)中，得

$$c_{湿} = 1.01 + 1.88H \tag{8-10}$$

由式(8-10)可见，湿空气的比热容随空气湿度的增加而增大。

5. 湿空气的比焓 I

湿空气的比焓为单位质量干空气的焓和其所带 H（kg）水蒸气的焓之和。即

$$I = I_{空} + HI_{水} \tag{8-11}$$

式中　I——湿空气的焓，kJ/kg 绝干空气；

$I_{空}$——绝干空气的焓，kJ/kg 绝干空气；

$I_{水}$——水蒸气的焓，kJ/kg 水汽。

通常，焓值是以干空气和液态水在0℃下的焓为零作为基准的。绝干空气的焓就是其显热，而水蒸气的焓则应包括水在0℃时的汽化热（其值为2490kJ/kg）及水汽在0℃以上的显热。即

$$I_{空} = c_{空} t + 1.01t \tag{8-12}$$

$$I_{水} = r_0 + c_{水} t = 2490 + 1.88t \tag{8-13}$$

因此，对于温度为 t、湿度为 H 的空气，其焓值计算如下，即

$$I = (c_{空} + c_{水}H)t + r_0 H = (1.01 + 1.88H)t + 2490H \tag{8-14}$$

6. 干球温度 t

干球温度 t 为在空气流中放置一支普通温度计，所测得空气的温度为 t，为湿空气的真实温度，此温度称为空气的干球温度。

7. 湿球温度 $t_{湿}$

如图 8-2 所示，用水润湿纱布包裹普通温度计的感温球，即成为一湿球温度计。将它置于一定温度和湿度的流动的空气中，达到稳态时所测得的温度称为空气的湿球温度，用 $t_{湿}$ 表示，单位为℃或K。

湿球温度 $t_{湿}$ 实质上是湿空气与湿纱布之间传质和传热达稳定时湿纱布中水的温度。当不饱和空气流过湿球表面时，由于湿纱布表面的饱和蒸气压大于空气中的水蒸气分压，在湿纱布表面和气体之间存在着湿度差，这一湿度差使湿纱布表面的水分汽化被气流带走。水分汽化所需潜热，首先取自湿纱布中水分的显热，使其表面降温，于是在湿纱布表面与气流之间又形成了温度差，这一温度差将引起空气向湿纱布传递热量。当单位时间由空气向湿纱布传递的热量恰好等于单位时间自湿纱布表面汽化水分所需的热量时，湿纱布表面就达到稳态温度，即湿球温度。

达到稳定状态时，空气向湿纱布的传热速率为

$$Q = \alpha A (t - t_{湿}) \tag{8-15}$$

式中　α——空气向湿纱布的对流传热膜系数，W/(m²·℃)；

A——空气与湿纱布的接触面积，m²；

t——空气的温度，℃；

$t_{湿}$——空气的湿球温度，℃。

与此同时，湿纱布中水分汽化并向空气中传递，其传质速率为

$$N = k_H (H'_{饱} - H) A \tag{8-16}$$

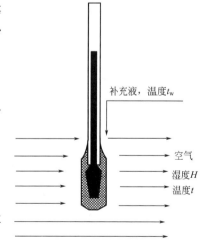

补充液，温度 t_w

空气
湿度 H
温度 t

图 8-2　湿球温度计

式中 N ——水汽由湿纱表面向空气的传质速率，kg/s；

$H'_{饱}$——湿空气在温度 $t_{湿}$ 下的饱和湿度，kg 水/kg 干气；

k_H ——以湿度差为推动力的传质系数，kg/（$m^2 \cdot s \cdot \Delta H$）；

H ——空气的湿度，kg 水/kg 干气。

达到稳定状态时，空气传入的显热等于水的汽化潜热，即

$$Q = Nr' \tag{8-17}$$

式中 r'——湿球温度 $t_{湿}$ 下水汽的汽化热，kJ/kg。

由式（8-15）、式（8-16）、式（8-17）联立可得

$$t_{湿} = t - \frac{k_H r'}{\alpha}(H'_{饱} - H) \tag{8-18}$$

实验表明：当流速足够大时，热、质传递均以对流为主，且 k 及 α 都与空气速度的 0.8 次幂成正比，比值 α/k_H 近似为一常数。对于水蒸气与空气组成的系统，$\alpha/k_H = 0.96 \sim 1.005$。此时，湿球温度 $t_{湿}$ 为湿空气温度 t 和湿度 H 的函数。当 t 和 H 一定时，$t_{湿}$ 必定为定值。反之，当测得湿空气的干球温度 t 和湿球温度 $t_{湿}$ 后，可求得空气的湿度 H。

由湿球温度的原理可知，空气的湿球温度 $t_{湿}$ 总是低于 t。$t_{湿}$ 与 t 差距愈小，表明空气中的水分含量愈接近饱和。在测量湿球温度时，空气速度一般需大于 5m/s，使对流传热起主要作用，以减少热辐射和传导的影响，使测量较为精确。

8. 露点温度 $t_{露}$

将不饱和的空气在总压和湿度不变的情况下冷却至饱和状态时对应的温度，称为该空气的露点，即出现第一滴露珠时的温度，以符号 $t_{露}$ 表示。在露点时，原湿空气的水蒸气分压等于露点下饱和水蒸气压，此时空气的湿度为饱和湿度。由式（8-3）可得

$$H_{露} = H_{饱} = 0.622 \frac{p_{饱}}{p - p_{饱}} \tag{8-19}$$

可见，在一定总压下，只要测出露点温度，便可从手册中查得此温度下对应的饱和蒸气压，从而求得空气湿度。反之，若已知空气的湿度，可根据上式求得饱和蒸气压，再从水蒸气表中查出相应的温度，即为露点温度。

9. 绝热饱和温度 $t_{绝}$

当不饱和空气在与外界绝热的条件下与大量的水接触，若时间足够长，使传热、传质趋于平衡，则最终空气被水蒸气所饱和，空气与水温度相等，即为该空气的绝热饱和温度。在空气绝热增湿过程中，空气的降温增湿过程是一等焓过程。

此时气体的湿度为 $t_{绝}$ 下的饱和湿度 $H_{绝}$。以单位质量的干空气为基准，在稳态下对全塔作热量衡算

$$c_{湿}(t - t_{绝}) = r_{绝}(H_{绝} - H) \tag{8-20}$$

整理得

$$t_{绝} = t - \frac{r_{绝}}{c_{湿}}(H_{湿} - H) \tag{8-21}$$

式（8-21）表明，空气的绝热饱和温度 $t_{绝}$ 是空气湿度 H 和温度 t 的函数，是湿空气的状态参数，也是湿空气的性质。当 t、$t_{绝}$ 已知时，可用式（8-21）来确定空气的湿度 H。

在绝热条件下，空气放出的显热全部变为水分汽化的潜热返回气体中，对 1kg 干空气来说，水分汽化的量等于其湿度差，由于这些水分汽化时，除潜热外，还将温度为 $t_{绝}$ 的显热

也带至气体中。所以，绝热饱和过程终了时，气体的焓比原来稍有增加。但此值和气体的焓相比很小，可忽略不计，故绝热饱和过程又可当作等焓程处理。

绝热饱和温度 $t_绝$ 和湿球温度 $t_湿$ 是两个完全不同的概念，但两者都是湿空气状态（ t 和 H ）的函数。实验测定证明，对于空气和水的系统，湿球温度可视为等于绝热饱和温度。因为在绝热条件下，用湿空气干燥湿物料的过程中，气体温度的变化是趋向于绝热饱和温度 $t_绝$ 的。如果湿物料足够润湿，则其表面温度也就是湿空气的绝热饱和温度 $t_绝$，亦即湿球温度 $t_湿$，而湿球温度是很容易测定的，因此湿空气在等焓过程中的其他参数的确定就比较容易了。

由以上讨论可知，湿空气的湿度 H 主要通过测定干球温度 t 、湿球温度 $t_湿$ 、露点温度 $t_露$ 后计算得到。比较干球温度 t 、湿球温度 $t_湿$ 、绝热饱和温度 $t_绝$ 及露点 $t_露$ 可以得出

不饱和湿空气：$t > t_湿 > t_露$

饱和湿空气：$t = t_湿 = t_露$

【**例题 8-1**】　湿空气的总压为 101.325kPa，相对湿度为 50%，干球温度为 20℃。试求：（1）湿度 H；（2）水蒸气分压 $p_水$；（3）露点 $t_露$；（4）焓 I；（5）如将 500kg/h 干空气预热至 117℃，求所需热量 Q；（6）每小时送入预热器的湿空气体积 V。

解　$p = 101.325kPa$，$t = 20℃$，由饱和水蒸气表查得 20℃ 时水的饱和蒸气压 $p_饱 = 2.34kPa$；

（1）湿度 H

$$H = 0.622 \frac{\varphi p_饱}{p - \varphi p_饱} = 0.622 \times \frac{0.50 \times 2.34}{101.3 - 0.50 \times 2.34} = 0.00727(kg 水 /kg 干空气)$$

（2）水蒸气分压 $p_水$

$$p_水 = \varphi p_饱 = 0.50 \times 2.34 = 1.17 （kPa）$$

（3）露点 $t_露$

露点是空气在湿度 H 或水蒸气分压 $p_水$ 不变的情况下，冷却达到饱和时的温度。所以可由 $p_水 = 1.17kPa$ 查饱和水蒸气表，得到对应的饱和温度 $t_露 = 9℃$。

（4）焓 I

$$I = (1.01 + 1.88H)t + 2490H$$
$$= (1.01 + 1.88 \times 0.00727) \times 20 + 2490 \times 0.00727$$
$$= 38.6(kJ/kg 干气)$$

（5）热量 Q

$$Q = 500 \times （1.01 + 1.88 \times 0.00727） \times （117 - 20） = 4966 （kJ/h） = 13.8kW$$

（6）湿空气体积 V

$$v_湿 = (0.773 + 1.244H)\frac{273 + t}{273} = (0.773 + 1.244 \times 0.00727) \times \frac{273 + 20}{273}$$
$$= 0.839(m^3/kg 干气)$$
$$V = 500v_湿 = 500 \times 0.839 = 419.7(m^3/h)$$

二、湿空气的焓湿图及其应用

当总压一定时，表明湿空气性质的各项参数，只要规定其中任意两个相互独立的参数，湿空气的状态就被确定。工程上为方便起见，将各参数之间的关系制成湿度图。常用的湿度图有湿度-温度图和焓-湿度图，下面主要介绍焓湿图的构成和应用。

1. I-H 焓湿图的构成

如图 8-3 所示，在总压力为 100kPa 情况下，以湿空气的焓为纵坐标，湿度为横坐标所构成的湿度图，称为湿空气的 I-H 图。为使各种关系曲线分散开，采用两坐标轴交角为

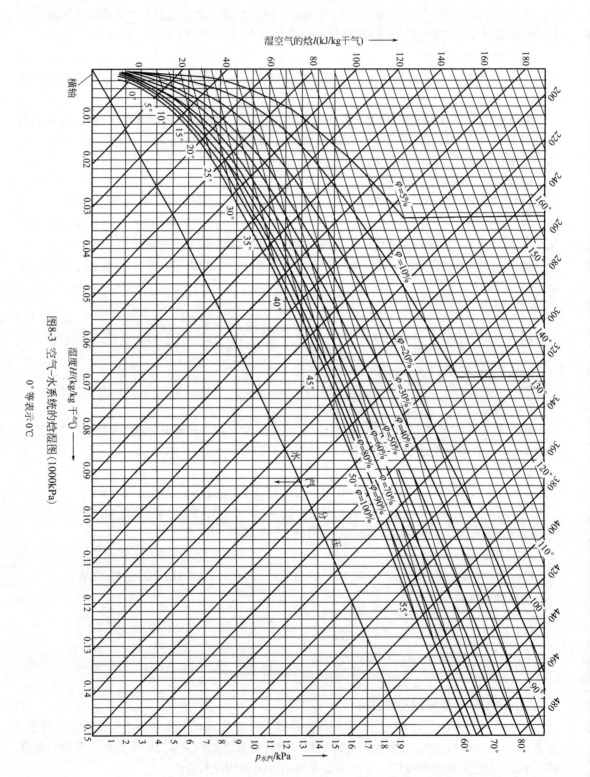

图8-3 空气-水系统的焓湿图（1000kPa）

0°等表示 0℃

135°的斜角坐标系。为了便于读取湿度数据，将横轴上湿度 H 的数值投影到与纵轴正交的辅助水平轴上。图中共有 5 种关系曲线，图上任何一点都代表一定温度 t 和湿度 H 的湿空气状态。现将图中各种曲线分述如下。

（1）等湿度线（即等 H 线）　等湿度线是一组与纵轴平行的直线，在同一根等 H 线上不同的点都具有相同的湿含量，其值在辅助水平轴上读出。

（2）等焓线（即等 I 线）　等焓线是一组与横轴（斜轴）平行的直线。在同一条等 I 线上不同的点所代表的湿空气的状态不同，但都具有相同的焓值，其值可以在纵轴上读出。

（3）等干球温度线（即等 t 线）　由式 $I=1.01t+(1.88t+2490)H$ 可知，当空气的干球温度 t 不变时，I 与 H 成直线关系，因此在 I-H 图中对应不同的 t，可作出许多条等 t 线，同一条直线上的每一点具有相同的温度数值。上式为线性方程，等温线的斜率为 $(1.88t+2490)$，是温度的函数，即随着温度的升高而增大，故等温线相互之间是不平行的。

（4）等相对湿度线（即等 φ 线）　等相对湿度线是一组从原点出发的曲线。根据式(8-5)，可知当总压 p 一定时，对于任意规定的 φ 值，上式可简化为 H 和 $p_饱$ 的关系式，而 $p_饱$ 又是温度的函数，因此对应一个温度 t，就可根据水蒸气可查到相应的 $p_饱$ 值计算出相应的湿度 H，将上述各点 (H,t) 连接起来，就构成等相对湿度 φ 线。

根据上述方法，可绘出一系列的等 φ 线。$\varphi=100\%$ 的等 φ 线为饱和空气线，此时空气完全被水汽所饱和。饱和空气以上（$\varphi<100\%$）为不饱和空气区域。当空气的湿度 H 为一定值时，其温度 t 越高，则相对湿度 φ 值就越低，其吸收水汽能力就越强。

故湿空气进入干燥器之前，必须先经预热以提高其温度 t。目的是为了提高湿空气的焓值，使其作为载热体外，也是为了降低其相对湿度而提高吸湿力。$\varphi=0$ 时的等 φ 线为纵坐标轴。

（5）水蒸气分压线　该线表示空气的湿度 H 与空气中水汽分压 $p_{水汽}$ 之间关系曲线。

2. I-H 图的用法

利用 I-H 图查取湿空气的各项参数非常方便。只要已知表示湿空气性质的各项参数中任意两个独立的在图上有交点的参数，就可以在 I-H 图上定出一个交点，此点即为湿空气的状态点，由此点可查得其他各项参数。例如，图 8-4 中 A 代表一定状态的湿空气，则有如下情况。

（1）湿度 H　由 A 点沿等湿线向下与水平辅助轴的交点，即可读出 A 点的湿度值。

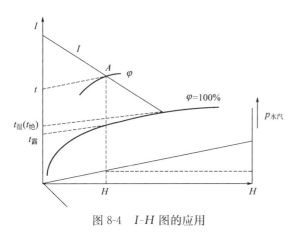

图 8-4　I-H 图的应用

（2）焓值 I　通过 A 点作等焓线的平行线，与纵轴交于一点，即可读得 A 点的焓值。

（3）水汽分压 $p_{水汽}$　由 A 点沿等湿度线向下交水蒸气分压线于一点，在图右端纵轴上读出水汽分压值。

（4）露点 $t_露$　由 A 点沿等湿度线向下与 $\varphi=100\%$ 饱和线相交于一点，再由过该交点的等温线读出露点 $t_露$ 值。

（5）湿球温度 $t_{湿}$（绝热饱和温度 $t_{绝}$）   由 A 点沿着等焓线与 $\varphi = 100\%$ 饱和线相交于一点，再由过该交点的等温线读出湿球温度 $t_{湿}$（即绝热饱和温度 $t_{绝}$值）。

通过上述查图可知，首先必须确定代表湿空气状态的点，然后才能查得各项参数。通常根据下述已知条件之一来确定湿空气的状态点：

① 湿空气的干球温度 t 和湿球温度 $t_{湿}$，见图 8-5（a）；

② 湿空气的干球温度 t 和露点 $t_{露}$，见图 8-5（b）；

③ 湿空气的干球温度 t 和相对湿度 φ，见图 8-5（c）。

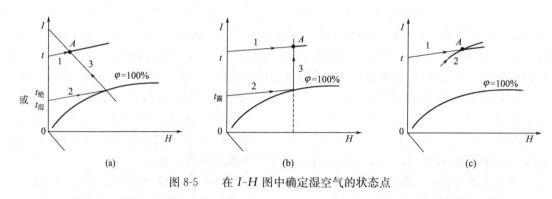

图 8-5   在 I-H 图中确定湿空气的状态点

任务二   湿物料中所含水分的性质及含水量的表示方法

一、物料中所含水分的性质

1. 平衡水分与自由水分

（1）平衡水分   当一定温度 t、相对湿度 φ 的未饱和的湿空气流过某湿物料表面时，由于湿物料表面水的蒸气压大于空气中水蒸气分压，则湿物料的水分向空气中汽化，直到物料表面水的蒸气压与空气中水蒸气分压相等时为止，即物料中的水分与该空气中水蒸气达到平衡状态，此时物料所含水分即为该空气条件（t，φ）下物料的平衡水分。物料中所含有的不因和空气接触时间的延长而改变的水分，这种恒定的含水量称为该物料在一定空气状态下的平衡水分，用 X^* 表示。它表示在一定的空气温度和湿度条件下物料的干燥极限。对于同一物料，当空气温度一定，改变其 φ 值，平衡水分也将改变。图 8-6 表示空气温度在 25℃时某些物料的平衡含水量曲线。

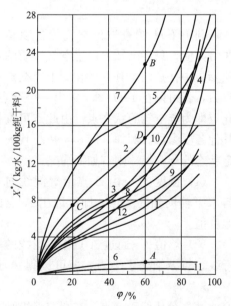

图 8-6   25℃某些物料的平衡含水量曲线
1—新闻纸；2—羊毛、毛织物；3—硝化纤维；4—丝；
5—皮革；6—陶土；7—烟叶；8—肥皂；9—牛皮胶
10—木材；11—玻璃绒；12—棉花

（2）自由水分   物料中所含的大于平衡水分的那一部分水分，称为该物料在一定空气状态下的自由水分。若平衡水分用 X^* 表示，则自由水分为（$X - X^*$），这部分水分通过干燥能够除去。

2. 结合水分和非结合水分

根据物料与水分结合力的状况，可分为结合水分和非结合水分。

（1）结合水分　包括物料细胞壁内的水分、物料内毛细管中的水分及以结晶水的形态存在于固体物料之中的水分等。这种水分是借化学力或物理化学力与物料相结合的，由于结合力强，其蒸气压低于同温度下纯水的饱和蒸气压，致使干燥过程的传质推动力降低，故除去结合水分较困难。

（2）非结合水分　包括机械地附着于固体表面的水分，如物料表面的吸附水分、较大孔隙中的水分等。物料中非结合水分与物料的结合力弱，其蒸气压与同温度下纯水的饱和蒸气压相同，因此，干燥过程中除去非结合水分较容易。物料所含结合水分或非结合水分的量仅取决于物料本身的性质，而与干燥介质状况无关。

自由水分、平衡水分、结合水分、非结合水分及物料总水分之间的关系如图 8-7 所示。

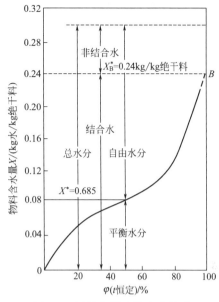

图 8-7　固体物料中的水分性质

二、湿物料中含水量的表示方法

1. 湿基含水量

湿物料中所含水分的质量分数称为湿物料的湿基含水量。即

$$w = \frac{\text{湿物料中水分的质量}}{\text{湿物料的总质量}} \left(\frac{\text{kg 水分}}{\text{kg 湿物料}} \right) \tag{8-22}$$

2. 干基含水量

不含水分的物料通常称为绝对干料。湿物料中的水分的质量与绝对干料质量之比，称为湿物料的干基含水量。

$$X = \frac{\text{湿物料中的水分量}}{\text{湿物料的干物料量}} \left(\frac{\text{kg 水分}}{\text{kg 干料}} \right) \tag{8-23}$$

两者的关系为

$$X = \frac{w}{1-w} \ \text{及} \ w = \frac{X}{1+X} \tag{8-24}$$

工业生产中物料含水量常以湿基含水量表示，但由于干燥过程中湿物料的总质量因干燥失出水分而不断减少，而绝干物料的质量不变，因此，干燥计算中，以干基含水量表示较为方便。

干燥过程的计算

任务一　物料衡算

图 8-8　干燥器的物料衡算

在干燥过程的计算中，通过物料衡算主要是为了解决两个问题：一是确定将湿物料干燥到规定的含水量所需要蒸发的水分量；二是确定带走这些水分所需要的空气量。据此进行风机及换热器的选型或设计。

对如图 8-8 所示的连续干燥器作物料衡算。设

L——干空气的质量流量，kg/s；

G——湿物料中绝干物料的质量，kg/s；

H_1，H_2——进、出干燥器的湿物料的湿度，kg 水/kg 干空气；

X_1，X_2——干燥前后物料的干基含水量，kg 水/kg 干物料；

G_1，G_2——进、出干燥器的湿物料的质量，kg/s；

w_1，w_2——干燥前、后物料的湿基含水量，kg 水/kg 料。

一、水分蒸发量 W

对如图 8-8 所示的连续干燥器作水分的物料衡算。若不计干燥过程中物料损失量，则在干燥前后物料中绝对干料的质量不变，即

$$G = G_1 (1 - w_1) = G_2 (1 - w_2) \tag{8-25}$$

整理可得干燥产品流量为

$$G_2 = G_1 \times \frac{1 - w_1}{1 - w_2} \tag{8-26}$$

$$W = G_1 - G_2 \tag{8-27}$$

对干燥器中水分作物料衡算，又可得蒸发的水分量为

$$W = G(X_1 - X_2) = L(H_2 - H_1) \tag{8-28}$$

二、干空气消耗量

由式（8-28）可得干空气的质量流量

$$L = \frac{W}{H_2 - H_1} \tag{8-29}$$

蒸发 1kg 水分所消耗的干空气量，称为单位空气消耗量，其单位为 kg 绝干空气/kg 水分，用 l 表示，则

$$l = \frac{L}{W} = \frac{1}{H_2 - H_1} \tag{8-30}$$

如果以 H_0 表示空气预热前的湿度，而空气经预热器后，其湿度不变，故 $H_0 = H_1$，则

$$l = 1/(H_2 - H_0) \tag{8-31}$$

由上述可见，单位空气消耗量仅与 H_2、H_0 有关，而空气消耗量随进入干燥器的空气湿度的增大而增大。因此，一般按夏季的空气湿度确定全年中最大空气消耗量。

【例题 8-2】 现有一干燥器处理湿物料量为 800kg/h。要求物料干燥后含水量由 30％减至 4％（均为湿基含水量）。干燥介质为空气，初温为 15℃，相对湿度为 50％，经预热器加热至 120℃，出干燥器时降温至 45℃，相对湿度为 80％。试求：（1）水分蒸发量 W；（2）空气消耗量 L、单位空气消耗量 l；（3）如鼓风机装在进口处，求鼓风机的风量 V。

解 （1）水分蒸发量 W

$$W = G_1 \times \frac{w_1 - w_2}{1 - w_2} = 800 \times \frac{0.3 - 0.04}{1 - 0.04} = 216.7 \,(\text{kg/h})$$

（2）空气消耗量 L、单位空气消耗量 l 由式（8-5）可得空气在 $t_0 = 15℃$，$\varphi_0 = 50％$ 时的湿度 $H_0 = 0.005$kg 水/kg，干空气在 $t_2 = 45℃$，$\varphi_2 = 80％$ 时的湿度为 $H_2 = 0.052$kg 水/kg 干空气，空气通过预热器湿度不变，即 $H_0 = H_1$。

$$L = \frac{W}{H_2 - H_1} = \frac{W}{H_2 - H_0} = \frac{216.7}{0.052 - 0.005} = 4610 \,(\text{kg 干空气 /h})$$

$$l = \frac{1}{H_2 - H_0} = \frac{1}{0.052 - 0.005} = 21.3 \,(\text{kg 干空气 /kg 水})$$

（3）进口处，鼓风机在 15℃、101.325kPa 下的湿空气体积流量 V

$$\upsilon_{湿} = (0.773 + 1.244 H_0) \frac{273 + t}{273} = (0.773 + 1.244 \times 0.005) \times \frac{273 + 15}{273} = 0.822 \,(\text{m}^3/\text{kg 干气})$$

$$V = L\upsilon_{湿} = 4610 \times 0.822 = 3790 \,(\text{m}^3/\text{h})$$

任务二 热量衡算

通过干燥系统的热量衡算，可以求得：①预热器消耗的热量；②向干燥器补充的热量；③干燥过程消耗的总热量。这些内容可作为计算预热器传热面积、加热介质用量、干燥器尺寸以及干燥系统热效应等计算的依据。连续干燥过程的热量衡算图如图 8-9 所示。

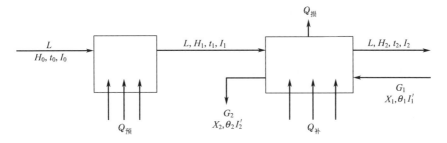

图 8-9 连续干燥过程的热量衡算图

一、图中符号说明

L ——绝干空气流量，kg 干气/s；

G ——湿物料中干料的流量，kg/s；

$Q_{补}$ ——单位时间内向干燥器补充的热量，kW；

$Q_{损}$ ——单位时间内干燥器的热损失，kW；

$Q_{预}$ ——单位时间内预热器消耗的热量，kW；

I_2 ——湿空气离开干燥器时的焓，kJ/kg 干气；

I_0，I_1 ——湿空气进入、离开预热器时的焓，kJ/kg 干气；

I'_1，I'_2 ——湿物料进、出干燥器的焓，（湿物料）kJ/kg 干料。

湿物料的温度为 θ（℃），干基含水量为 X（kg 水/kg 干料），其焓的计算式为

$$I' = c_{干}\theta + Xc_{水}\theta = (c_{干} + Xc_{水})\theta \tag{8-32}$$

式中　$c_{干}$ ——干料的平均比热容，kJ/（kg 干料·℃）；

$c_{水}$ ——液态水的平均比热容，$c_{水} \approx 4.187$kJ/（kg 水·℃）。

二、预热器的热量衡算

如图 8-9 所示，干气流量为 L，若忽略预热器的热损失，则预热器的加热量为

$$Q_{预} = L(I_1 - I_0) \tag{8-33}$$

对于空气-水系统，湿空气的焓值由下式计算

$$I = (1.01 + 1.88H)t + 2490H \tag{8-34}$$

故单位时间内预热器消耗的热量为

$$Q = L(I_1 - I_0) = L(1.01 + 1.88H_0)(t_1 - t_0) \tag{8-35}$$

三、干燥器的热量衡算

单位时间干燥器内输入的热量有：湿物料所携带的热量 GI'_1，空气所带入的热量 LI_1 以及向干燥内所补充的热量 $Q_{补}$。单位时间内干燥器的热量输出有：干燥产品带走的热量 GI'_2，空气带出的热量 LI_2，及干燥器的热损失 $Q_{损}$；在此基础上，再对上图的干燥器列热量衡算式，则

$$GI'_1 + LI_1 + Q_{补} = GI'_2 + LI_2 + Q_{损} \tag{8-36}$$

故单位时间内向干燥器补充的热量为

$$Q_{补} = L(I_2 - I_1) + G(I'_2 - I'_1) + Q_{损} \tag{8-37}$$

四、干燥过程

干燥过程既有热量传递又有质量传递，有时还要向干燥器补充热量，而且又有热量损失于周围环境中，情况复杂。一般根据空气在干燥器内焓的变化，将干燥过程分为等焓过程与非等焓过程两大类。

1. 等焓干燥过程

等焓干燥过程又称绝热干燥过程，要求满足或接近以下条件：

① 不向干燥器中补充热量，即 $Q_{补} = 0$；

② 干燥器的热损失可以忽略，即 $Q_{损} = 0$；

③ 物料进出干燥器的焓值相等，即 $G(I'_2 - I'_1) = 0$。

将上述假设代入式（8-37），得 $I_1 = I_2$。

上式说明空气通过干燥器时焓恒定，实际操作中很难实现这种等焓过程，故称为理想干燥过程，但它能简化干燥的计算，并能在 I-H 图上迅速确定空气离开干燥器时的状态参数。

2. 非等焓干燥器过程

非等焓干燥器过程又称为实际干燥过程。由于实际干燥过程不具备等焓干燥条件，则 $I_1 \neq I_2$。

非等焓过程中空气离开干燥器时状态点可用计算法或图解法确定。

任务三 干燥速率和干燥时间

一、干燥速率

干燥速率为单位时间内在单位干燥面积上汽化的水分量，用 U 表示，单位为 $kg/(m^2 \cdot s)$。其定义式用微分式表示

$$U = \frac{dW}{A d\tau} \tag{8-38}$$

式中 U——干燥速率，$kg/(m^2 \cdot s)$；

W——汽化水分量，kg；

A——干燥面积，m^2；

τ——干燥所需时间，s。

而 $dW = -G dX$

所以式(8-38)可写为 $$U = \frac{dW}{A d\tau} = -\frac{G dX}{A d\tau} \tag{8-39}$$

式中 G——湿物料中绝对干料的质量，kg；

X——湿物料中干基的含水量，kg 水/kg 干物料。

负号表示物料含水随着干燥时间的增加而减少。干燥过程的计算内容包括确定干燥操作条件、干燥时间及干燥器尺寸，为此，需求出干燥过程的干燥速率。但由于干燥机理及过程皆很复杂，直至目前研究得尚不够充分，所以干燥速率的数据多取自实验测定值，由实验测得的干燥曲线求取。

二、干燥速率曲线

为了简化影响因素，测定干燥速率的实验是在恒定干燥条件下进行。恒定干燥条件是指干燥过程中空气的湿度、温度、速度以及与湿物料的接触状况都不变。如用大量的空气干燥少量的湿物料时可以认为接近于恒定干燥情况。

如图 8-10 所示为干燥过程中物料含水量 X 与干燥时间 τ 的关系曲线，此曲线称为干燥曲线。

图 8-11 所示为物料干燥 U 与物料含水量 X 关系曲线，称为干燥速率曲线。图中 AB（或 $A'B$）段：A 点代表时间为零时的情况，AB 为湿物料不稳定的加热过程，在该过程中，物料的含水量及其表面温度均随时间而变化。物料含水量由初始含水量降至与 B 点相应的含水量，而温度则由初始温度升高（或降低）至与空气的湿球温度相等的温度。一般该过程的时间很短，在分析干燥过程中常可忽略，将其作为恒速干燥的一部分。

由干燥速率曲线可以看出，干燥过程分为恒速干燥和降速干燥两个阶段。

（1）恒速干燥阶段 此阶段的干燥速率如图 8-11 中 BC 段所示。这一阶段中，物料表

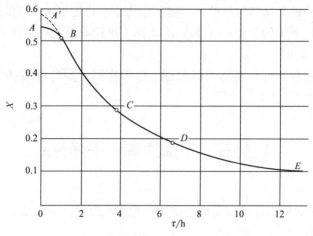

图 8-10 恒定干燥条件下的干燥曲线

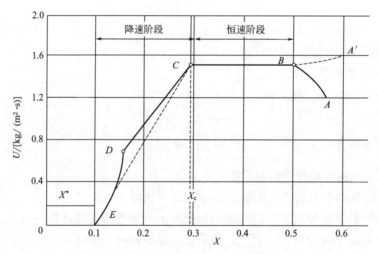

图 8-11 恒定干燥条件下的干燥速率曲线

面充满着非结合水分，其性质与液态纯水相同。在恒定干燥条件下，物料的干燥速率保持恒定，其值不随物料含水量多少而变。在恒定干燥阶段中，由于物料内部水分扩散速率大于表面水分汽化速率，空气传给物料的热量等于水分汽化所需的热量。物料表面的温度始终保持为空气的湿球温度，这阶段干燥速率的大小，主要取决于空气的性质，而与湿物料的性质关系很小。图中 C 点为由恒速阶段转为降速阶段的点，称为临界点，所对应湿物料的含水量称为临界含水量，用 X_c 表示。当物料的含水量降到临界含水量以下时，物料的干燥速率逐渐降低。

（2）降速干燥阶段　如图 8-11 所示，图中所示 CD 段为第一降速阶段，这是因为物料内部水分扩散到表面的速率已小于表面水分在湿球温度下的汽化速率，这时物料表面不能维持全面湿润而形成"干区"，由于实际汽化面积减小，从而以物料全部外表面积计算的干燥速率下降。

图中 DE 段称为第二降速阶段，由于水分的汽化面随着干燥过程的进行逐渐向物料内部移动，从而使热、质传递途径加长，阻力增大，造成干燥速率下降。到达 E 点后，物料的含水量已降到平衡含水量 X^* （平衡水分），再继续干燥亦不可能降低物料的含水量。

降速干燥阶段的干燥速率主要决定于物料本身的结构、形状和大小等。而与空气的性质关系很小。这时空气传给湿物料的热量大于水分汽化所需的热量，故物料表面的温度不断上升，而最后接近于空气的温度。

三、干燥时间

1. 恒速干燥阶段

$$U = -\frac{G \mathrm{d}X}{A \mathrm{d}\tau} = 常数 = U_c$$

$$\int_0^{\tau_1} \mathrm{d}\tau = \frac{G}{AU_c} \int_{X_c}^{X_1} \mathrm{d}X$$

$$\tau_1 = \frac{G_c(X_1 - X_c)}{AU_c} \tag{8-40}$$

其中　　$U_c = k_H(H_w - H) = \frac{\alpha}{r_w}(t - t_w)$

式中　τ_1——恒速阶段干燥时间，s；

　　X_1——物料的初始含水量，kg 水/kg 绝干物料。

2. 降速干燥阶段

$$U = -\frac{G \mathrm{d}X}{A \mathrm{d}\tau} \neq 常数$$

$$\tau_2 = \int_0^{\tau_2} \mathrm{d}\tau = \frac{G}{A} \int_{X_2}^{X_c} \frac{\mathrm{d}X}{U}$$

若降速阶段的干燥曲线可近似为直线，则斜率 $K_X = \dfrac{U}{X - X^*} = \dfrac{U_c}{X_c - X^*}$。

$$U = U_c \frac{X - X^*}{X_c - X^*}$$

$$\tau_2 = \frac{G(X_c - X^*)}{AU_c} \ln \frac{X_c - X^*}{X_2 - X^*} \tag{8-41}$$

因此，物料干燥所需时间，即物料在干燥器内停留时间为

$$\tau = \tau_1 + \tau_2 \tag{8-42}$$

对于间歇操作的干燥器而言，还应考虑装卸物料所需时间 τ'，则每批干燥物料所需的时间为

$$\tau = \tau_1 + \tau_2 + \tau' \tag{8-43}$$

干燥器

一、干燥设备的分类

干燥器的种类很多，以适应多种多样性的物料和产品规格的不同要求。

（1）按照加热方式的不同　主要有对流式、传导式、辐射式和介电加热式干燥器等。

（2）按照操作压力的不同　主要有常压式和减压式干燥器等。

（3）按照操作方式的不同　主要有连续式和间歇式干燥器等。

二、干燥器的选型

在化工生产中，为了完成一定的干燥任务，需要选择适宜的干燥器。通常干燥器选型应考虑下列因素：①产品质量；②物料的特性；③生产能力；④劳动条件；⑤经济性；⑥其他要求。

此外，根据干燥过程的特点和要求，还可采用组合式干燥器。

三、常见干燥器的性能特点

在工业生产中，由于被干燥物料的形状和性质不同，生产规模或生产能力也相差较大，对干燥产品的要求也不尽相同，因此，所采用干燥器的形式也是多种多样的。它们的构造、原理、性能特点及应用场合可见表 8-1。

表 8-1　干燥器的构造、原理、性能特点及应用场合

类型	构造及原理	性能特点	应用场合
厢式干燥器	多层长方形浅盘叠置在框架上，湿物料在浅盘中，厚度通常为 10～100mm，一般浅盘的面积为 0.3～1m²。新鲜空气由风机抽入，经加热后沿挡板均匀地进入各层之间，平行流过湿物料表面，带走物料中的湿分	构造简单，设备投资少，适应性强，物料损失小，盘易清洗。但物料得不到分散，干燥时间长，热利用率低，产品质量不均匀，装卸物料的劳动强度大	多应用在小规模、多品种、干燥条件变动大，干燥时间长的场合。如实验室或中间试的干燥装置
洞道式干燥器	干燥器为一较长的通道，被干燥物料放置在小车内、运输带上、架子上或自由地堆置在运输设备上，沿通道向前移动，并一次通过通道。空气连续地在洞道内被加热并强制地流过物料	可进行连续或半连续操作；制造和操作都比较简单，能量的消耗也不大	适用于具有一定形状的比较大的物料，如皮革、木材、陶瓷等的干燥
转筒式干燥器	湿物料从干燥机一端投入后，在筒内抄板器的翻动下，物料在干燥器内均匀分布与分散，并与并流（逆流）的热空气充分接触。在干燥过程中，物料在带有倾斜度的抄板和热气流的作用下，可调控地运动　至干燥机另一段星形卸料阀排出成品	生产能力大，操作稳定可靠，对不同物料的适应性强，操作弹性大，机械化程度较高。但设备笨重，一次性投资大；结构复杂，传动部分需经常维修，拆卸困难；物料在干燥器内停留时间长，且物料颗粒之间的停留时间差异较大	主要用于处理散粒状物料，亦可处理含水量很高的物料或膏糊状物料，也可以干燥溶液、悬浮液、胶体溶液等流动性物料

续表

类型	构造及原理	性能特点	应用场合
气流式干燥器	直立圆筒形的干燥管,其长度一般为 10～20m,热空气(或烟道气)进入干燥管底部,将加料器连续送入的湿物料吹散,并悬浮在其中。一般物料在干燥管中的停留时间为 0.5～3s,干燥后的物料随气流进入旋风分离器,产品由下部收集	干燥速率大,接触时间短,热效率高;操作稳定,成品质量稳定;结构相对简单,易于维修,成本费用低。但对除成尘设备要求严格,系统流动阻力大,对厂房要求一定高度	适宜于干燥热敏性物料或临界含水量低的细粒或粉末物料
流化床干燥器	湿物料由床层的一侧加入,由另一侧导出。热气流由下方通过多孔分布板均匀地吹入床层,与固体颗粒充分接触后,由顶部导出,经旋风器回收其中夹带的粉尘后排出。颗粒在热气流中上下翻动,彼此碰撞和混合,气、固间进行传热、传质,以达到干燥目的	传热、传质速率高,设备简单,成本费用低,操作控制容易。但操作控制要求高。而且由于颗粒在床中高度混合,可能引起物料的反混和短路,从而造成物料干燥不充分	适用于处理粉粒状物料,而且粒径最好在 30～60μm 范围
喷雾干燥器	热空气与喷雾液滴由干燥器顶部加入,气流作螺旋形流动旋转下降,液滴在接触干燥室内壁前已完成干燥过程,大颗粒收集到干燥器底部后排出,细粉随气体进入旋风器分出。废气排空前经湿法洗涤塔以提高回收率,并防止污染	干燥过程快,可省去蒸发、结晶、过滤、粉碎等工序;能得到速溶的粉末或空心细颗粒;易于连续化、自动化操作。但热效率低,设备占地面积大,成本高	适用于士林蓝及士林黄染料等

干燥器的操作

任务一　影响干燥速率的因素

一、影响恒速干燥速率的因素

恒速阶段的干燥速率与物料的种类无关，与物料内部结构无关，主要和以下因素有关。

（1）干燥介质　主要是指用以进行干燥的空气的状态（t 和 H 等）及其流动速率。提高空气温度 t、降低湿度 H，可增大传热及传质推动力。提高空气流速，可增大对流传热系数与对流传质系数。所以，提高空气温度，降低空气湿度，增大空气流速可以提高恒速干燥阶段的干燥速率。

（2）物料尺寸及接触面积　物料尺寸越小，所能提供的干燥面积越大，干燥速率较高。物料与空气的接触面积越大，干燥速率越高。

二、影响降速干燥速率的因素

降速阶段的干燥特点是湿物料中仅含有结合水分，干燥速率与干燥介质的条件关系不大，其主要影响因素为下面两点。

（1）物料的性质　物料本身的性质（包括物料的内部结构和物料与水的几何形式等）对干燥速率有很大影响，但通常不能改变；在相同湿含量的条件下，物料温度越高，传质系数越大，干燥速率越快；此外，物料的形状和尺寸影响着内部水分的传递，比如物料越薄、直径越小，越有利于干燥速率的提高。

（2）气体与物料的接触方式　不同的接触方式，会影响传质距离及传质面积。若将物料分散在气流中，则传质距离会缩短，传质面积会大大提高，干燥速率则得到较大提高。

任务二　干燥操作条件的确定

干燥器操作条件的确定，通常需由实验测定或可按下述一般选择原则考虑。

1. 干燥介质的选择

干燥介质的选择，决定于干燥过程的工艺及可利用的热源。基本的热源有饱和水蒸气、液态或气态的燃料和电能。在对流干燥介质可采用空气、惰性气体、烟道气和过热蒸汽。

当干燥操作温度不太高且氧气的存在不影响被干燥物料的性能时，可采用热空气作为干燥介质。对某些易氧化的物料，或从物料中蒸发出易爆的气体时，则宜采用惰性气体作为干燥介质。烟道气适用于高温干燥，但要求被干燥的物料不怕污染，而且不与烟气中的 SO_2 和 CO_2 等气体发生作用。由于烟道气温度高，故可强化干燥过程，缩短干燥时间。此外还应考虑介质的经济性及来源。

2. 流动方式的选择

在逆流操作中，物料移动方向和介质的流动方向相反，整个干燥过程中的干燥推动力较均匀，适用于：

① 物料含水量高时，不允许采用快速干燥的场合；

② 耐高温的物料；

③ 要求干燥产品的含水量很低时。

在错流操作中，干燥介质与物料间运动方向互相垂直。各个位置上的物料都与高温、低湿的介质相接触，因此干燥推动力比较大，又可采用较高的气体速度，所以干燥速率很高，适用于：

① 无论在高或低的含水量时，都可以进行快速干燥的场合；

② 耐高温的物料；

③ 因阻力大或干燥器构造的要求不适宜采用并流或逆流操作的场合。

3. 干燥介质进入干燥器时的温度

为了强化干燥过程和提高经济效益，干燥介质的进口温度宜保持在物料允许的最高温度范围内，但也应考虑避免物料发生变色、分解等理化变化。对于同一种物料，允许的介质进口温度随干燥器形式不同而异。例如，在厢式干燥器中，由于物料是静止的，因此应选用较低的介质进口温度；在转筒、沸腾、气流等干燥器中，由于物料不断地翻动，致使干燥温度较高、较均匀、速度快、时间短，因此介质进口温度可高些。

4. 干燥介质离开干燥器时的相对湿度和温度

增高干燥介质离开干燥器的相对湿度 φ_2，以减少空气消耗量及传热量，即可降低操作费用；但因 φ_2 增大，也就是介质中水汽的分压增高，使干燥过程的平均推动力下降，为了保持相同的干燥能力，就需增大干燥器的尺寸，即加大了投资费用。所以，最适宜的 φ_2 值应通过经济衡算来决定。

对于同一种物料，若所选的干燥器的类型不同，适宜的 φ_2 值也不同。例如，对气流干燥器，由于物料在器内的停留时间很短，就要求有较大的推动力以提高干燥速率，因此一般离开干燥器的气体中水蒸气分压需低于出口物料表面水蒸气分压的 $50\% \sim 80\%$。对于某些干燥器，要求保证一定的空气速度，因此考虑气量和 φ_2 的关系，即为了满足较大气速的要求，可使用较多的空气量而减少 φ_2 值。

干燥介质离开干燥器的温度 t_2 与 φ_2 应同时予以考虑。若 t_2 降低，而 φ_2 又较高，此时湿空气可能会在干燥器后面的设备和管路中析出水滴，因此破坏了干燥的正常操作。对气流干燥器，一般要求 t_2 较物料出口温度高出 $10 \sim 30℃$，或 t_2 较入口气体的绝热饱和温度高 $20 \sim 50℃$。

5. 物料离开干燥器时的温度

物料出口温度 θ_2 与很多因素有关，但主要取决于物料的临界含水量 X_c 及干燥第二阶段的传质系数。X_c 值愈低，物料出口温度 θ_2 也愈低；传质系数愈高，θ_2 愈低。

任务三　典型干燥器的操作

根据被干燥物料的形状物理性质、热能的来源以及操作的自动化程度，可使用不同类型的干燥设备。

一、流化床干燥器的操作

① 开炉前首先检查送风机和引风机，检查其有无摩擦和碰撞声，轴承的润滑油是否充

足，风压是否正常。

②对流化干燥器投料前应先打开加热器疏水阀、风箱室的排水阀和炉底的放空阀，然后渐渐开大蒸汽阀门进行烤炉，除去炉内湿气，直到炉内石子和炉壁达到规定的温度结束烤炉操作。

③停下送风机和引风机，敞开人孔，向炉内铺撒物料，料层高度约250mm，此时已完成开炉的准备工作。

④再次起动送风机和引风机，关闭有关阀门，向炉内送热风，并开动给料机抛撒潮湿物料，要求进料由少渐多，物料分布均匀。

⑤根据进料量，调节风量和热风温度，保证成品干湿度合格。

⑥经常检查卸出的物料有无结块，观察炉内物料面的沸腾情况，调节各风箱室的进风量和风压大小。

⑦经常检查风机的轴承温度、机身有无振动以及风道有无漏风，发现问题及时解决。

⑧经常检查引风机出口带料情况和尾气管线腐蚀程度，问题严重应及时解决。

二、喷雾干燥设备的操作

①喷雾干燥设备包括数台不同的化工设备，因此，在投产前应做好如下准备工作。

a. 检查供料泵、雾化器、送风机是否运转正常；

b. 检查蒸汽、溶液阀门是否灵活好用，各管路是否畅通；

c. 清理塔内积料和杂物，铲除壁挂疤；

d. 排除加热器和管路中积水，并进行预热，然后向塔内送热风；

e. 清洗雾化器，达到流道畅通。

②启动供料泵向雾化器输送溶液时，观察压力大小和输送量，以保证雾化器的需要。

③经常检查、调节雾化器喷嘴的位置和转速，确保雾化颗粒大小合格。

④经常查看和调节干燥塔负压数值，一般控制在100~300Pa。

⑤定时巡回检查各转动设备的轴承温度和润滑情况，检查其运转是否平稳，有无摩擦和撞击声。

⑥检查各种管路与阀门是否泄漏，各转动设备的密封装置是否泄漏，做到及时调整。

【技能训练】湿物料的干燥操作

一、实训目标及要求

(1) 了解气流常压干燥设备的基本流程和工作原理。

(2) 测定湿物料（纸板或其他）在恒定干燥工况下不同时刻的含水量。

(3) 掌握干燥操作方法。

二、实训准备

1. 湿物料的干基含水量

不含水分的物料通常称为绝对干料。湿物料中的水分的质量与绝对干料质量之比，称为湿物料的干基含水量。

$$X = \frac{湿物料中水分的质量}{湿物料中绝干物料的质量}$$

物料干燥过程除与干燥介质（如空气）的性质和操作条件有关外，还受物料中所含湿分性质的影响。

2. 干燥曲线

湿物料的平均干基含水量 X 与干燥时间 t 的关系曲线即为干燥曲线，它说明了在相同的干燥条件下将某物料干燥到某一含水量所需的干燥时间，以及干燥过程中物料表面温度随干燥时间的变化关系。

三、实训装置及流程

如图 8-12 所示，空气由风机输送经孔板流量计、电加热器入干燥室，然后入风机环使用。电加热器由晶体管继电器控制，使空气的温度恒定。干燥室前方装湿球温度计，干燥后也装有温度计，用以测量干燥室内的空气状况。风机出口端的温度计用于测量流经孔板时的空气温度，这温度是计算流量的一个参数。空气流速由风速调节阀调节。任何时候这阀都不允许全关，否则电加热器就会因空气不流动而过热引起损坏。当然，如果全开了两个片式阀门则除外，风机进口端的片式阀门用以控系统所吸入的空气量，而出口端的片式阀门则用于调节系统向外界排出的废气量。如试样量较多，可适当打开这两个阀门，使系统内空气湿度恒定，若试样数量不多，也不需开启。

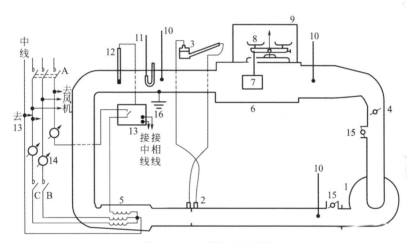

图 8-12 实训装置流程图

1—风机；2—孔板流量计；3—孔板压差计；4—风速调节阀；5—电加热器；6—干燥室；7—试样；8—天平；
9—防风罩；10—干球温度计；11—湿球温度计；12—导电温度计；13—晶体管继电器；
14—电流表；15—片式阀门；16—接地保护线；A、B、C—组合开关

四、实训步骤

① 事先将试样放在电热干燥箱内，用 90℃ 左右温度烘约 2h，冷却后称量，得出试样绝干质量（G_c）。

② 实训前将试样加水约 90g 稍候片刻，让水分扩散至整个试样，然后称取湿试样质量。

③ 检查天平是否灵活，并配平衡。往湿球温度计加水。

④ 启动风机，调节阀门至预定风速值。

⑤ 开加热器，调节温度控制器，调节温度至预定值，待温度稳定后再开干燥室门，将湿试样放置在干燥器内的托架上，关好干燥室门。

⑥ 立即加砝码使天平接近平衡但砝码稍轻，待水分干燥至天平指针平衡时开动第一个秒表（实训使用 2 个秒表）。

⑦ 减去 3g 砝码，待水分再干燥至天平指针平衡时，停第一个秒表同时立即开动第二个秒表，以后再减 3g 砝码，如此往复进行，至试样接近平衡水分时为止。

⑧ 停加热器，停风机，待干燥室温度降至接近室温，打开干燥室门，取出被干燥物料，关好干燥室门。

注意

湿球温度计要保持有水，水从喇叭口处加入，实训过程中视蒸发情况中途加水一两次。

五、数据整理

（1）计算湿物料干基含水量 X

$$X = \frac{湿物料中水分的质量}{湿物料中绝干物料的质量}$$

（2）画出时间（t）-含水量（X）及时间（t）-温度（T）的关系曲线。

=== 情境测评 ===

一、填空题

1. 将不饱和空气在间壁式换热器中由 t_1 加热至 t_2，则其湿球温度 $t_湿$ _____，露点温度 $t_露$ _____，相对湿度 φ _____。

2. 相对湿度 φ 值可以反映湿空气吸收水汽能力的大小，当 φ 值较大时，表示该湿空气吸收水汽的能力 _____。在湿度一定时，不饱和空气的温度越低，其相对湿度越 _____。

3. 在一定空气状态下干燥某湿物料，能用干燥方法除去的水分为 _____；首先除去的水分为 _____；不能用干燥方法除去的水分为 _____。

4. 干燥进行的必要条件是物料表面所产生的水汽压力 _____ 干燥介质中水汽的分压。

5. 干燥速率太快会引起物料表面 _____。

二、选择题

1. 下面不能确定空气状态的参数组为（ ）。

A. 露点和干球温度　　　　　　B. 露点和湿球温度

C. 干球温度和相对湿度　　　　D. 干球温度和湿球温度

2. 对于空气-水系统，下面说法不正确的是（ ）。

A. 对于不饱和空气，露点小于干球温度

B. 对于不饱和空气，露点等于湿球温度

C. 对于不饱和空气，干球温度大于湿球温度

D. 对于不饱和空气，绝热饱和冷却温度等于湿球温度

3. 下面有关物料中所含水分的说法正确的是（ ）。

A. 结合水一定是平衡水　　　　B. 平衡水一定是结合水

C. 自由水一定是非结合水　　　D. 非结合水可能是平衡水，也可能是自由水

4. 某湿物料 10kg，物料的初始含水量为 15%，干燥后含水量降为 8%，问蒸出水分量为多少（ ）。

A. 0.7kg　　　　　B. 0.76kg　　　　　C. 0.8kg　　　　　D. 0.15kg

5. 下面说法不正确的是（　　　）。

A. 干燥速率随物料含水量的变化而变化的阶段为恒速干燥阶段

B. 干燥速率不随物料含水量的变化而变化为恒速干燥阶段

C. 物料含水量在临界含水量以上为恒速干燥阶段

D. 恒速干燥阶段和降速干燥阶段之间的分界点为临界点，相应含水量为临界含水量

三、简答题

1. 对流干燥操作进行的必要条件是什么？

2. 对流干燥过程中，干燥介质的作用是什么？

3. 湿空气有哪些性质参数，分别是如何定义的？

4. 湿空气湿度大，则其相对湿度也大，这种说法对吗？为什么？

5. 干球温度、湿球温度、露点三者有何区别？它们的大小顺序如何？在什么条件下，三者数值相等？

6. 湿物料含水量表示方法有哪几种？如何相互换算？

7. 何谓平衡水分、自由水分、结合水分及非结合水分，如何对它们进行区分？

8. 干燥过程有哪几个阶段，它们各有何特点？

9. 什么叫临界含水量？

10. 恒定干燥条件下，干燥时间如何计算？

11. 厢式干燥器、气流干燥器及流化床干燥器的主要优缺点及适用场合如何？

12. 常用的干燥器有哪些，各有哪些优缺点？

13. 在焓湿图上表示湿空气的以下变化过程并说明湿空气的其他参数如何变化：（1）绝热饱和过程；（2）等湿度下的升温过程；（3）等温增湿过程。

四、计算题

1. 已知湿空气的总压为 100kPa，温度为 60℃，相对湿度为 40%，试求：（1）湿空气中水汽的分压；（2）湿度；（3）湿空气的密度。

2. 将 $t_0 = 25℃$、$\varphi = 50\%$ 的常压新鲜空气与循环废气混合，混合气加热至 90℃后用于干燥某湿物料。废气的循环比为 0.75，废气的状态为：$t_2 = 50℃$、$\varphi = 80\%$。流量为 1000kg/h 的湿物料，经干燥后湿基含水量由 0.2 降至 0.05。假设系统热损失可忽略，干燥操作为等焓干燥过程。试求（1）新鲜空气耗量；（2）进入干燥器时湿空气的温度和焓；（3）预热器的加热量。

3. 将温度 $t_0 = 26℃$、焓 $I_0 = 66$kJ/kg 绝干气的新鲜空气送入预热器，预热到 $t_1 = 95℃$ 后进入连续逆流干燥器，空气离开干燥器的温度 $t_2 = 65℃$。湿物料初态为：$\theta_1 = 25℃$、$w_1 = 0.015$、$G_1 = 9200$kg 湿物料/h，终态为：$\theta_2 = 34.5℃$、$w_2 = 0.002$。绝干物料比热容 $c_干 = 1.84$kJ/（kg 绝干物料·℃）。若每汽化 1kg 水分的总热损失为 580kJ，试求：（1）干燥产品量；（2）作出干燥过程的操作线；（3）新鲜空气消耗量；（4）干燥器的热效率。

4. 常压下空气在温度为 20℃，湿度为 0.01kg/kg 干气状态下，被预热至 120℃后进入理论干燥器（空气变化为等焓过程），废气出口湿度为 0.03kg/kg 干气。物料的含水量由 3.7% 干燥至 0.5%（均为湿基含水量），干空气的流量为 8000kg 干气/h。试求：（1）每小时加入干燥器的湿物料量；（2）废气出口温度。

5. 湿空气的总压为 100kPa，试计算：（1）空气为 40℃ 和 $\varphi = 60\%$ 时的焓和湿度；（2）已知水蒸气的分压为 9.3kPa，求该空气在 50℃ 时的 φ 和 H 值。

6. 在一连续干燥器中，每小时处理湿物料 1000kg，经干燥后物料的含水量由 10% 降到 2%（均为湿基含水量）。以热空气为干燥介质，初始湿度 $H_1 = 0.008$kg/kg 干气，离开干燥器时 $H_2 = 0.05$kg/kg 干气。假设干燥过程中无物料损失，试求：（1）水分蒸发量；（2）空气消耗量；（3）干燥产品量。

7. 在总压为 100kPa，空气的温度为 20℃，湿度为 0.01kg/kg 干气。试求：（1）空气的相对湿度 φ；（2）总压 p 与湿度不变，将空气温度提高到 50℃ 时的相对湿度 φ。

附　录

附录一　常用单位的换算

1. 长度

m(米)	in(英寸)	ft(英尺)	yd(码)
1	39.3701	3.2808	1.09361
0.025400	1	0.073333	0.02778
0.30480	12	1	0.33333
0.9144	36	3	1

2. 体积

m^3	L(升)	ft^3	m^3	L(升)	ft^3
1	1000	35.3147	0.02832	28.3161	1
0.001	1	0.03531			

3. 力

N(牛顿)	kgf[千克(力)]	lbf[磅(力)]	dyn(达因)
1	0.102	0.2248	1×10^5
9.80665	1	2.2046	9.80665×10^5
4.448	0.4536	1	4.4481×10^5
1×10^{-5}	1.02×10^{-6}	2.248×10^{-6}	1

4. 压力

Pa	kgf/cm^2	atm	mmHg	mmH_2O	lbf/in^2
1	1.02×10^{-5}	0.99×10^{-5}	0.0075	0.102	14.5×10^{-5}
98.07×10^3	1	0.9678	735.56	1×10^4	14.2
1.01325×10^5	1.0332	1	760	1.0332×10^4	14.697
133.3	0.1361×10^{-2}	0.00132	1	13.6	0.01934
9.807	0.0001	0.9678×10^{-4}	0.0736	1	1.423×10^{-3}
6894.8	0.0703	0.068	51.71	703	1

5. 黏度

Pa·s	P(泊)	cP(厘泊)	mPa·s
1	10	1000	1000
0.1	1	100	100
0.001	0.01	1	1

6. 功率

W	kgf·m/s	hp(马力)	kcal/s
1	0.10197	1.341×10^{-3}	0.2389×10^{-3}
9.8067	1	0.01315	0.2342×10^{-2}
745.69	76.0375	1	0.1783
4186.8	426.85	5.6135	1

附录二　某些气体的重要物理性质

名称	分子式	密度(0℃，101.3kPa)/(kg/m³)	比热容/[kJ/(kg·℃)]	黏度$\mu \times 10^5$/Pa·s	沸点(101.3kPa)/℃	汽化热/(kJ/kg)	临界点		热导率/[W/(m·℃)]
							温度/℃	压力/kPa	
空气		1.293	1.009	1.73	−195	197	−140.7	3768.4	0.0244
氧气	O_2	1.429	0.653	2.03	−132.98	213	−118.82	5036.6	0.0240
氮气	N_2	1.251	0.745	1.70	−195.78	199.2	−147.13	3392.5	0.0228
氢气	H_2	0.0899	10.13	0.842	−252.75	454.2	−239.9	1296.6	0.163
氦气	He	0.1785	3.18	1.88	−268.95	19.5	−267.96	228.94	0.144
氩气	Ar	1.7820	0.322	2.09	−185.87	163	−122.44	4862.4	0.0173
氯气	Cl_2	3.217	0.355	1.29(16℃)	−33.8	305	+144.0	7708.9	0.0072
氨	NH_3	0.771	0.67	0.918	−33.4	1373	+132.4	11295	0.0215
一氧化碳	CO	1.250	0.754	1.66	−191.48	211	−140.2	3497.9	0.0226
二氧化碳	CO_2	1.976	0.653	1.37	−78.2	574	+31.1	7384.8	0.0137
硫化氢	H_2S	1.539	0.804	1.166	−60.2	548	+100.4	19136	0.0131
甲烷	CH_4	0.717	1.70	1.03	−161.58	511	−82.15	4619.3	0.0300
乙烷	C_2H_6	1.357	1.44	0.850	−88.5	486	+32.1	4948.5	0.0180
丙烷	C_3H_8	2.020	1.65	0.795(18℃)	−42.1	427	+95.6	4355.0	0.0148
正丁烷	C_4H_{10}	2.673	1.73	0.810	−0.5	386	+152	3798.8	0.0135
正戊烷	C_5H_{12}	—	1.57	0.874	−36.08	151	+197.1	3342.9	0.0128
乙烯	C_2H_4	1.261	1.222	0.935	+103.7	481	+9.7	5135.9	0.0164
丙烯	C_3H_6	1.914	2.436	0.835(20℃)	−47.7	440	+91.4	4599.0	—
乙炔	C_2H_2	1.171	1.352	0.935	−83.66(升华)	829	+35.7	6240.0	0.0184
氯甲烷	CH_3Cl	2.303	0.582	0.989	−24.1	406	+148	6685.8	0.0085
苯	C_6H_6	—	1.139	0.72	+80.2	394	+288.5	4832.0	0.0088
二氧化硫	SO_2	2.927	0.502	1.17	−10.8	394	+157.5	7879.1	0.0077
二氧化氮	NO_2	—	0.315	—	+21.2	712	+158.2	10130	0.0400

附录三 某些液体的重要物理性质

名称	分子式	密度(20℃)/(kg/m³)	沸点(101.3 kPa)/℃	汽化热/(kJ/kg)	比热容(20℃)/[kJ/(kg·℃)]	黏度(20℃)/mPa·s	热导率(20℃)/[W/(m·℃)]	体积膨胀系数 $\beta \times 10^4$(20℃)/℃$^{-1}$	表面张力 $\sigma \times 10^3$(20℃)/(N/m)
水	H₂O	998	100	2258	4.183	1.005	0.599	1.82	72.8
氯化钠盐水(25%)	—	1186(25℃)	107		3.39	2.3	0.57(30℃)	(4.4)	
氯化钙盐水(25%)	—	1228	107	—	2.89	2.5	0.57	(3.4)	
硫酸	H₂SO₄	1831	340(分解)	—	1.47(98%)		0.38	5.7	
硝酸	HNO₃	1513	86	481.1		1.17(10℃)			
盐酸(30%)	HCl	1.149			2.55	2(31.5%)	0.42		
二硫化碳	CS₂	1262	46.3	352	1.005	0.38	0.16	12.1	32
戊烷	C₅H₁₂	626	36.07	357.4	2.24(15.6℃)	0.229	0.113	15.9	16.2
己烷	C₆H₁₄	659	68.74	335.1	2.31(15.6℃)	0.313	0.119		18.2
庚烷	C₇H₁₆	684	98.43	316.5	2.21(15.6℃)	0.411	0.123		20.1
辛烷	C₈H₁₈	763	125.67	306.4	2.19(15.6℃)	0.540	0.131		21.3
三氯甲烷	CHCl₃	1489	61.2	253.7	0.992	0.58	0.138(30℃)	12.6	28.5(10℃)
甲氯化碳	CCl₄	1594	76.8	195	0.850	1.0	0.12		26.8
1,2-二氯乙烷	C₂H₄Cl₂	1253	83.6	324	1.260	0.83	0.14(60℃)		30.8
苯	C₆H₆	879	80.10	393.9	1.704	0.737	0.148	12.4	28.6
甲苯	C₇H₈	867	110.63	363	1.70	0.675	0.138	10.9	27.9
邻二甲苯	C₈H₁₀	880	144.42	347	1.74	0.811	0.142		30.2
间二甲苯	C₈H₁₀	864	139.10	343	1.70	0.611	0.167	10.1	29.0
对二甲苯	C₈H₁₀	861	138.35	340	1.704	0.643	0.129		28.0
苯乙烯	C₈H₉	911(15.6℃)	145.2	352	1.733	0.72			
氯苯	C₆H₅Cl	1106	131.8	325	1.298	0.85	1.14(30℃)		32
硝基苯	C₆H₅NO₂	1203	210.9	396	1.47	2.1	0.15		41
苯胺	C₆H₅NH₂	1022	184.4	448	2.07	4.3	0.17	8.5	42.0
酚	C₆H₅OH	1050(50℃)	181.8(熔点40.9℃)	511		3.4(50℃)			
萘	C₁₆H₈	1145(固体)	217.9(熔点80.2℃)	314	1.80(100℃)	0.59(100℃)			
甲醇	CH₃OH	791	64.7	1101	2.48	0.6	0.212	12.2	22.6
乙醇	C₂H₅OH	789	78.3	846	2.39	1.15	0.172	11.6	22.8
乙醇(95%)		804	78.2			1.4			
乙二醇	C₂H₄(OH)₂	1113	197.6	780	2.35	23			47.7
甘油	C₃H₅(OH)₃	1261	290(分解)	—		1499	0.59	5.3	63
乙醚	(C₂H₅)₂O	714	34.6	360	2.34	0.24	0.14	16.3	8

续表

名称	分子式	密度(20℃) /(kg/m³)	沸点(101.3 kPa)/℃	汽化热 /(kJ/kg)	比热容 (20℃)/[kJ/ (kg·℃)]	黏度(20℃) /mPa·s	热导率 (20℃)/[W /(m·℃)]	体积膨胀 系数 $\beta \times$ 10^4(20℃) /℃$^{-1}$	表面张力 $\sigma \times 10^3$(20℃) /(N/m)
乙醛	CH_3CHO	783(18℃)	20.2	574	1.9	1.3(18℃)			21.2
糠醛	$C_5H_4O_2$	1168	161.7	452	1.6	1.15(50℃)			43.5
丙酮	CH_3COCH_3	792	56.2	523	2.35	0.32	0.17		23.7
甲酸	$HCOOH$	1220	100.7	494	2.17	1.9	0.26		27.8
乙酸	CH_3COOH	1049	118.1	406	1.99	1.3	0.17	10.7	23.9
乙酸乙酯	$CH_3COOC_2H_5$	901	77.1	368	1.92	0.48	0.14(10℃)		
煤油		780~820				3	0.15	10.0	
汽油		680~800				0.7~0.8	0.19(30℃)	12.5	

附录四　干空气的物理性质（101.33kPa）

温度 t/℃	密度 ρ/(kg/m³)	比热容 c_p /[kJ/(kg·℃)]	热导率 $k\times 10^2$ /[W/(m·℃)]	黏度 $\mu \times 10^5$/Pa·s	普朗特数 Pr
−50	1.584	1.013	2.035	1.46	0.728
−40	1.515	1.013	2.117	1.52	0.728
−30	1.453	1.013	2.198	1.57	0.723
−20	1.395	1.009	2.279	1.62	0.716
−10	1.342	1.009	2.360	1.67	0.712
0	1.293	1.005	2.442	1.72	0.707
10	1.247	1.005	2.512	1.77	0.705
20	1.205	1.005	2.593	1.81	0.703
30	1.165	1.005	2.675	1.86	0.701
40	1.128	1.005	2.756	1.91	0.699
50	1.093	1.005	2.826	1.96	0.698
60	1.060	1.005	2.896	2.01	0.696
70	1.029	1.009	2.966	2.06	0.694
80	1.000	1.009	3.047	2.11	0.692
90	0.972	1.009	3.128	2.15	0.690
100	0.946	1.009	3.210	2.19	0.688
120	0.898	1.009	3.338	2.29	0.686
140	0.854	1.013	3.489	2.37	0.684
160	0.815	1.017	3.640	2.45	0.682
180	0.779	1.022	3.780	2.53	0.681
200	0.746	1.026	3.931	2.60	0.680
250	0.674	1.038	4.288	2.74	0.677

续表

温度 t/℃	密度 ρ/(kg/m³)	比热容 c_p /[kJ/(kg·℃)]	热导率 $k\times10^2$ /[W/(m·℃)]	黏度 $\mu\times10^5$/Pa·s	普朗特数 Pr
300	0.615	1.048	4.605	2.97	0.674
350	0.566	1.059	4.908	3.14	0.676
400	0.524	1.068	5.210	3.31	0.678
500	0.456	1.093	5.745	3.62	0.687
600	0.404	1.114	6.222	3.91	0.699
700	0.362	1.135	6.711	4.18	0.706
800	0.329	1.156	7.176	4.43	0.713
900	0.301	1.172	7.630	4.67	0.717
1000	0.277	1.185	8.041	4.90	0.719
1100	0.257	1.197	8.502	5.12	0.722
1200	0.239	1.206	9.153	5.35	0.724

附录五　水的物理性质

温度/℃	饱和蒸气压/kPa	密度/(kg/m³)	焓/(kJ/kg)	比热容/[kJ/(kg·℃)]	热导率 $k\times10^2$/[W/(m·℃)]	黏度 $\mu\times10^5$/Pa·s	体积膨胀系数 $\beta\times10^4$/℃⁻¹	表面张力 $\sigma\times10^5$/(N/m)	普朗特数 Pr
0	0.6082	999.9	0	4.212	55.13	179.21	−0.63	75.6	13.66
10	1.2262	999.7	42.04	4.191	57.45	130.77	0.70	74.1	9.52
20	2.3346	998.2	83.90	4.183	59.89	100.50	1.82	72.6	7.01
30	4.2474	995.7	125.69	4.174	61.76	80.07	3.21	71.2	5.42
40	7.3766	992.2	167.51	4.174	63.38	65.60	3.87	69.6	4.32
50	12.34	988.1	209.30	4.174	64.78	54.94	4.49	67.7	3.54
60	19.923	983.2	251.12	4.178	65.94	46.88	5.11	66.2	2.98
70	31.164	977.8	292.99	4.187	66.76	40.61	5.70	64.3	2.54
80	47.379	971.8	334.94	4.195	67.45	35.65	6.32	62.6	2.22
90	70.136	965.3	376.98	4.208	68.04	31.65	6.95	60.7	1.96
100	101.33	958.4	419.10	4.220	68.27	28.38	7.52	58.8	1.76
110	143.31	951.0	461.34	4.238	68.50	25.89	8.08	56.9	1.61
120	198.64	943.1	503.67	4.260	68.62	23.73	8.64	54.8	1.47
130	270.25	934.8	546.38	4.266	68.62	21.77	9.17	52.8	1.36
140	361.47	926.1	589.08	4.287	68.50	20.10	9.72	50.7	1.26
150	476.24	917.0	632.20	4.312	68.38	18.63	10.3	48.6	1.18
160	618.28	907.4	675.33	4.346	68.27	17.36	10.7	46.6	1.11
170	792.59	897.3	719.29	4.379	67.92	16.28	11.3	45.3	1.05
180	1003.5	886.9	763.25	4.417	67.45	15.30	11.9	42.3	1.00
190	1255.6	876.0	807.63	4.460	66.99	14.42	12.6	40.0	0.96

续表

温度/℃	饱和蒸气压/kPa	密度/(kg/m³)	焓/(kJ/kg)	比热容/[kJ/(kg·℃)]	热导率$k\times10^2$/[W/(m·℃)]	黏度$\mu\times10^5$/Pa·s	体积膨胀系数$\beta\times10^4$/℃$^{-1}$	表面张力$\sigma\times10^5$/(N/m)	普朗特数Pr
200	1554.77	863.0	852.43	4.505	66.29	13.63	13.3	37.7	0.93
210	1917.72	852.8	897.65	4.555	65.48	13.04	14.1	35.4	0.91
220	2320.88	840.3	943.70	4.614	64.55	12.46	14.8	33.1	0.89
230	2798.59	827.3	990.18	4.681	63.73	11.97	15.9	31	0.88
240	3347.91	813.6	1037.49	4.756	62.80	11.47	16.8	28.5	0.87
250	3977.67	799.0	1085.64	4.844	61.76	10.98	18.1	26.2	0.86
260	4693.75	784.0	1135.04	4.949	60.48	10.59	19.7	23.8	0.87
270	5503.99	767.9	1185.28	5.070	59.96	10.20	21.6	21.5	0.88
280	6417.24	750.7	1236.28	5.229	57.45	9.81	23.7	19.1	0.89
290	7443.29	732.3	1289.95	5.485	55.82	9.42	26.2	16.9	0.93
300	8592.94	712.5	1344.80	5.736	53.96	9.12	29.2	14.4	0.97
310	9877.6	691.1	1402.16	6.071	52.3	8.83	32.9	12.1	1.02
320	11300.3	667.1	1462.03	6.573	50.59	8.3	38.2	9.81	1.11
330	12879.6	640.2	1526.19	7.243	48.73	8.14	43.3	7.67	1.22
340	14615.8	610.1	1594.75	8.164	45.71	7.75	53.4	5.67	1.38
350	16538.5	574.4	1671.37	9.504	43.03	7.26	66.8	3.81	1.60
360	18667.1	528.0	1761.39	13.984	39.54	6.67	109	2.02	2.36
370	21040.9	450.5	1892.43	40.319	33.73	5.69	264	0.471	6.80

附录六 饱和水蒸气表（以温度为准）

温度/℃	绝对压力		蒸汽的密度/(kg/m³)	焓				汽化热	
	kgf/cm²	kPa		液体		蒸汽			
				kcal/kg	kJ/kg	kcal/kg	kJ/kg	kcal/kg	kJ/kg
0	0.0062	0.6082	0.00484	0	0	595	2491.1	595	2491.1
5	0.0089	0.8730	0.00680	5.0	20.94	597.3	2500.8	592.3	2479.9
10	0.0125	1.2262	0.00940	10.0	41.87	599.6	2510.4	589.6	2468.5
15	0.0174	1.7068	0.01283	15.0	62.80	602.0	2520.5	587.0	2457.7
20	0.0238	2.3346	0.01719	20.0	83.74	604.3	2530.1	584.3	2446.3
25	0.0323	3.1684	0.02304	25.0	104.67	606.6	2539.7	581.6	2435.0
30	0.0433	4.2474	0.03036	30.0	125.60	608.9	2549.3	578.9	2423.7
35	0.0573	5.6207	0.03960	35.0	146.54	611.2	2559.0	576.2	2412.4
40	0.0752	7.3766	0.05114	40.0	167.47	613.5	2568.6	573.5	2401.1
45	0.0977	9.5837	0.06543	45.0	188.41	615.7	2577.8	570.7	2389.4
50	0.1258	12.340	0.0830	50.0	209.34	618.0	2587.4	568.0	2378.1
55	0.1605	15.743	0.1043	55.0	230.27	620.2	2596.7	565.2	2366.4
60	0.2031	19.923	0.1301	60.0	251.21	622.5	2606.3	562.0	2355.1

续表

温度/℃	绝对压力		蒸汽的密度/(kg/m³)	焓				汽化热	
	kgf/cm²	kPa		液体		蒸汽		kcal/kg	kJ/kg
				kcal/kg	kJ/kg	kcal/kg	kJ/kg		
65	0.2550	25.014	0.1611	65.0	272.14	624.7	2615.5	559.7	2343.4
70	0.3177	31.164	0.1979	70.0	293.08	626.8	2624.3	556.8	2331.2
75	0.393	38.551	0.2416	75.0	314.01	629.0	2633.5	554.0	2319.5
80	0.483	47.379	0.2929	80.0	334.94	631.1	2642.3	551.2	2307.8
85	0.590	57.875	0.3531	85.0	355.88	633.2	2651.1	548.2	2295.2
90	0.715	70.136	0.4229	90.0	376.81	635.3	2659.9	545.3	2283.1
95	0.862	84.556	0.5039	95.0	397.75	637.4	2668.7	542.4	2270.9
100	1.033	101.33	0.5970	100.0	418.68	639.4	2677.0	539.4	2258.4
105	1.232	120.85	0.7036	105.1	440.03	641.3	2685.0	536.3	2245.4
110	1.461	143.31	0.8254	110.1	460.97	643.3	2693.4	533.1	2232.0
115	1.724	169.11	0.9635	115.2	482.32	645.2	2701.3	531.0	2219.0
120	2.025	198.64	1.1199	120.3	503.67	647.0	2708.9	526.6	2205.2
125	2.367	232.19	1.296	125.4	525.02	648.8	2716.4	523.5	2191.8
130	2.755	270.25	1.494	130.5	546.38	650.6	2723.9	520.1	2177.6
135	3.192	313.11	1.715	135.6	567.73	652.3	2731.0	516.7	2163.3
140	3.685	361.47	1.962	140.7	589.08	653.9	2737.7	513.2	2148.7
145	4.238	415.72	2.238	145.9	610.85	655.5	2744.4	509.7	2134.0
150	4.855	476.24	2.543	151.0	632.21	657.0	2750.7	506.0	2118.5
160	6.303	618.28	3.252	161.4	675.75	659.9	2762.9	498.5	2087.1
170	8.080	792.59	4.113	171.8	719.29	662.4	2773.3	490.6	2054.0
180	10.23	1003.5	5.145	182.3	763.25	664.6	2782.5	482.3	2019.3
190	12.80	1255.6	6.378	192.9	807.64	666.4	2790.1	473.5	1982.4
200	15.85	1554.77	7.840	203.5	852.01	667.7	2795.5	464.2	1943.5
210	19.55	1917.72	9.567	214.3	897.23	668.6	2799.3	454.4	1902.5
220	23.66	2320.88	11.60	225.1	942.45	669.0	2801.0	443.9	1858.5
230	28.53	2798.59	13.98	236.1	988.50	668.8	2800.1	432.7	1811.6
240	34.13	3347.91	16.76	247.1	1034.56	668.0	2796.8	420.8	1761.8
250	40.55	3977.67	20.01	258.3	1081.45	664.0	2790.1	408.1	1708.6
260	47.85	4693.75	23.82	269.6	1128.76	664.2	2780.9	394.5	1651.7
270	56.11	5503.99	28.27	281.1	1176.91	661.2	2768.3	380.1	1591.4
280	65.42	6417.24	33.47	292.7	1225.48	657.3	2752.0	364.6	1526.5
290	75.88	7443.29	39.60	304.4	1274.46	652.6	2732.3	348.1	1457.4
300	87.6	8592.94	46.93	316.6	1325.54	646.8	2708.0	330.2	1382.5
310	100.7	9877.96	55.59	329.3	1378.71	640.1	2680.0	310.8	1301.3
320	115.2	11300.3	65.95	343.0	1436.07	632.5	2648.2	289.5	1212.1
330	131.3	12879.6	78.53	357.5	1446.78	623.5	2610.5	266.6	1116.2
340	149.0	14615.8	93.98	373.3	1562.93	613.5	2568.6	240.2	1005.7
350	168.6	16538.5	113.2	390.8	1636.20	601.1	2516.7	210.3	880.5
360	190.3	18667.1	139.6	413.0	1729.15	583.4	2442.6	170.3	713.0
370	214.5	21040.9	171.0	451.0	1888.25	549.8	2301.9	98.2	411.1
374	225	22070.9	322.6	501.1	2098.0	501.1	2098.0	0	0

附录七　饱和水蒸气表（以用 kPa 为单位的压力为准）

绝对压力/kPa	温度/℃	蒸汽的密度/(kg/m³)	焓/(kJ/kg)		汽化热/(kJ/kg)
			液体	蒸汽	
1. 0	6. 3	0.00773	26. 48	2503. 1	2476. 8
1. 5	12. 5	0.01133	52. 26	2515. 3	2463. 0
2. 0	17. 0	0.01486	71. 21	2524. 2	2452. 9
2. 5	20. 9	0.01836	87. 45	2531. 8	2444. 3
3. 0	23. 5	0.02179	98. 38	2536. 8	2438. 4
3. 5	26. 1	0.02523	109. 30	2541. 8	2432. 5
4. 0	28. 7	0.02867	120. 23	2546. 8	2426. 6
4. 5	30. 8	0.03205	129. 00	2550. 9	2421. 9
5. 0	32. 4	0.03537	135. 69	2554. 0	2418. 3
6. 0	35. 6	0.04200	149. 06	2560. 1	2411. 0
7. 0	38. 8	0.04864	162. 44	2566. 3	2403. 8
8. 0	41. 3	0.05514	172. 73	2571. 0	2398. 2
9. 0	43. 3	0.06156	181. 16	2574. 8	2393. 6
10. 0	45. 3	0.06798	189. 59	2578. 5	2388. 9
15. 0	53. 5	0.09956	224. 03	2594. 0	2370. 0
20. 0	60. 1	0.13068	251. 51	2606. 4	2854. 9
30. 0	66. 5	0.19093	288. 77	2622. 4	2333. 7
40. 0	75. 0	0.24975	315. 93	2634. 1	2312. 2
50. 0	81. 2	0.30799	339. 80	2644. 3	2304. 5
60. 0	85. 6	0.36514	358. 21	2652. 1	2393. 9
70. 0	89. 9	0.42229	376. 61	2659. 8	2283. 2
80. 0	93. 2	0.47807	390. 08	2665. 3	2275. 3
90. 0	96. 4	0.53384	403. 49	2670. 8	2267. 4
100. 0	99. 6	0.58961	416. 90	2676. 3	2259. 5
120. 0	104. 5	0.69868	437. 51	2684. 3	2246. 8
140. 0	109. 2	0.80758	457. 67	2692. 1	2234. 4
160. 0	113. 0	0.82981	473. 88	2698. 1	2224. 2
180. 0	116. 6	1.0209	489. 32	2703. 7	2214. 3
200. 0	120. 2	1.1273	493. 71	2709. 2	2204. 6
250. 0	127. 2	1.3904	534. 39	2719. 7	2185. 4

绝对压力/kPa	温度/℃	蒸汽的密度/(kg/m³)	焓/(kJ/kg)		汽化热/(kJ/kg)
			液体	蒸汽	
300.0	133.3	1.6501	560.38	2728.5	2168.1
350.0	138.8	1.9074	583.76	2736.1	2152.3
400.0	143.4	2.1618	603.61	2742.1	2138.5
450.0	147.7	2.4152	622.42	2747.8	2125.4
500.0	151.7	2.6673	639.59	2752.8	2113.2
600.0	158.7	3.1686	670.22	2761.4	2091.1
700.0	164.7	3.6657	696.27	2767.8	2071.5
800.0	170.4	4.1614	720.96	2773.7	2052.7
900.0	175.1	4.6525	741.82	2778.1	2036.2
1×10^3	179.9	5.1432	762.68	2782.5	2019.7
1.1×10^3	180.2	5.6339	780.34	2785.5	2005.1
1.2×10^3	187.8	6.1241	797.92	2788.5	1990.6
1.3×10^3	191.5	6.6141	814.25	2790.9	1976.7
1.4×10^3	194.8	7.1038	829.06	2792.4	1963.7
1.5×10^3	198.2	7.5935	843.86	2794.5	1950.7
1.6×10^3	201.3	8.0814	857.77	2796.0	1938.2
1.7×10^3	204.1	8.5674	870.58	2797.1	1926.5
1.8×10^3	206.9	9.0533	833.39	2798.1	1914.8
1.9×10^3	209.8	9.5392	896.21	2799.2	1903.0
2×10^3	212.2	10.0388	907.32	2799.7	1892.4
3×10^3	233.7	15.0075	1005.4	2798.9	1793.5
4×10^3	250.3	20.0969	1082.9	2789.8	1706.8
5×10^3	263.8	25.3663	1146.9	2776.2	1629.2
6×10^3	275.4	30.8494	1203.2	2759.5	1556.3
7×10^3	285.7	36.5744	1253.2	2740.8	1487.6
8×10^3	294.8	42.5768	1299.2	2720.5	1403.7
9×10^3	303.2	48.8945	1343.5	2699.1	1356.6
10×10^3	310.9	55.5407	1384.0	2677.1	1293.1
12×10^3	324.5	70.3075	1463.3	2631.2	1167.7
14×10^3	336.5	87.3020	1567.9	2583.2	1043.4
16×10^3	347.2	107.8010	1615.8	2531.1	915.4
18×10^3	356.9	134.4813	1699.8	2466.0	766.1
20×10^3	365.6	176.5961	1817.8	2364.2	544.9

附录八 水在不同温度下的黏度

温度/℃	黏度/mPa·s	温度/℃	黏度/mPa·s	温度/℃	黏度/mPa·s
0	1.7921	33	0.7523	67	0.4233
1	1.7313	34	0.7371	68	0.4174
2	1.6728	35	0.7225	69	0.4117
3	1.6191	36	0.7085	70	0.4061
4	1.5674	37	0.6947	71	0.4006
5	1.5188	38	0.6814	72	0.3952
6	1.4728	39	0.6685	73	0.3900
7	1.4284	40	0.6560	74	0.3849
8	1.3860	41	0.6439	75	0.3799
9	1.3462	42	0.6321	76	0.3750
10	1.3077	43	0.6207	77	0.3702
11	1.2713	44	0.6097	78	0.3655
12	1.2363	45	0.5988	79	0.3610
13	1.2028	46	0.5883	80	0.3565
14	1.1709	47	0.5782	81	0.3521
15	1.1403	48	0.5683	82	0.3478
16	1.1111	49	0.5588	83	0.3436
17	1.0828	50	0.5494	84	0.3395
18	1.0559	51	0.5404	85	0.3355
19	1.0299	52	0.5315	86	0.3315
20	1.0050	53	0.5229	87	0.3276
20.2	1.0000	54	0.5146	88	0.3239
21	0.9810	55	0.5064	89	0.3202
22	0.9579	56	0.4985	90	0.3165
23	0.9359	57	0.4907	91	0.3130
24	0.9142	58	0.4832	92	0.3095
25	0.8973	59	0.4759	93	0.3060
26	0.8737	60	0.4688	94	0.3027
27	0.8545	61	0.4618	95	0.2994
28	0.8360	62	0.4550	96	0.2962
29	0.8180	63	0.4483	97	0.2930
30	0.8007	64	0.4418	98	0.2899
31	0.7840	65	0.4355	99	0.2868
32	0.7679	66	0.4293	100	0.2838

附录九　液体的黏度共线图

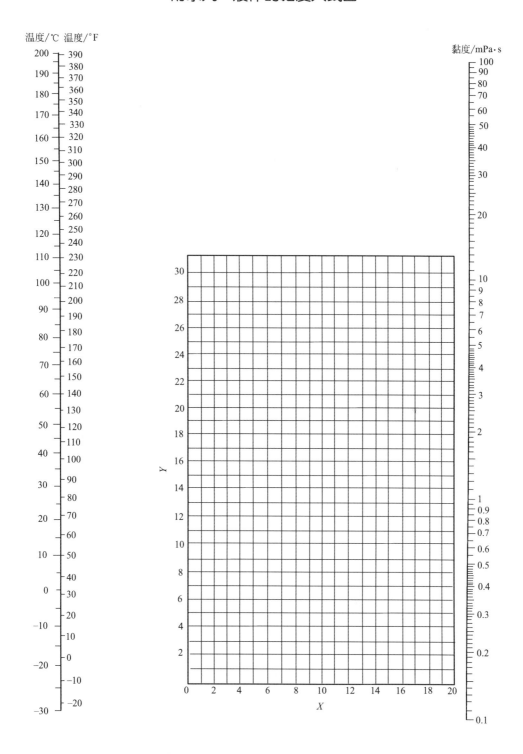

液体的黏度共线图的坐标值列于下表

序号	名称	X	Y	序号	名称	X	Y
1	水	10.2	13.0	31	乙苯	13.2	11.5
2	盐水(25%NaCl)	10.2	16.6	32	氯苯	12.3	12.4
3	盐水(25%CaCl₂)	6.6	15.9	33	硝基苯	10.6	16.2
4	氨	12.6	2.2	34	苯胺	8.1	18.7
5	氨水(26%)	10.1	13.9	35	酚	6.9	20.8
6	二氧化碳	11.6	0.3	36	联苯	12.0	18.3
7	二氧化硫	15.2	7.1	37	萘	7.9	18.1
8	二硫化碳	16.1	7.5	38	甲醇(100%)	12.4	10.5
9	溴	14.2	18.2	39	甲醇(90%)	12.3	11.8
10	汞	18.4	16.4	40	甲醇(40%)	7.8	15.5
11	硫酸(110%)	7.2	27.4	41	乙醇(100%)	10.5	13.8
12	硫酸(100%)	8.0	25.1	42	乙醇(95%)	9.8	14.3
13	硫酸(98%)	7.0	24.8	43	乙醇(40%)	6.5	16.6
14	硫酸(60%)	10.2	21.3	44	乙二醇	6.0	23.6
15	硝酸(95%)	12.8	13.8	45	甘油(100%)	2.0	30.0
16	硝酸(60%)	10.8	17.0	46	甘油(50%)	6.9	19.6
17	盐酸(31.5%)	13.0	16.6	47	乙醚	14.5	5.3
18	氢氧化钠(50%)	3.2	25.8	48	乙醛	15.2	14.8
19	戊烷	14.9	5.2	49	丙酮	14.5	7.2
20	己烷	14.7	7.0	50	甲酸	10.7	15.8
21	庚烷	14.1	8.4	51	乙酸(100%)	12.1	14.2
22	辛烷	13.7	10.0	52	乙酸(70%)	9.5	17.0
23	三氯甲烷	14.4	10.2	53	乙酸酐	12.7	12.8
24	四氯化碳	12.7	13.1	54	乙酸乙酯	13.7	9.1
25	二氯乙烷	13.2	12.2	55	乙酸戊酯	11.8	12.5
26	苯	12.5	10.9	56	氟里昂-11	14.4	9.0
27	甲苯	13.7	10.4	57	氟里昂-12	16.8	5.6
28	邻二甲苯	13.5	12.1	58	氟里昂-21	15.7	7.5
29	间二甲苯	13.9	10.6	59	氟里昂-22	17.2	4.7
30	对二甲苯	13.9	10.9	60	煤油	10.2	16.9

用法举例：求苯在 60℃时的黏度，从本表序号 26 查得苯的 $X=12.5$，$Y=10.9$。把这两个数值标在前页共线图的 X-Y 坐标上得一点，把这点与图中左方温度标尺上 60℃的点连成一直线，延长，与右方黏度标尺相交，由此交点定出 60℃苯的黏度为 0.42mPa·s。

附录十　101.33kPa 压力下气体的黏度共线图

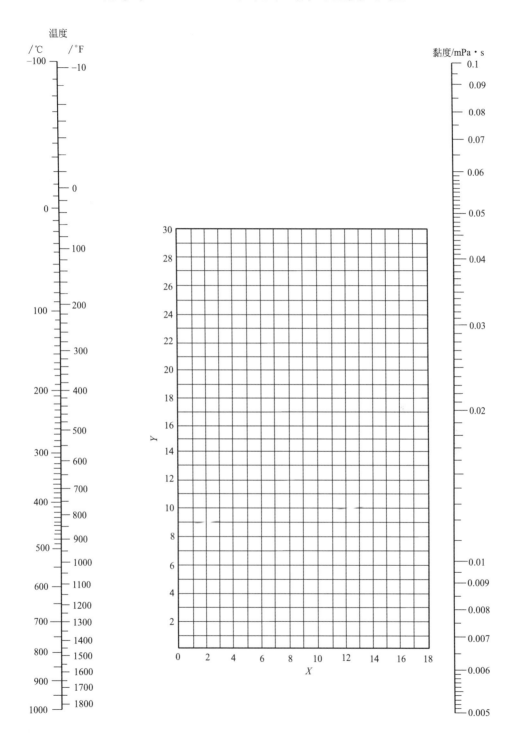

气体的黏度共线图坐标值列于下表

序号	名称	X	Y	序号	名称	X	Y
1	空气	11.0	20.0	21	乙炔	9.8	14.9
2	氧气	11.0	21.3	22	丙烷	9.7	12.9
3	氮气	10.6	20.0	23	丙烯	9.0	13.8
4	氢气	11.2	12.4	24	丁烯	9.2	13.7
5	$3H_2+N_2$	11.2	17.2	25	戊烷	7.0	12.8
6	水蒸气	8.0	16.0	26	己烷	8.6	11.8
7	二氧化碳	9.5	18.7	27	三氯甲烷	8.9	15.7
8	一氧化碳	11.0	20.0	28	苯	8.5	13.2
9	氨气	8.4	16.0	29	甲苯	8.6	12.4
10	硫化氢	8.6	18.0	30	甲醇	8.5	15.6
11	二氧化硫	9.6	17.0	31	乙醇	9.2	14.2
12	二硫化碳	8.0	16.0	32	丙醇	8.4	13.4
13	一氧化二氮	8.8	19.0	33	乙酸	7.7	14.3
14	一氧化氮	10.9	20.5	34	丙酮	8.9	13.0
15	氟气	7.3	23.8	35	乙醚	8.9	13.0
16	氯气	9.0	18.4	36	乙酸乙酯	8.5	13.2
17	氯化氢	8.8	18.7	37	氟里昂-11	10.6	15.1
18	甲烷	9.9	15.5	38	氟里昂-12	11.1	16.0
19	乙烷	9.1	14.5	39	氟里昂-21	10.8	15.3
20	乙烯	9.5	15.1	40	氟里昂-22	10.1	17.0

附录十一 液体的比热容

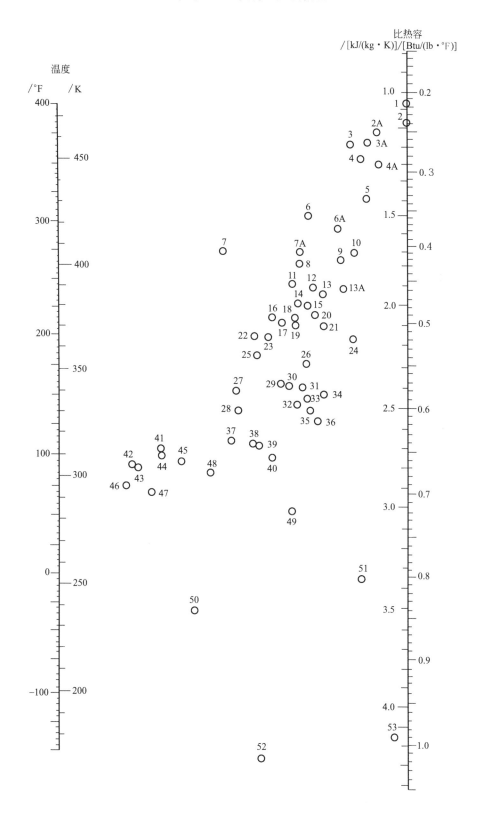

液体比热容共线图中的编号列于下表

编号	名称	温度范围/℃	编号	名称	温度范围/℃
53	水	10~200	35	己烷	−80~20
51	盐水(25%NaCl)	−40~20	28	庚烷	0~60
49	盐水(25%CaCl₂)	−40~20	33	辛烷	−50~−25
52	氨	−70~50	34	壬烷	−50~25
11	二氧化硫	−20~100	21	癸烷	−80~25
2	二氧化碳	−100~25	13A	氯甲烷	−80~20
9	硫酸(98%)	10~45	5	二氯甲烷	−40~50
48	盐酸(30%)	20~100	4	三氯甲烷	0~50
22	二苯基甲烷	30~100	46	乙醇(95%)	20~80
3	四氯化碳	10~60	50	乙醇(50%)	20~80
13	氯乙烷	−30~40	45	丙醇	−20~100
1	溴乙烷	5~25	47	异丙醇	20~50
7	碘乙烷	0~100	44	丁醇	0~100
6A	二氯乙烷	−30~60	43	异丁醇	0~100
3	过氯乙烯	−30~140	37	戊醇	−50~25
23	苯	10~80	41	异戊醇	10~100
23	甲苯	0~60	39	乙二醇	−40~200
17	对二甲苯	0~100	38	甘油	−40~20
18	间二甲苯	0~100	27	苯甲醇	−20~30
19	邻二甲苯	0~100	36	乙醚	−100~25
8	氯苯	0~100	31	异丙醚	−80~200
12	硝基苯	0~100	32	丙酮	20~50
30	苯胺	0~130	29	乙酸	0~80
10	苯甲基氯	−30~30	24	乙酸乙酯	−50~25
25	乙苯	0~100	26	乙酸戊酯	−20~70
15	联苯	80~120	20	吡啶	−40~15
16	联苯醚	0~200	2A	氟里昂-11	−20~70
16	道舍姆 A(Dowtherm A)(联苯-联苯醚)	0~200	6	氟里昂-12	−40~15
14	萘	−90~200	4A	氟里昂-21	−20~70
40	甲醇	−40~20	7A	氟里昂-22	−20~60
42	乙醇(100%)	30~80	3A	氟里昂-113	−20~70

　　用法举例：求丙醇在 47℃（320K）（$T=t+273$K）时的比热容，从本表找到丙醇的编号为 45，通过图中标号 45 的圆圈与图中左边温度标尺上 320K 的点连成直线并延长与右边比热容标尺相交，由此交点定出 320K 时丙醇的比热容为 2.71kJ/(kg·K)。

附录十二   101.33kPa 压力下气体的比热容

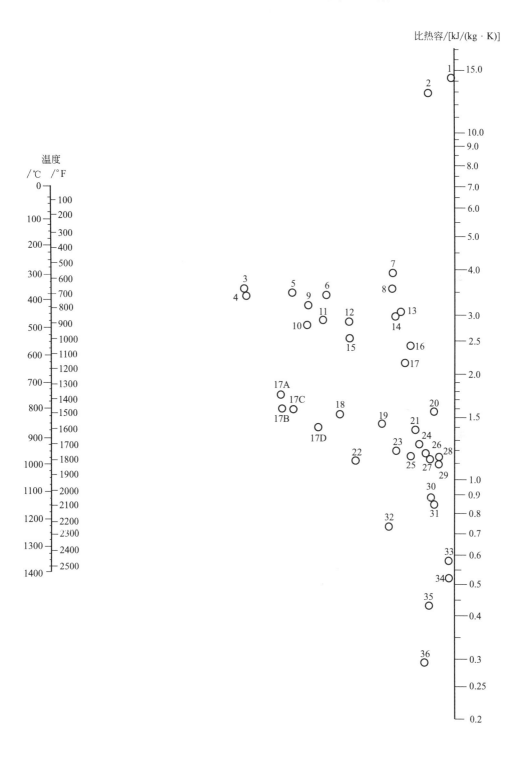

气体比热容共线图中的编号列于下表

编号	气体	温度范围/K	编号	气体	温度范围/K
10	乙炔	273～473	1	氢气	273～873
15	乙炔	473～673	2	氢气	873～1673
16	乙炔	673～1673	35	溴化氢	273～1673
27	空气	273～1673	30	氯化氢	273～1673
12	氨	273～873	20	氟化氢	273～1673
14	氨	873～1673	36	碘化氢	273～1673
18	二氧化碳	273～673	19	硫化氢	273～973
24	二氧化碳	673～1673	21	硫化氢	973～1673
26	一氧化碳	273～1673	5	甲烷	273～573
32	氯气	273～473	6	甲烷	573～973
34	氯气	473～1673	7	甲烷	973～1673
3	乙烷	273～473	25	一氧化氮	273～973
9	乙烷	473～873	28	一氧化氮	973～1673
8	乙烷	873～1673	26	氮气	273～1673
4	乙烯	273～473	23	氧气	273～773
11	乙烯	473～873	29	氧气	773～1673
13	乙烯	873～1673	33	硫	573～1673
17B	氟里昂-11(CCl_3F)	273～423	22	二氧化硫	272～673
17C	氟里昂-21($CHCl_2F$)	273～423	31	二氧化硫	673～1673
17A	氟里昂-22($CHClF_2$)	273～423	17	水	273～1673
17D	氟里昂-113($CCl_2F—CClF_2$)	273～423			

注：$T=t+273K$。

附录十三　蒸发潜热（汽化热）

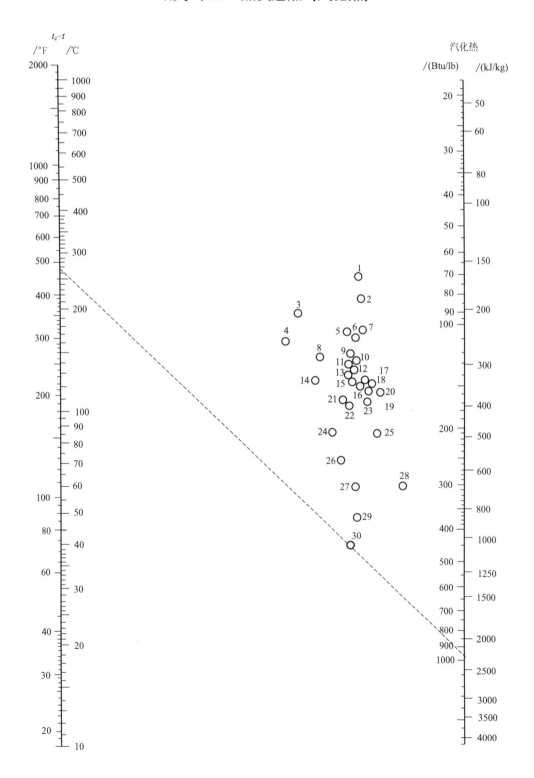

蒸发潜热共线图中的编号列于下表

编号	化合物	范围(t_c-t)/℃	临界温度 t_c/℃
18	乙酸	100～225	321
22	丙酮	120～210	235
29	氨	50～200	133
13	苯	10～400	289
16	丁烷	90～200	153
21	二氧化碳	10～100	31
4	二硫化碳	140～275	273
2	四氯化碳	30～250	283
7	三氯甲烷	140～275	263
8	二氯甲烷	150～250	216
3	联苯	175～400	527
25	乙烷	25～150	32
26	乙醇	20～140	243
28	乙醇	140～300	243
17	氯乙烷	100～250	187
13	乙醚	10～400	194
2	氟里昂-11(CCl_3F)	70～250	198
2	氟里昂-12(CCl_2F_2)	40～200	111
5	氟里昂-21($CHCl_2F$)	70～250	178
6	氟里昂-22($CHClF_2$)	50～170	96
1	氟里昂-113($CCl_2F—CClF_2$)	90～250	214
10	庚烷	20～300	267
11	己烷	50～225	235
15	异丁烷	80～200	134
27	甲醇	40～250	240
20	氯甲烷	70～250	143
19	一氧化二氮	25～150	36
9	辛烷	30～300	296
12	戊烷	20～200	197
23	丙烷	40～200	96
24	丙醇	20～200	264
14	二氧化硫	90～160	157
30	水	10～500	374

【例】 求100℃水蒸气的蒸发潜热。

解：从表中查出水的编号为30，临界温度 t_c 为374℃，故

$$t_c-t=374-100=274 \text{（℃）}$$

在温度标尺上找出相应于274℃的点，将该点与编号30的点相连，延长与蒸发潜热标尺相交，由此读出100℃时水的蒸发潜热为2257kJ/kg。

附录十四　某些有机液体的相对密度（液体密度与 4℃水的密度之比）

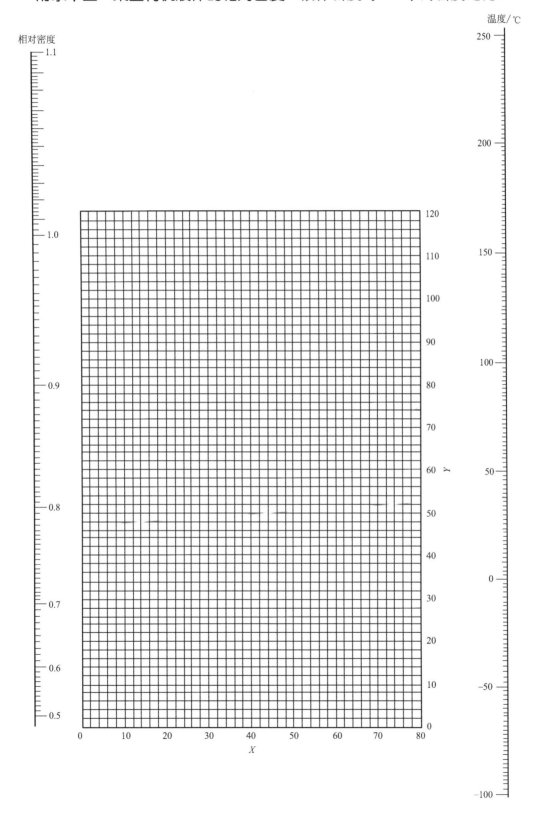

有机液体相对密度共线图的坐标值

有机液体	X	Y	有机液体	X	Y
乙炔	20.8	10.1	甲酸乙酯	37.6	68.4
乙烷	10.8	4.4	甲酸丙酯	33.8	66.7
乙烯	17.0	3.5	丙烷	14.2	12.2
乙醇	24.2	48.6	丙酮	26.1	47.8
乙醚	22.8	35.8	丙醇	23.8	50.8
乙丙醚	20.0	37.0	丙酸	35.0	83.5
乙硫醇	32.0	55.5	丙酸甲酯	36.5	68.3
乙硫醚	25.7	55.3	丙酸乙酯	32.1	63.9
二乙胺	17.8	33.5	戊烷	12.6	22.6
二氧化碳	78.6	45.4	异戊烷	13.5	22.5
异丁烷	13.7	16.5	辛烷	12.7	32.5
丁酸	31.3	78.7	庚烷	12.6	29.8
丁酸甲酯	31.5	65.5	苯	32.7	63.0
异丁酸	31.5	75.9	苯酚	35.7	103.8
丁酸(异)甲酯	33.0	64.1	苯胺	33.5	92.5
十一烷	14.4	39.2	氯苯	41.9	86.7
十二烷	14.3	41.4	癸烷	16.0	38.2
十三烷	15.3	42.4	氨	22.4	24.6
十四烷	15.8	43.3	氯乙烷	42.7	62.4
三乙烷	17.9	37.0	氯甲烷	52.3	62.9
三氯化磷	38.0	22.1	氯苯	41.7	105.0
己烷	13.5	27.0	氰丙烷	20.1	44.6
壬烷	16.2	36.5	氰甲烷	27.8	44.9
六氢吡啶	27.5	60.0	环己烷	19.6	44.0
甲乙醚	25.0	34.4	乙酸	40.6	93.5
甲醇	25.8	49.1	乙酸甲酯	40.1	70.3
甲硫醇	37.3	59.6	乙酸乙酯	35.0	65.0
甲硫醚	31.9	57.4	乙酸丙酯	33.0	65.5
甲醚	27.2	30.1	甲苯	27.0	61.0
甲酸甲酯	46.4	74.6	异戊醇	20.5	52.0

附录十五　管子规格（摘录）

（一）水、煤气输送钢管（摘自 YB 234—63）

公称直径		外径/mm	壁厚/mm	
mm	in		普通管	加厚管
6	1/8	10	2	2.5
8	1/4	13.5	2.25	2.75
10	3/8	17	2.25	2.75
15①	1/2	21.25	2.75	3.25
20①	3/4	26.75	2.75	3.5
25①	1	33.5	3.20	4
32①	1¼	42.25	3.25	4
40①	1½	48	3.5	4.25
50	2	60	3.5	4.5
70①	2½	75.5	3.75	4.5
80①	3	88.5	4	4.75
100①	4	114	4	5
125①	5	140	4.5	5.5
150	6	165	4.5	5.5

① 为常用规格，目前 1/2 in、3/4 in 供应很少。

注：1. YB 234—63"水、煤气输送管"适用于输送水、煤气及采暖系统和结构零件用的钢管。

2. 依表面情况分镀锌的白铁管和不镀锌的黑铁管；依带螺纹与否分带螺纹的锥形或圆柱形螺纹管与不带螺纹的光滑管；依壁厚分普通钢管和加厚钢管。

3. 无螺纹的黑铁管长度为 4～12m；带螺纹的白铁管长度为 4～9m。

（二）普通无缝钢管

热轧与无缝钢管（摘自 YB 231—64）

外径/mm	壁厚/mm		外径/mm	壁厚/mm	
	从	到		从	到
32	2.5	8	140	4.5	36
38	2.5	8	152	4.5	36
45	2.5	10	159	4.5	36
57	3.0	(13)	168	5.0	(45)
60	3.0	14	180	5.0	(45)
63.5	3.0	14	194	5.0	(45)
68	3.0	16	203	6.0	50
70	3.0	16	219	6.0	50
73	3.0	(19)	245	(6.5)	50
76	3.0	(19)	273	(6.5)	50
83	3.5	(24)	299	(7.5)	75
89	3.5	(24)	325	8.0	75
95	3.5	(24)	377	9.0	75
102	3.5	28	426	9.0	75
108	4.0	28	480	9.0	75
114	4.0	28	530	9.0	75
121	4.0	30	560	9.0	75
127	4.0	32	600	9.0	75
133	4.0	32	630	9.0	75

注：1. 壁厚（mm）有 2.5、2.8、3、3.5、4、4.5、5、5.5、6、(6.5)、7、(7.5)、8、(8.5)、9、(9.5)、10、11、12、(13)、14、(15)、16、(17)、18、(19)、20、22、(24)、25、(26)、28、30、32、(34)、(35)、36、(38)、40、(42)、(45)、(48)、50、56、60、63、(65)、70、75。

2. 括号内尺寸不推荐使用。

3. 钢管长度为 4～12.5m。

附录十六 泵的规格（摘录）

（一）IS 型单级单吸离心泵性能表

型号	转速 n /(r/min)	流量		扬程 H/m	效率 η/%	功率/kW		必需汽蚀余量 (NPSH)r/m	质量(泵/底座)/kg
		m³/h	L/s			轴功率	电机功率		
IS100-65-200	2900	60	16.7	54	65	13.6	22	3.0	81/110
		100	27.8	50	76	17.9		3.6	
		120	33.3	47	77	19.9		4.8	
	1450	30	8.33	13.5	60	1.84	4	2.0	81/64
		50	13.9	12.5	73	2.33		2.0	
		60	16.7	11.8	74	2.61		2.5	
IS100-65-250	2900	60	16.7	87	61	23.4	37	3.5	90/160
		100	27.8	80	72	30.0		3.8	
		120	33.3	74.5	73	33.3		4.8	
	1450	30	8.33	21.3	55	3.16	5.5	2.0	90/66
		50	13.9	20	68	4.00		2.0	
		60	16.7	19	70	4.44		2.5	

（二）Y 型离心油泵性能表

型号	流量 /(m³/h)	扬程 /m	转速 /(r/min)	功率/kW		效率 /%	汽蚀余量 /m	泵壳许用应力/Pa	结构形式	备注
				轴	电机					
50Y-60	12.5	60	2950	5.95	11	35	2.3	1570/2550	单级悬臂	
50Y-60A	11.2	49	2950	4.27	8			1570/2550	单级悬臂	
50Y-60B	9.9	38	2950	2.39	5.5	35		1570/2550	单级悬臂	
50Y-60×2	12.5	120	2950	11.7	15	35	2.3	2158/3138	两级悬臂	
50Y-60×2A	11.7	105	2950	9.55	15			2158/3138	两级悬臂	
50Y-60×2B	10.8	90	2950	7.65	1			2158/3138	两级悬臂	
50Y-60×2C	9.9	75	2950	5.9	8			2158/3138	两级悬臂	
65Y-60	25	60	2950	7.5	11	55	2.6	1570/2550	单级悬臂	泵壳许用应力内的分子表示第Ⅰ类材料相应的许用应力数，分母表示第Ⅱ、Ⅲ类材料相应的许用应力数
65Y-60A	22.5	49	2950	5.5	8			1570/2550	单级悬臂	
65Y-60B	19.8	38	2950	3.75	5.5			1570/2550	单级悬臂	
65Y-100	25	100	2950	17.0	32	40	2.6	1570/2550	单级悬臂	
65Y-100A	23	85	2950	13.3	20			1570/2550	单级悬臂	
65Y-100B	21	70	2950	10.0	15			1570/2550	单级悬臂	
65Y-100×2	25	200	2950	34	55	40	2.6	2942/3923	两级悬臂	
65Y-100×2A	23.3	175	2950	27.8	40			2942/3923	两级悬臂	
65Y-100×2B	21.6	150	2950	22.0	32			2942/3923	两级悬臂	
65Y-100×2C	19.8	125	2950	16.8	20			2942/3923	两级悬臂	
80Y-60	50	60	2950	12.8	15	64	3.0	1570/2550	单级悬臂	
80Y-60A	45	49	2950	9.4	11			1570/2550	单级悬臂	
80Y-60B	39.5	38	2950	6.5	8			1570/2550	单级悬臂	
80Y-100	50	100	2950	22.7	32	60	3.0	1961/2942	单级悬臂	
80Y-100A	45	85	2950	18.0	25			1961/2942	单级悬臂	
80Y-100B	39.5	70	2950	12.6	20			1961/2942	单级悬臂	
80Y-100×2	50	200	2950	45.4	75	60	3.0	2942/3923	单级悬臂	
80Y-100×2A	46.6	175	2950	37.0	55	60	3.0	2942/3923	两级悬臂	
80Y-100×2B	43.2	150	2950	29.5	40			2942/3923	两级悬臂	
80Y-100×2C	39.6	125	2950	22.7	32			2942/3923	两级悬臂	

注：与介质接触的且受温度影响的零件，根据介质的性质需要采用不同性质的材料，所以分为三种材料，但泵的结构相同。第Ⅰ类材料不耐腐蚀，操作温度在−20～200℃之间，第Ⅱ类材料不耐硫腐蚀，操作温度在−45～400℃之间，第Ⅲ类材料耐硫腐蚀，操作温度在−45～200℃之间。

附录十七　无机盐水溶液在 101.33kPa 压力下的沸点

溶液的含量（质量分数）/%

水溶液 ＼ 温度/℃	101	102	103	104	105	107	110	115	120	125	140	160	180	200	220	240	260	280	300	340
CaCl₂	5.66	10.31	14.16	17.36	20.00	24.24	29.33	35.68	40.83	45.80	57.89	68.94	75.86							
KOH	4.49	8.51	11.97	14.82	17.01	20.88	25.65	31.97	36.51	40.23	48.05	54.89	60.41	64.91	68.73	72.46	75.76	78.95	81.63	86.63
KCl	8.42	14.31	18.96	23.02	26.57	32.02	（近于 108.5℃）													
K₂CO₃	10.31	18.37	24.24	28.57	32.24	37.69	43.97	50.86	56.04	60.40	66.94		（近于 133.5℃）							
KNO₃	13.19	23.66	32.23	39.20	45.10	54.65	65.34	79.53												
MgCl₂	4.67	8.42	11.66	14.31	16.59	20.32	24.41	29.48	33.07	36.02	38.61									
MgSO₄	14.31	22.78	28.31	32.23	35.32	42.86	（近于 108℃）													
NaOH	4.12	7.40	10.15	12.51	14.53	18.32	23.08	26.21	33.77	37.58	48.32	60.13	69.97	77.53	84.03	88.89	93.02	95.92	98.47	（近于 314℃）
NaCl	6.19	11.03	14.67	17.69	20.32	25.09	28.92													
NaNO₃	8.26	15.61	21.87	27.53	32.43	40.47	49.87	60.94	68.94											
Na₂SO₄	15.26	24.81	30.73	31.83	（近于 103.2℃）															
Na₂CO₃	9.42	17.22	23.72	29.18	33.86															
CuSO₄	26.95	39.98	40.83	44.47	45.12	（近于 104.2℃）														
ZnSO₄	20.00	31.22	37.89	42.92	46.15															
NH₄NO₂	9.09	16.66	23.08	29.08	34.21	42.53	51.92	63.24	71.26	77.11	87.09	93.20	96.00	97.61	98.84	100				
NH₄Cl	6.10	11.35	15.96	19.80	22.89	28.37	35.98	46.95	（近于 108.2℃）											
(NH₄)₂SO₄	13.34	23.14	30.65	36.71	41.79	49.73	49.77	53.55												

注：括号内的温度指饱和溶液的沸点。

参考文献

[1] 陆美娟. 化工原理：上、下册. 北京：化学工业出版社，2001.

[2] 天津大学化工原理教研室. 化工原理. 天津：天津科学技术出版社，1992.

[3] 贾绍义，柴诚敬. 化工传质与分离过程. 北京：化学工业出版社，2001.

[4] 王壮坤. 流体输送与传热技术. 北京：化学工业出版社，2009.

[5] 陈群. 化工仿真操作实训. 北京：化学工业出版社，2009.

[6] 陈秋. 化工单元技术. 南京：江苏教育出版社，2012.

[7] 王壮坤. 化工单元操作技术. 北京：高等教育出版社，2013.

[8] 张宏丽等. 化工单元操作. 北京：化学工业出版社，2010.

[9] 李国庭. 化工设备概论. 北京：化学工业出版社，2006.